无人机飞行原理与操控技术

主　编　王　洵　严向峰　何先定
副主编　杨谨源　罗　哲　戴升鑫
　　　　黎　涛　杨　锐

北京理工大学出版社
BEIJING INSTITUTE OF TECHNOLOGY PRESS

内容提要

本书共分为五个模块。前两个模块突出"学中做":模块一为认识无人机与大气,主要介绍飞机的基本组成和飞行大气环境;模块二为空气动力学基础,主要介绍升力、阻力的产生及变化规律,螺旋桨拉力和阻力的产生与变化规律,螺旋桨副作用,飞机的平衡、稳定性和操纵性的基本概念。后三个模块强调"做中学":模块三为大型固定翼无人机的基础飞行操纵,主要介绍飞机平飞、上升、下降、盘旋及动作互换等空域动作的基本操纵原理,并配合模拟器开展相关科目训练;模块四为固定翼无人机的操纵,主要介绍固定翼无人机的起降、失速、尾旋等特殊飞行科目的基本操纵原理,并配合模拟器开展相关训练;模块五为具有固定翼特性的无人机,主要介绍倾转旋翼无人机的飞行与操纵原理,以及复合翼垂直起降无人机的飞行原理。

本书可供无人机应用技术专业学生使用,也可供相关专业及相关行业从业者参考使用。

版权专有　侵权必究

图书在版编目(CIP)数据

无人机飞行原理与操控技术 / 王洵,严向峰,何先定主编 . -- 北京:北京理工大学出版社,2025.6.
ISBN 978-7-5763-4976-4
Ⅰ . V279
中国国家版本馆 CIP 数据核字第 20255SU626 号

责任编辑:阎少华　　**文案编辑**:阎少华
责任校对:周瑞红　　**责任印制**:王美丽

出版发行 /	北京理工大学出版社有限责任公司
社　　址 /	北京市丰台区四合庄路 6 号
邮　　编 /	100070
电　　话 /	(010) 68914026(教材售后服务热线)
	(010) 63726648(课件资源服务热线)
网　　址 /	http://www.bitpress.com.cn
版 印 次 /	2025 年 6 月第 1 版第 1 次印刷
印　　刷 /	河北鑫彩博图印刷有限公司
开　　本 /	787 mm×1092 mm　1/16
印　　张 /	16.5
字　　数 /	374 千字
定　　价 /	75.00 元

图书出现印装质量问题,请拨打售后服务热线,负责调换

前　言

党的二十大报告指出："实施科教兴国战略，强化现代化建设人才支撑。"培养适应现代化建设需求的创新型、应用型人才是高等职业教育的重要任务。无人机技术作为前沿科技领域，被广泛应用于农业植保、应急救援、物流快递、航拍测绘等多个行业，成为推动产业升级和经济发展的重要力量。但目前无人机行业人才（尤其是具备扎实理论基础和熟练操控技能的高素质飞手）短缺问题突出，为此，本书结合高职教育特点，将内容分地面课程（GL）和飞行课程（FL），系统地介绍了无人机飞行原理与操控技术，旨在培养学生掌握无人机飞行原理、空气动力学、航空气象等基础知识，熟练操作固定翼、复合翼无人机，具备复杂环境下的飞行操控能力。同时，培养学生的职业素养、安全意识和创新思维，使其能够适应无人机行业的技术发展需求，成为高素质技术技能人才。

本书对标专业教学标准，以无人机飞行原理与操控技术为核心，系统融入空气动力学、导航控制、任务载荷集成等核心技术模块，突出"产教训融合"特色。通过校企共建实训项目、模拟真实场景操作及行业资格认证衔接，强化学生在无人机系统设计、智能避障、行业应用等领域的实践创新能力，为培育支撑低空经济与智慧社会建设的"硬核工匠"夯实基础，助力航空强国战略向立体化、全域化纵深推进。

本书联合高职院校航空专业教师、无人机头部企业技术专家及行业认证机构，组建"产教协同"开发团队进行编写，以"项目化、场景化、标准化"为设计导向，构建"理论－仿真－实操"一体化的模块化课程体系。

本书特色如下：

1. 理实融合，双轨并行

聚焦无人机飞行操控核心技术与行业应用需求，采用"理论精讲＋场景实训"双轨并行模式，将技能模块转化为"项目化、手册式"学习任务，实现理论与实践的深度融合，满足学习者多样化需求。

2. 岗位对接，任务驱动

紧密对接无人机行业岗位能力需求，引入头部企业典型应用场景，将真实生产任务转化为模块化教学项目，学习难度逐层递进。依据企业职业岗位能力要求，开发实践教学案例，助力学习者理论学习与实践操作。

3. 赛教融合，以赛促学

针对职业院校航空类专业"赛教融合"要求，对照全国职业院校无人机应用技能大赛评分标准，开发实训教学项目，实现"学中练、练中赛、赛中证"的闭环训练，提升学生竞赛能力与职业素养。

4. 融通标准，全链培养

对接《无人机驾驶职业技能等级标准》考核要求，通过模拟飞行训练、行业任务仿真及野外实战演练，强化学生从基础操控到复杂场景应用的全链条技能，促进"课程融通"与职业能力培训的有效融合。

5. 智慧赋能，沉浸教学

依托国家级教学资源库、省级在线精品课程建设成果，接入 VR/AR 技术打造沉浸式教学场景，通过智慧教学平台实现学习数据追踪与个性化反馈，提升学习者自主学习能力，便于教师精准施教。

6. 立德树人，德技并修

坚持立德树人根本任务，聚焦"为谁培养人、培养什么人、怎样培养人"核心问题，将航空文化、工匠精神与"三个敬畏"（敬畏生命、敬畏规章、敬畏职责）教育贯穿教学全过程，通过案例教学、航空历史专题等载体，深化社会主义核心价值观教育，培养德技并修的新时代技术技能人才。

本书模块一由严向峰、戴升鑫编写，模块二由严向峰编写，模块三由王洵、何先定、戴升鑫、罗哲编写，模块四由杨谨源编写，模块五由黎涛编写。杨锐负责大部分实操任务的编制工作，杨谨源负责本书大部分插图的绘制工作，全书由王洵、黎涛统稿。本书编写得到了成都航空职业技术学院李学锋、唐斌教授，南昌航空大学舒坚、刘琳岚教授，成都纵横自动化技术股份有限公司无人机学院院长兼四川纵横无人机技术有限公司副总经理杨锐的大力支持，在此一并表示感谢。

通过本书的学习，学生将能够全面掌握固定翼、复合翼无人机的飞行原理与操控技术，成为高度具备专业素养与实战能力的无人机专业人才。我们期待与广大师生及业界同仁携手共进，共同推动无人机技术的创新与发展，为构建智慧社会贡献自己的力量。

由于编写时间仓促，加之编者水平有限，书中不妥之处在所难免，恳请广大读者批评指正，不吝赐教。

编　者

目 录 Contents

01 模块一　认识无人机与大气 // 1

GL1　无人机的一般知识 ……………………………… 3
GL2　大气的一般知识 ……………………………… 15

02 模块二　空气动力学基础 // 23

GL3　气流 ……………………………………………… 25
GL4　升力的形成 ……………………………………… 32
GL5　阻力 ……………………………………………… 40
GL6　飞机的低速空气动力特性 ……………………… 48
GL7　固定翼无人机增升装置 ………………………… 57
GL8　螺旋桨上的气动力 ……………………………… 62
GL9　螺旋桨附加作用与恒速调节 …………………… 71
GL10　无人机飞行平衡基础知识 …………………… 77
GL11　无人机的稳定性 ……………………………… 83
GL12　无人机的操纵性 ……………………………… 93
GL13　无人机任务规划 ……………………………… 101

03 模块三　大型固定翼无人机的基础飞行操纵 // 109

专题——飞行模拟软件的使用 ……………………… 111
GL14　航前准备（一）：
　　　 转场飞行最小平飞速度测试 ……………… 119
GL15　航前准备（二）：任务规划——
　　　 最大航时/航程规划 ………………………… 125
GL16　航前准备（三）：
　　　 计算无人机起飞时上升梯度 ……………… 130

1

GL17　航前准备（四）：
　　　　无人机五边进近空停特情处置……………… 136
GL18　航前准备（五）：
　　　　融合空域切换飞行高度层所需参数计算…… 142
FL1　空域飞行动作（一）：
　　　　操纵无人机在指定空域上升………………… 147
FL2　空域飞行动作（二）：
　　　　操纵无人机在指定空域下降………………… 151
GL19　阶段讲评………………………………………… 157
GL20　航前准备（六）：
　　　　计算飞机盘旋技术参数……………………… 160
FL3　空域飞行动作（三）：
　　　　操纵无人机按标准速率盘旋………………… 167
GL21　无人机盘旋飞行中的侧滑及修正……………… 173
GL22　螺旋桨副作用对无人机盘旋飞行的
　　　　影响及修正方法……………………………… 177

04

模块四　固定翼无人机的操纵 // 181

GL23　机场环境与地面滑行…………………………… 182
GL24　起飞……………………………………………… 196
GL25　着陆……………………………………………… 208
GL26　固定翼无人机的迫降…………………………… 223
GL27　失速与尾旋……………………………………… 229
GL28　单发失效………………………………………… 238

05

模块五　具有固定翼特性的无人机 // 243

GL29　倾转旋翼无人机的飞行与操纵原理…………… 244
GL30　复合翼垂直起降无人机的飞行原理…………… 253

参考文献 // 258

模块 01 认识无人机与大气

 学习目标

通过本模块的学习，学生能掌握无人机基本气动外形、组成部分与功能，大气的基本知识，空气的特性，ISA 标准大气的定义，QNH、QFE、QNE 的定义及使用场景。

 典型工作任务

ISA 偏差的计算方法，QNH、QFE、QNE 的定义及使用场景区别。

 学习成果

完成阶段考核，达到模拟机上机标准。

 本模块重难点

1. 无人机的基本结构。
2. 无人机运动的六自由度、控制舵面与飞机动作、飞行员操纵之间的关系。
3. 平流层中大气温度、密度变化的规律。
4. ISA 偏差的计算方法，QNH、QFE、QNE 的定义及使用场景区别。

完成标准

1. 通过教员测试，学生能够理解本课内容。
2. 学生完成问题的回答至少取得 90 分，并且教员应让学生回顾每个不正确答案，以确保在进入下一模块前完全掌握所学知识。

技术技能

分数	评分标准
1	学生在完成该课训练后，能够描述该科目实施过程中的主要特点，在实际操作方面不作要求，以教员示范为主
2	学生在完成该课训练后，能够正确描述具体的操作程序，理解相应的概念、原理等理论知识，并能在教员的提示和帮助下完成该科目
3	学生在完成该课训练后，能够自己主动计划并完成该科目，但仍有部分错误和偏差的发现与修正需要教员的提示
4	学生在完成该课训练后，能够完全独立计划并执行该科目，快速发现并修正错误和偏差，完成水平达到实践考试标准的要求
5	学生在完成该课训练后，熟练掌握该科目的相关知识、程序、操作技术和技巧，独立计划并完成该科目，在执行的过程中不产生任何错误和明显偏差，完成水平高于实践考试标准的要求

非技术技能

分数	评分标准
1	学生在完成该课训练后，对该科目涉及的原理和方法缺乏相应的了解，在执行过程中基本依赖教员的讲解和示范
2	学生在完成该课训练后，能够对该科目涉及的部分原理和方法进行简单的描述和解释，但在讲解和执行过程中有较多的错误和不足，在教员的帮助下能够做出相应的处置并完成该科目
3	学生在完成该课训练后，能够对该科目涉及的原理和方法进行较正确的描述和解释，在运用过程中出现的错误需要在教员的提示下进行修正，能够在不出现任何特殊情况时按照正常的工作程序完成该科目
4	学生在完成该课训练后，在对该科目涉及的原理和方法进行正确的描述和解释的基础上，能够不借助教员任何帮助处置较常见的特殊情况，完成该科目，且水平达到实践考试标准的要求
5	学生在完成该课训练后，能够完全正确理解并综合运用与该科目相关的所有知识，独立管理好各项工作，对出现的各种情况进行快速准确的分析和评估，在执行的过程中不产生任何错误，完成水平高于实践考试标准的要求

GL1　无人机的一般知识

✈ 【学习目标】

1. 了解飞机的发展史，熟悉飞机的组成部分及功能。
2. 掌握绘制部分流线谱的能力。
3. 养成"严慎细实"的职业素养。
4. 培养理性分析的习惯。
5. 培养航空报国、航空强国的精神。

Part 1　问题导入

在正式开始课程之前，请先回答以下几个问题：

1. 无人机飞行员和有人机飞行员的区别是什么？

2. 无人机可以应用在哪些领域？具体是如何应用的？

3. 民用无人机领域的发展前景如何？

Part 2　情境导入

　　人类对空中飞行的愿望自古就有，对飞行活动已进行了数个世纪顽强不懈的探索。早期的飞行活动采用滑翔机或热气球的形式，直到1903年12月17日，莱特兄弟在美国北卡罗来纳州的基蒂霍克实现了人类历史上的第一次带动力的、持续的、可控的飞行。

　　自从世界上出现飞机以来，虽然飞机的结构形式在不断改进，飞机类型也在不断增多，但是到目前为止，除少数特殊的飞机之外，大多数飞机的主要组成部分都是一致的，无人机也不例外。

　　我们想要认识无人机，就要先学习一些无人机的基本知识。

Part 3　知识储备

■ 一、固定翼无人机的主要组成部分

典型的固定翼无人机由机翼、机身、尾翼、起落装置、动力装置等构成，如图 1.1.1 所示。尾翼有垂直尾翼和水平尾翼的传统组合形式，也有"T"形垂尾，大多数大型固定翼无人机则选用"V"形垂尾等组合形式。起落装置由前（后）起落架和主起落架组成。

图 1.1.1　固定翼无人机的组成部分

1. 机翼

机翼是用来托举重于空气的航空器的翼面，通常对称地布置在机身两侧，是无人机产生升力的主要部件，机翼也对无人机的稳定性和操纵性起决定性作用。机翼的平面形状多种多样，常见的有矩形翼、梯形翼、前掠翼、后掠翼、三角翼等。

无人机多采用单翼设计，根据机翼与机身的连接位置，可将单翼无人机分为上单翼无人机、中单翼无人机、下单翼无人机。部分无人机也会采用双翼设计，如在运 -5B 的基础上研制的飞鸿 -98 无人运输机，如图 1.1.2 所示。

图 1.1.2　飞鸿 -98 无人运输机

机翼的前缘和后缘通常会配备可活动的增升装置，如前缘襟翼、前缘缝翼和后缘襟翼，在飞行过程中，只要改变这些增升装置的位置就可以改变机翼的形状，从而改变机翼的压力分布，以达到增加升力或增大临界失速迎角的目的。

机翼的后缘有用于控制无人机横滚的副翼。对于没有水平尾翼的无人机，机翼后缘通常会配备升降副翼。升降副翼可以同时控制无人机的横滚和俯仰。对于采用无尾布局设计的无人机，机翼的后缘不仅会配备升降副翼，还会配备用于偏航控制的阻力方向舵。

此外，机翼上还可以配备扰流板，扰流板不仅可以起减升增阻的作用，还可以辅助无人机的横滚控制。机翼上安装的操纵面如图 1.1.3 所示。

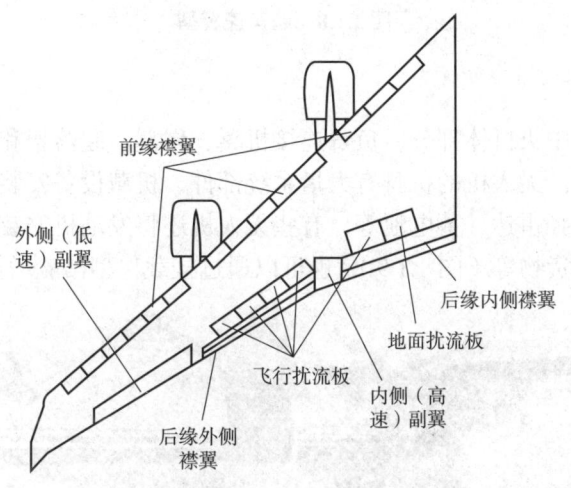

图 1.1.3　机翼上安装的操纵面

为了减少飞行时的诱导阻力，降低油耗，一些无人机还会采用翼梢小翼设计，如图 1.1.4 所示。

机翼内部可以装载燃油、设备、武器（如机炮），在机翼厚度允许的情况下，还可以将部分内部空间用作起落架舱，甚至是发动机舱。机翼外部则可以挂载动力装置、武器、设备。

图 1.1.4　彩虹-6（CH-6）无人机翼梢小翼

机翼的剖面形状叫作翼型，常见的翼型有低速翼型（图 1.1.5）、层流翼型（图 1.1.6）、超临界翼型（图 1.1.7）、超声速翼型（包括超声速双凸翼型、超声速双楔翼型）（图 1.1.8）等。

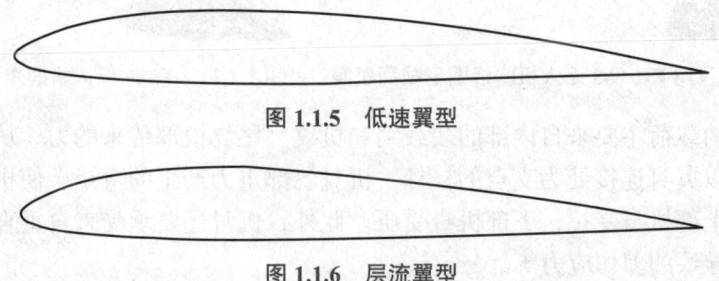

图 1.1.5　低速翼型

图 1.1.6　层流翼型

5

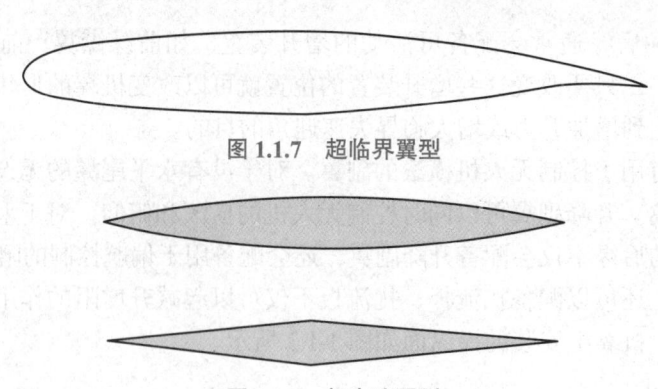

图 1.1.7　超临界翼型

图 1.1.8　超声速翼型

2. 机身

机身是无人机的中央机体部分，负责连接机翼、尾翼、起落架和其他重要部件，形成一个完整的结构体系。无人机的机身有大量系统部件、机载设备安装在机身内部，如飞行管理计算机、合成孔径雷达、蓄电池等，有些无人机还将发动机安装在机身内。机身还可以装载燃油、武器及货物等（图 1.1.9），也可以通过挂载保型吊舱增加装载量。

图 1.1.9　用于货运的双尾蝎 D 无人机

为减小阻力，提高气动效率，机身前端多采用流线型设计。为了使机身具有足够的内部容积，机身中部通常会有一段较长的等截面段，其截面多为圆形或近圆形，如图 1.1.10 所示。对于一些轻型无人机，为了提高机身的容积利用率，降低机身的制造难度，机身截面有时也设计为带圆角的矩形，如图 1.1.11 所示。

图 1.1.10　飞鸿 FH-988 无人机的近圆形截面机身　　图 1.1.11　TS20 无人机的矩形截面机身

机身承受的载荷主要来自内部的装载物和机翼、尾翼根部传来的力。从结构上看，机身相当于一根以翼身连接处为支点的杠杆，机身各部重力产生的弯矩会使机翼前后的机身向下弯曲，使上部机身受拉，下部机身受压。此外，机身还要承受来自垂直尾翼的扭转载荷及机身变形导致的剪切应力等。

3. 尾翼

无人机尾翼是装在无人机尾部，起纵向（俯仰）和航向平衡、稳定作用，并操纵飞机保持和改变飞行姿态的部件。尾翼的外形和构造与机翼相似，但尺寸较小。常规布局无人机的尾翼由对称布置的水平尾翼和垂直尾翼组成。

水平尾翼由水平安定面和升降舵构成。水平安定面可以是固定的，也可以是安装角可调的，升降舵可以上下偏转，用于控制无人机的俯仰运动。一些高速无人机会采用将水平安定面和升降舵合为一体的全动平尾设计。除了俯仰控制，水平尾翼更重要的作用是确保无人机具有俯仰稳定性。平尾按照其位置的高低，通常可分为高平尾（图1.1.12）、中平尾、低平尾三种。

垂直尾翼通常布置在机尾上方，由垂直安定面和方向舵构成。垂直安定面是固定的，而方向舵可以左右偏转，用于控制无人机的偏航运动。垂直尾翼可以确保无人机在飞行过程中具有方向稳定性。

图1.1.12 采用了高平尾设计的彩虹-6（CH-6）无人机

很大一部分无人机（如翼龙-10无人机等）采用了V形尾翼设计（图1.1.13），该设计将水平尾翼和垂直尾翼融为一体，可同时保证无人机的俯仰稳定性和方向稳定性，其舵面可以同时起升降舵和方向舵的作用。

少部分无人机（如CW-25E长航时电动固定翼垂直起降无人机）采用双尾撑倒V形尾翼设计（图1.1.14），该设计同样也是将水平尾翼和垂直尾翼融合在一起。

V形尾翼的差动偏转可提供方向舵的功能，同向偏转可提供升降舵的功能。

图1.1.13 翼龙-10无人机的V形尾翼　图1.1.14 CW-25E长航时电动固定翼垂直起降无人机

4. 起落架

起落架是使无人机在地面或水面起飞、着陆、滑跑、滑行和停放的装置，通常由支撑结构、减振系统、刹车系统（主轮）、收放系统、转弯系统（前轮）、机轮等构成。现代飞机常采用三点式的起落架配置形式，根据起落架安装位置不同，起落架的配置形式可以分为后三点式、前三点式、自行车式、多点式。无人机常采用前三点式起落架，如图1.1.15所示。

图 1.1.15 某大型固定翼无人机的前三点式起落架

前三点式起落架的前起落架安装在无人机机身的前部，两个主起落架对称安装在飞机重心的后面。为了防止飞机起飞时擦尾，飞机尾部还配置了保护装置。

起落架按收放形式可分为可收放式（图 1.1.16）和不可收放式两种。可收放式起落架通常可以在起飞后收到机翼或机身内部，以减小飞行阻力，提高气动效率。但是，可收放式起落架的收放系统较为复杂，无形之中增加了无人机的质量，因此，这种起落架通常用于高空大型无人机。相比之下，不可收放式起落架由于没有收放系统，构造相对简单一些，这种起落架通常用于对飞行性能要求不高的低空中小型无人机。

图 1.1.16 天鹰无人机的可收放式起落架

5. 动力装置

动力装置是指飞机发动机及保证飞机发动机正常工作所必需的系统和附件的总称。动力装置可以为无人机提供推力或拉力，也可以为无人机的各个系统提供电源、气源、液压等，其主要由发动机、附件传动装置、螺旋桨（喷气机除外）等组成。发动机是动力装置的核心部分，它能为无人机提供前进所需的动力，也能通过附件传动装置驱动无人机的发电机及液压泵，还能为引气增压系统提供气源。与此同时，发动机还能驱动附件齿轮箱上的燃油泵、滑油泵、永磁式发电机（电子控制单元电源）、磁电机（活塞发动机）、转速传感器等部件，以确保发动机本身的正常工作和状态监控。大型固定翼无人机通常采用涡扇发动机、涡喷发动机、涡桨发动机、活塞发动机（图 1.1.17）作为动力装置。中小型无人机则会采用电动机作为动力装置。

C145HT 是由我国重庆宗申航空发动机制造股份有限公司研发制造的航空活塞发动机，发动机形式为四冲程四缸水平对置。该款发动机的最大起飞高度为 5 000 m，临界增压高度为 6 000 m，最高使用高度为 8 000 m。其目标 TBO 时间为 2 000 h，具有高性能、高功重比、高可靠性，以及良好的高空适应性的特点，目前主要应用于中大型固定翼无人机、有人机、直升机、旋翼机等，具备国际一流水平。

图 1.1.17　C145HT 航空活塞发动机

> **小知识**
>
> 航空工业被誉为现代工业的"皇冠"，航空发动机更被称为现代工业"皇冠上的明珠"，其研制集中了现代工业最尖端的技术和最先进的成果。我国航空发动机的发展历史可以追溯到 20 世纪 50 年代初期。经过半个多世纪的发展，我国航空发动机水平已跻身世界一流水平。
>
> 涡扇-15（WS-15）是中国航空工业自主研发的一款涡扇发动机，是我国小涵道比大推力涡扇发动机的巅峰之作，具备达到世界先进水平的战略级别的武器配套动力。WS-15 采用了先进的涡扇发动机技术，包括全向量推力矢量控制（TVC），旨在装备中国的第五代战斗机，如歼-20 隐形战斗机，这使飞机在空中具有更灵活的机动性能。WS-15 的成功研发标志着中国在航空发动机领域迈出了重要一步，展示了中国在航空工业领域的自主研发能力和技术实力。
>
> 随着 WS-15 的不断改进和应用，中国航空工业的技术水平将继续向前迈进，为国家的长远发展奠定坚实基础。

二、飞机仪表布局及超视距无人机控制界面

1. 飞机飞行仪表基本布局

飞行仪表是指示飞机运动参数的仪表，最基本的 6 个飞行仪表（从左到右，从上到下）分别为空速表、姿态指示器、高度表、转弯侧滑仪（或转弯协调仪）、航向指示器、垂直速度表，它们通常呈"T"形布局，如图 1.1.18 所示。

飞行姿态的控制往往是最重要的，因此，姿态指示器通常被设置在飞行仪表面板的最中央、最显眼的位置。除飞机的姿态外，驾驶员最关心的是飞机的空速、高度、航向，因此空速表、高度表、航向指示器分别设置在距姿态指示器最近的左侧、右侧、下方，构成了基本的"T"形布局。飞机的垂直速度与飞行高度的关联最大，因此，垂直速度表通常设置在高度表下方，转弯侧滑仪（或转弯协调仪）通常设置在航向指示器左侧。在飞行过

程中，驾驶员通常要来回扫视这些仪表，以确保飞机保持在预想的飞行状态。以等速直线平飞为例，驾驶员通常会以姿态指示器为中心，按照姿态指示器—空速表—姿态指示器—高度表—姿态指示器—航向指示器—姿态指示器—转弯侧滑仪（或转弯协调仪）—姿态指示器—垂直速度表的顺序循环扫视仪表，这样就可以及时关注到各飞行状态参数的变化。

除这六个仪表外，小型飞机前面板及大型固定翼无人机综显屏幕上还会有两个用于导航的仪表或指示区域，即甚高频全向信标 VOR 仪和自动定向仪 ADF。

图 1.1.18 "T" 形仪表布局

（1）甚高频全向信标 VOR 仪。甚高频全向信标 VOR 仪用于指示飞机基于 VOR 台的径向线方位。

（2）自动定向仪 ADF。自动定向仪 ADF 指示飞机基于 VOR 台的相对方位。

2. 发动机仪表

发动机仪表是指示发动机工作状态的仪表，常见的发动机仪表包括转速表、排气温度表、燃油流量表、滑油温度表、滑油压力表、滑油量表、振动值指示表等。转速表是飞行员最为关注的发动机仪表，因为转速反映了发动机推力或拉力的大小。排气温度表提供了排气温度指示，对于燃气涡轮发动机，排气温度通常表征涡轮前温度，飞行员要随时注意排气温度的大小，以防止发动机超温现象的发生。此外，飞行员还要时刻关注滑油温度、滑油压力、滑油量、发动机振动值等参数，以及时发现参数的异常变化并采取措施，避免发动机的进一步损坏。

3. 超视距无人机控制界面

无人机的控制界面通常也是按照飞机的仪表布局来设计的。某型无人机的控制界面如图 1.1.19 所示，其飞行状态参数的指示也是按照 "T" 形布局排列。控制界面最右侧显示

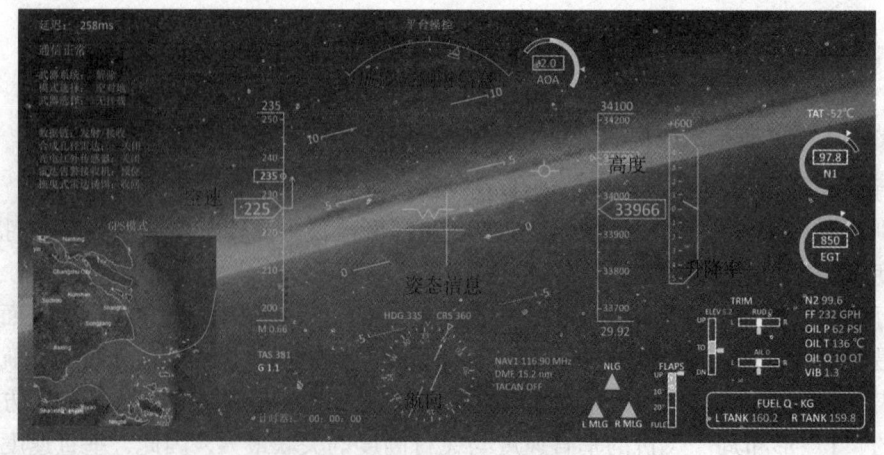

图 1.1.19 无人机的控制界面

的是发动机状态参数,从上到下分别是发动机低压转子转速(N1)、发动机排气温度(EGT)、发动机高压转子转速(N2)、燃油流量(FF)、滑油压力(OIL P)、滑油温度(OIL T)、滑油量(OIL Q)、发动机振动值(VIB)。

三、机翼几何参数

机翼的主要几何参数如下所述:
(1)翼展。左右大翼翼尖之间的距离。
(2)翼弦。翼型前缘与后缘的连线。
(3)机翼面积。机翼的投影面积。
(4)前缘后掠角。垂直于机身纵轴的平面与机翼前缘的夹角。
(5)1/4弦后掠角。垂直于机身纵轴的平面与翼根到翼尖各弦线1/4点的连线的夹角。
(6)上反角。翼尖相对于翼根向上倾斜的角度。
(7)下反角。翼尖相对于翼根向下倾斜的角度。
(8)平均几何弦长。机翼面积与翼展长度之比。
(9)展弦比。翼展长度与平均几何弦长之比。
(10)梢根比。翼尖弦长与翼根弦长之比。
(11)翼型相对厚度。翼型的最大厚度与弦长之比。
以上参数(图1.1.20)对机翼的空气动力特性、翼载荷及结构质量有着重要影响。

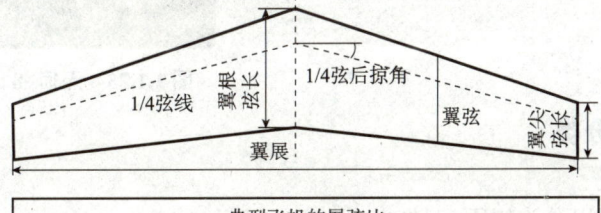

典型飞机的展弦比			
机型	马赫数(Ma)	展弦比(AR)	后掠角/(°)
F-15	2.5	3.0	
B737-300	0.76	9.17	25
B747-400	0.83	7.39	37.5
Concorde	2.05	1.85	

图1.1.20 飞机机翼的相关参数

四、机翼的平面形状

按照机翼的投影形状,通常可以将机翼分为以下几种:
(1)平直翼(矩形翼、梯形翼等)。平直翼多用于亚声速无人机,其1/4弦后掠角几乎为0°,如图1.1.21所示。
(2)后掠翼。后掠翼多用于高亚声速无人机和超声速无人机,其1/4弦后掠角多在

25°以上，如图 1.1.22 所示。

图 1.1.21　彩虹-4 无人机的平直翼及翼型

图 1.1.22　天鹰无人机的后掠机翼

（3）三角翼。三角翼多用于超声速无人机，其前缘后掠角通常较大，且后缘基本无后掠，三角翼投影呈三角形，如图 1.1.23 所示。

（4）前掠翼。与后掠翼相反，前掠翼的翼尖相对于翼根是向前倾斜的，其后掠角为负。

请讨论：亚声速无人机和超声速无人机的机翼形状有何不同？

图 1.1.23　无侦-8 无人机的拉长三角翼

五、无人机的分类

无人机按构造可以分为以下三种：

（1）固定翼无人机。固定翼无人机与传统的飞机有着类似的构造和气动布局。固定翼无人机的构造主要包括机身、机翼、尾翼、动力装置、起落架等，常见的气动布局有常规布局（图 1.1.24）、飞翼布局（图 1.1.25）、双尾撑布局（图 1.1.26）、菱形联翼布局、鸭式布局等。

图 1.1.24　采用常规布局的 FH-985 无人机

图 1.1.25　采用飞翼布局的天鹰无人机

图 1.1.26　采用双尾撑布局的 HW-350 无人机

（2）旋翼无人机。旋翼无人机主要分为单旋翼无人机和多旋翼无人机两种。单旋翼无人机的构造与传统的无人直升机类似（图 1.1.27），多旋翼无人机还可以分为双旋翼无人机（图 1.1.28）、三旋翼无人机、四旋翼无人机、六旋翼无人机（图 1.1.29）等。

图 1.1.27　没羽箭单旋翼无人直升机　　图 1.1.28　TD550 消防灭火双旋翼无人直升机

13

（3）混合型无人机。混合型无人机融合了固定翼无人机和旋翼无人机的特点（图1.1.30），不仅可以依靠旋翼的升力进行垂直起降，也可以依靠固定机翼的升力进行水平飞行。

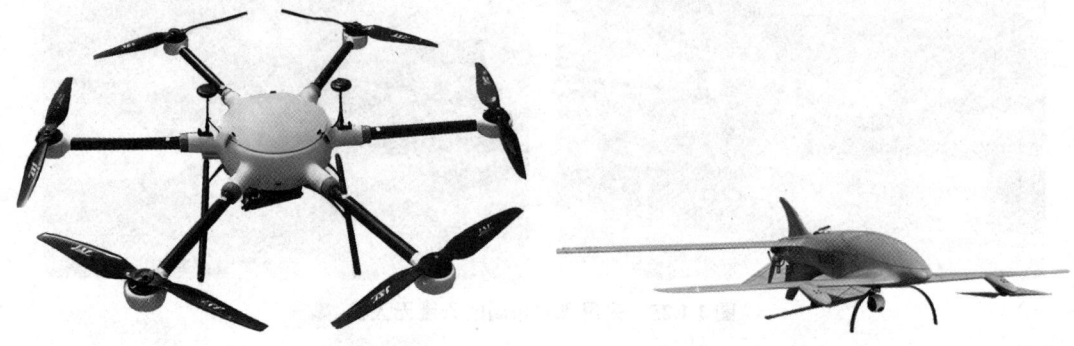

图1.1.29　六旋翼无人机　　　　　　　　　图1.1.30　混合型无人机

倾转旋翼无人机是一种将固定翼无人机和直升机融为一体的新型飞行器，有人形象地称其为空中"混血儿"。倾转旋翼无人机既具有普通直升机垂直起降和空中悬停的能力，又具有涡轮螺旋桨飞机的高速巡航飞行的能力。类似固定翼无人机机翼的两翼尖处，各装一套可在水平位置与垂直位置之间转动的旋翼倾转系统组件，当飞机垂直起飞和着陆时，旋翼轴垂直于地面，呈横列式直升机飞行状态，并可在空中悬停、前后飞行和侧飞。

Part 4　知识小结

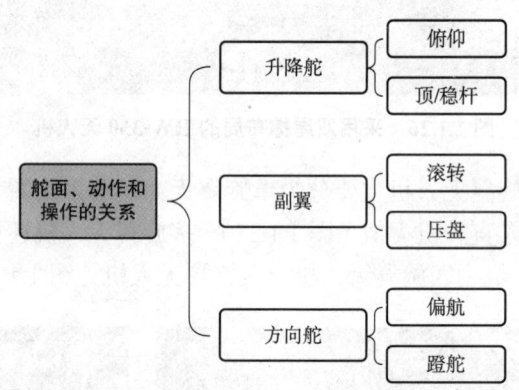

Part 5　课后思考

请畅想未来，自主查阅无人机发展趋势等相关材料，从飞行效率、智能化程度、机动性、应用场景等方面设计一款10年后的军用或民用无人机外形结构。

GL2　大气的一般知识

【学习目标】

1. 了解大气的分层及特征，熟悉 ISA 偏差，掌握压力高度的定义。
2. 掌握 ISA 偏差计算方法。
3. 培养航空报国的志向。
4. 培养安全责任意识。

Part 1　问题导入

在正式开始课程之前，请先回答下列问题。

1. 各类无人机飞行的高度范围是多少？

2. 不同飞行高度对无人机的飞行有什么影响？

Part 2　情境导入

2002 年 4 月 15 日，由中国北京飞往韩国釜山的中国国际航空 129 号班机发生空难，其主要原因之一是天气恶劣——雨雾天气，能见度低，并伴随着肆虐的大风。航班撞山坠毁，造成包括 11 名机组人员、155 名乘客在内的 166 人中的 129 人不幸罹难。

包围地球的空气层（即大气）是航空器的唯一飞行活动环境，飞机的空气动力、发动机工作的好坏都与大气密切相关，甚至安全的飞行也取决于大气条件。因此，我们有必要对大气进行基本的了解。

Part 3　知识储备

■ 一、飞行环境

地球的大气被分为 5 层，从最靠近地球表面的对流层开始，依次是平流层、中间层、电离层、散逸层，如图 1.2.1 所示。固定翼无人机的活动范围通常是对流层和平流层底部。因此，本小节主要介绍对流层和平流层的基本特征，对其他层不作详细介绍。

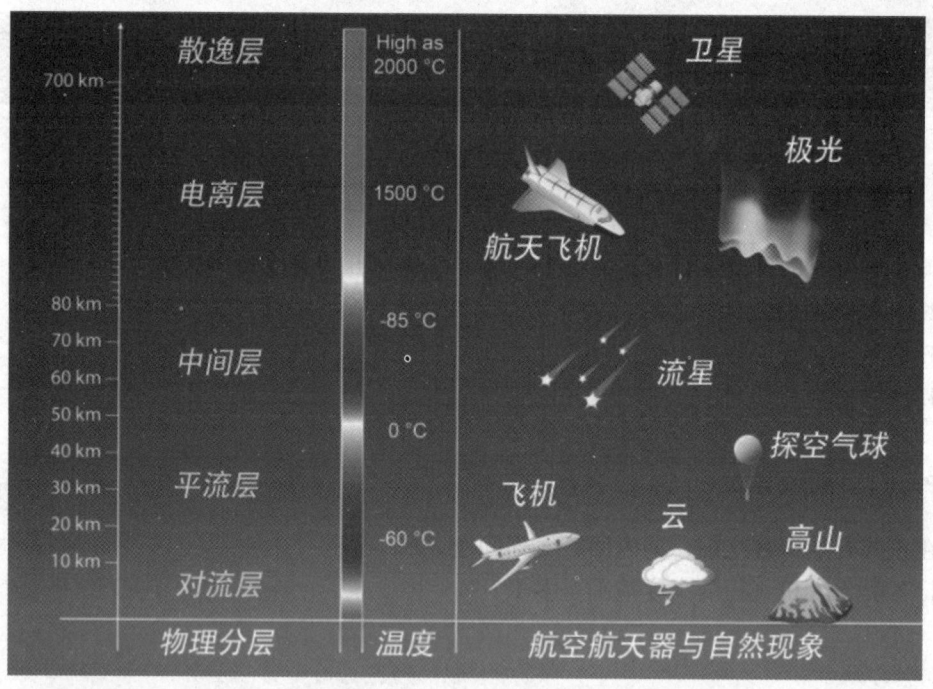

图 1.2.1　大气飞行环境

1. 对流层

对流层集中了大约 75% 的大气及大气中 90% 以上的水分，是最靠近地球表面的一层。在赤道地区，对流层的厚度最大，其上界的海拔可达到 15 km 以上，随着纬度的上升，对流层的厚度会逐渐减小，这是由于太阳光的入射角会随着纬度的上升而降低，造成日照强度减小，这会使地表受到的太阳辐射减小。然而，地面受到的太阳辐射越强，地面辐射就越强，且大气活动的能量主要来自地面辐射，因此在低纬度地区，大气活动会更强，对流层会更厚。在我们生活的中纬度地区，对流层上界的海拔在 11 km 左右。由于纬度、时间、地表环境、海拔等差异，不同地区的地面辐射强度是不同的，这势必会造成不同地区之间的温差、压差等，从而形成大气对流。由于对流层内集中了大气中 90% 以上的水分，因此大气活动时常伴有各种复杂的天气现象，这会对固定翼无人机的飞行带来显著影响。

在对流层内，越靠近地表，大气受到的地面辐射越强，温度越高。所以，对流层中的大气温度会随着海拔的上升而减小，当高度达到 11 km 左右时，气温会下降到大约 −56.5 ℃，但是再进一步向上延伸，直至平流层底部，温度也不会继续下降，而是会基本保持恒定。

2. 平流层

平流层位于对流层上界到海拔大约 50 km 的区域。与对流层相比，平流层内没有强烈的垂直对流，空气在平流层内的水平流动也较为平缓，因此，飞行器在平流层飞行会更加平稳。此外，平流层的空气密度较小，水汽和尘粒的含量也较少，因此在平流层飞行可以获得较好的能见度，飞行阻力也更小，但是空气稀薄会造成飞行器的稳定性、操纵性下降，所以平流层只适合巡航平飞。因为平流层内存在大量的臭氧，且臭氧可以直接吸收太阳的辐射能量，所以，平流层顶部的温度最高，且越往下温度越低。在平流层底部，温度

会低至 -56.5 ℃左右，但是再进一步向下延伸，直至对流层顶部，温度也不会继续下降。我们将温度恒定在 -56.5 ℃左右的平流层底部和对流层顶部称为同温层。

3. 电离层

从中间层 60 km 左右的高度继续往上，大气的光化学过程和电离过程会变得非常强烈，从而形成含有大量电子和离子的电离层。电离层反射短波波段的电磁波不用考虑地球曲率的影响，因此，我们可以利用这一特性进行长距离通信。

■ 二、大气参数

1. 空气密度 ρ

空气密度可以定义为单位体积空间内空气的质量，用 ρ 表示，单位为 kg/m³。

$$\rho = \frac{m}{V} \tag{1.2.1}$$

式中　m——空气的质量，kg；
　　　V——空气所占体积，m³。

在标准大气条件下，海平面的空气密度为 1.225 kg/m³。

2. 大气压强 p

大气垂直作用在单位面积上的压力叫作大气压强，用 p 表示，单位为帕斯卡（Pa），即牛顿每平方米（N/m²），航空上常采用百帕（hPa）作为气压单位。

$$p = \frac{F}{S} \tag{1.2.2}$$

式中　F——物体表面承受的空气压力，N；
　　　S——受力面积，m²。

大气的压力主要来自上层空气的重力，越靠近海平面，气压就越大，随着海拔的上升，气压会逐渐减小。由于空气具有流动性，所以各个方向都有压强，且大气内任意一点各方向的压强相等。因此，在平行于来流的航空器表面设置静压孔，可以测得大气静压，随后，只需为航空器选定一个参考海平面，就可以根据测得的气压值，按照气压随海拔变化的规律，推算出航空器以参考海平面为基准的气压高度，气压式高度表（图 1.2.2）就是根据这一原理制成的。

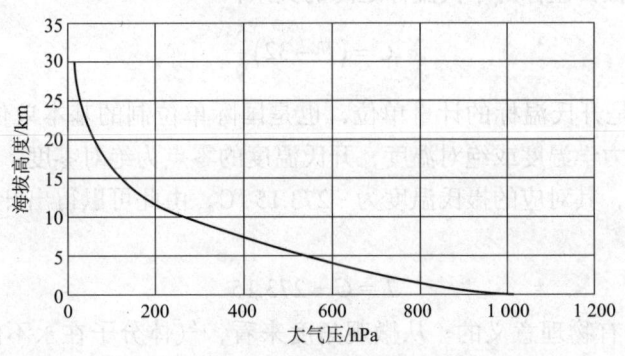

图 1.2.2　气压式高度表

在航空领域，毫米水银柱（mmHg）高度和英寸水银柱（inHg）高度也常用来表示气压的大小。

> **小知识**
>
> 意大利物理学家托里拆利曾经做过这样一个试验：将一个灌满水银的玻璃管倒扣在一个盛有水银的槽内，随后，玻璃管内水银液面的高度会下降，使玻璃管上方形成一段"真空柱"。如图 1.2.3 所示，由于槽内的水银液面受到了大气的挤压，玻璃管内的水银液面并不会下降到与槽内水银液面平齐的高度，而是会存在一个高度差，这个垂直方向上的高度差叫作水银柱高度，记为 h。可以发现，当水银柱的高度不再下降时，水银柱产生的压强 ρgh 正好等于外界大气的压强，当外界气压为一个标准大气压时，水银柱高度大约为 760 mm，即 29.92 in（1 in=25.4 mm），所以，我们也可以把标准海平面气压的大小记为 29.92 inHg，或 760 mmHg。由试验结果可以判断，当外界气压增加时，玻璃管内的水银柱高度会上升；当外界气压减小时，玻璃管内的水银柱高度会下降，水银式气压计就是根据这一原理制成的。
>
>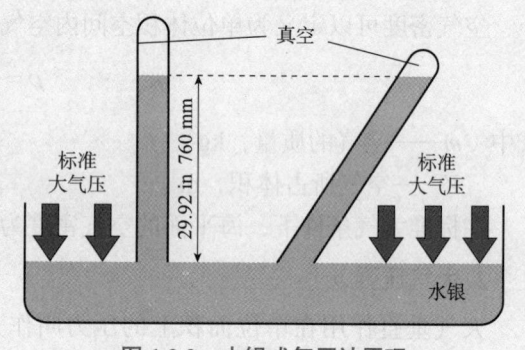
>
> 图 1.2.3 水银式气压计原理

3. 空气的温度 T

空气的温度是衡量空气冷热程度的物理量，常用摄氏度（℃）、华氏度（℉）、开尔文（K）来表示。

摄氏度（℃）是摄氏温标（C）的计量单位。在标准状况下，规定纯水的冰点为 0 ℃，沸点为 100 ℃，将冰点和沸点的温差等分成 100 份，每一等份就是摄氏温度的一个单位。

华氏度（℉）是华氏温标（F）的计量单位。在标准状况下，规定纯水的冰点为 32 ℉，沸点为 212 ℉，将冰点和沸点的温差等分成 180 份，每一等份就是华氏温度的一个单位。

由此可以得出摄氏温标与华氏温标之间的关系：

$$C = (F-32)\frac{5}{9} \tag{1.2.3}$$

开尔文（K）是开氏温标的计量单位，也是国际单位制的基本单位之一，符号为 T。开氏温度也叫作热力学温度或绝对温度，开氏温度的零点为绝对零度。绝对零度是理论上的热力学最低温度，其对应的摄氏温度为 −273.15 ℃，由此可以得出开氏温标与摄氏温标之间的关系：

$$T = C + 273.15 \tag{1.2.4}$$

绝对零度是具有物理意义的。从微观角度来看，气体分子在永不停息地做无规则运动，这就说明气体分子具有平动动能。我们把所有分子的平动动能的平均值称为分子的平均平动动能，记为 $\overline{\omega}$。分子的平均平动动能与热力学温度存在以下关系：

$$\overline{\omega} = \frac{3}{2}kT \tag{1.2.5}$$

式中　k——玻尔兹曼常数，值为 $1.380\,649 \times 10^{-23}$。

根据式（1.2.5），可以看出，分子的平均平动动能与绝对温度正相关，这就意味着气体的热力学温度越高，分子的运动越激烈，当热力学温度降到绝对零度时，分子的运动会停止。绝对零度只是理论上的最低温度，现实中并不可能达到。

4. 理想气体状态方程

为描述气体的压强、体积、温度之间的关系，需要引入理想气体状态方程。

$$pV = nRT \tag{1.2.6}$$

式中　p——理想气体的压强；
　　　V——理想气体的体积；
　　　n——理想气体物质的量；
　　　R——理想气体常数，$R = 8.314 \text{ J/}(\text{mol} \cdot \text{K})$；
　　　T——理想气体的热力学温度。

有了理想气体状态方程，便可以总结理想气体等压变化、等温变化、等容变化的规律。

（1）等压变化。一定质量的理想气体在压强不变的情况下，其体积与温度成正比。以热气球为例，加热球囊内的空气时，囊内压强的变化几乎可以忽略不计，可近似地看作等压变化的过程。由于体积与温度成正比关系，球囊内的空气受热时，体积膨胀，密度减小，并因此使热气球具有浮力。

（2）等温变化。一定质量的理想气体在温度不变的情况下，其压强与体积成反比。例如，堵住注射器的孔口，匀速缓慢地推拉注射器活塞的过程可以近似地看作等温变化的过程。推动活塞时，注射器腔体内的容积会减小，压强会增大；拉动活塞时，注射器腔体内的容积会增大，压强会减小。

（3）等容变化。一定质量的理想气体在体积不变的情况下，其压强与温度成正比。例如，在活塞发动机压缩行程结束，做功行程开始时，假设油气混合气燃烧的过程瞬间完成，可看作等容加热的过程。气缸内容积不变时，如果燃气的温度升高，压力就会增大，从而能够推动活塞向下做功。

三、国际标准大气

国际标准大气（International Standard Atmosphere，ISA）是一个描述大气参数（如密度、压力、温度等）随海拔变化的模型，该模型为航空器全静压系统的参数测量提供了统一的基准值。

海平面高度为 0，气温为 288.15 K、15 ℃或 59 ℉。

海平面气压为 1 013.2 mBar（毫巴），或 1 013.2 hPa（百帕），或 29.92 inHg（英寸汞

柱），或 760 mmHg（毫米汞柱）。

对流层顶高度为 11 km 或 36 089 ft，对流层内标准温度递减率为每增加 1 000 m 温度递减 6.5 ℃ 或每增加 1 000 ft 温度递减 2 ℃。从 11～20 km 的平流层底部气体温度为 −56.5 ℃。

海平面声速为 661 kn，空气密度为 1.225 kg/m³。

在国际标准大气模型中，海拔平均每上升 1 000 m，温度就会下降 6.5 ℃。在航空领域，通常用 ISA 偏差来表示某处实际温度与 ISA 标准温度的差值。例如，某处海平面的温度为 20 ℃，这个温度比标准海平面气压高出 5 ℃，就记作 ISA + 5 ℃。

例 1.2.1：已知某机场场温为 5 ℃，机场压力高度为 3 000 英尺。求：机场高度处 ISA 偏差。

解：

在压力高度为 3 000 ft（1 ft=0.304 8 m）的机场处，ISA 标准温度应为：$T_{标准}$=15−（2/1 000）× 3 000 = 9（℃）。

而实际温度为：$T_{实际}$= 5 ℃。

所以，ISA 偏差即温度差为：ISA 偏差 = $T_{实际}$ − $T_{标准}$ = 5 − 9 = −4（℃）。

表示为：ISA−4 ℃。

在航空领域，QNE 表示的是将气压高度表的基准气压设置为标准海平面气压，以标准海平面气压为基准测得的高度就是标准气压高度。

场面气压是机场着陆区最高点处（机场标高处）的气压，用 QFE 表示。

根据国际标准大气模型，可以根据某处的场面气压推出对应的海平面气压，这叫作修正海平面气压，QNH 表示的是将气压高度表的基准气压设置为修正海平面气压，以修正海平面气压为基准测得的高度约等于实际的气压高度。几种高度分类如图 1.2.4 所示，气压式高度表的工作原理如图 1.2.5 所示。

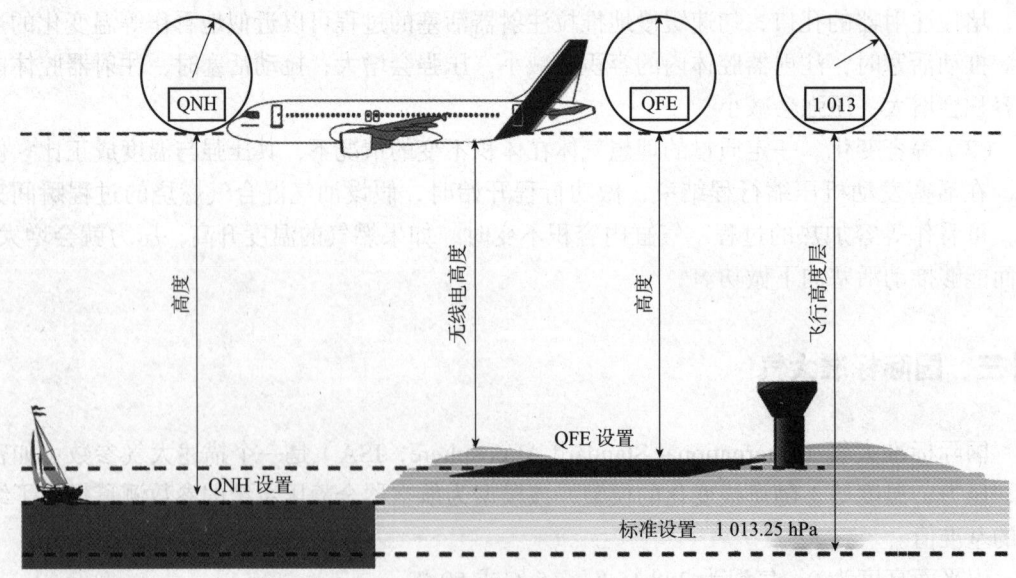

图 1.2.4 高度分类

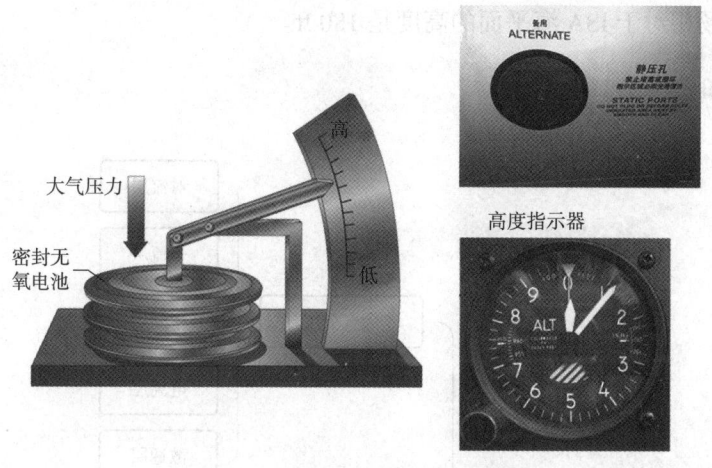

图 1.2.5 气压式高度表的工作原理

四、QNH 和 QNE 之间关系的计算

例 1.2.2：如图 1.2.6 所示，机场标高为 600 ft，QNH 等于 997 hPa，请找出机场相对于国际标准大气海平面的高度（高度每变化 30 ft，气压值变化 1 hPa）。

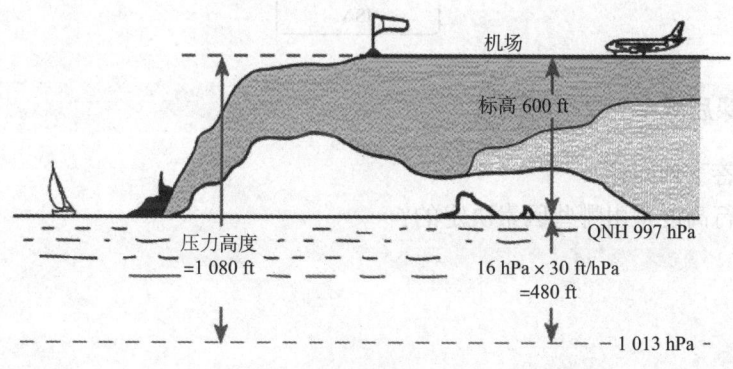

图 1.2.6　例 1.2.2 图

答案：机场相对于 ISA 海平面的高度是 1 080 ft。

例 1.2.3：如图 1.2.7 所示，机场标高 600 ft，QNH 等于 1 027 hPa，请找出机场相对于国际标准大气海平面的高度。

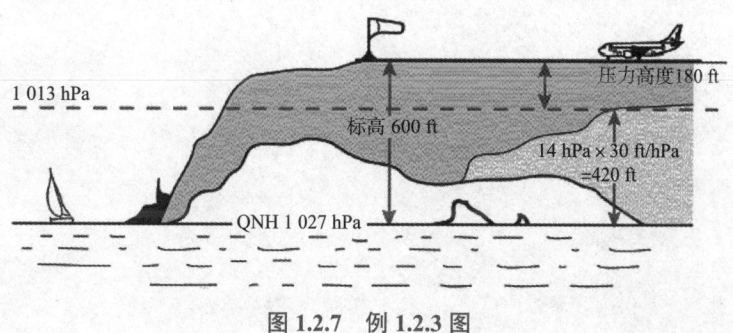

图 1.2.7　例 1.2.3 图

答案：机场相对于 ISA 海平面的高度是 180 ft。

Part 4　知识小结

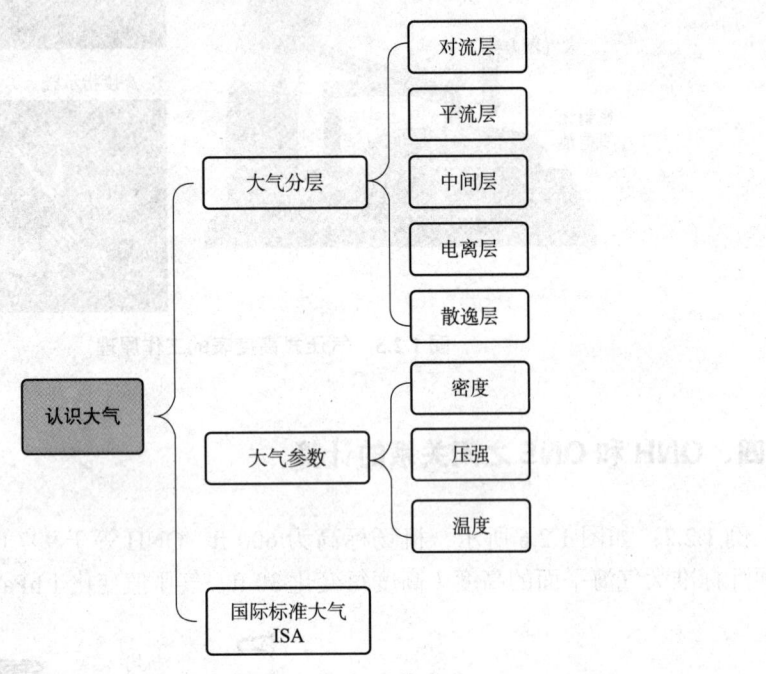

Part 5　课后思考

思考并回答下列问题：
无人机飞行高度是由哪些因素决定的？

模块二 02 空气动力学基础

学习目标

通过本模块的学习,理解空气动力学基本原理、空气动力的生成与低速固定翼无人机的空气动力特性,了解螺旋桨的气动作用,掌握固定翼无人机如何实现平衡与稳定。

典型工作任务

固定翼无人机气动参数图表的识别,恒速、变距螺旋桨的调节,无人机主要舵面操控。

学习成果

完成阶段考核,达到模拟机上机标准。

本模块重难点

1. 空气动力学重要公式——连续性公式与伯努利公式。
2. 升力系数曲线、阻力系数曲线、升阻比曲线与极曲线的识读。
3. 恒速、变距螺旋桨的调节原理。
4. 固定翼无人机的三轴稳定性与操纵。

完成标准

1. 通过教员测试,学生能够理解本课内容。
2. 学生完成问题的回答至少取得90分,并且教员应让学生回顾每个不正确答案,以确保在进入下一模块前完全掌握所学知识。

技术技能

分数	评分标准
1	学生在完成该课训练后,能够描述该科目实施过程中的主要特点,在实际操作方面不作要求,以教员示范为主
2	学生在完成该课训练后,能够正确描述具体的操作程序,理解相应的概念、原理等理论知识,并能够在教员的提示和帮助下完成该科目
3	学生在完成该课训练后,能够自己主动计划并完成该科目,但仍有部分错误和偏差的发现与修正需要教员的提示
4	学生在完成该课训练后,能够完全独立计划并执行该科目,快速发现并修正错误和偏差,完成水平达到实践考试标准的要求
5	学生在完成该课训练后,熟练掌握该科目的相关知识、程序、操作技术和技巧,独立计划并完成该科目,在执行的过程中不产生任何错误和明显偏差,完成水平高于实践考试标准的要求

非技术技能

分数	评分标准
1	学生在完成该课训练后,对该科目涉及的原理和方法缺乏相应的了解,在执行过程中基本依赖教员的讲解和示范
2	学生在完成该课训练后,能够对该科目涉及的部分原理和方法进行简单的描述和解释,但在讲解和执行过程中有较多的错误和不足,在教员的帮助下能够做出相应的处置并完成该科目
3	学生在完成该课训练后,能够对该科目涉及的原理和方法进行较正确的描述和解释,在运用过程中出现的错误需要在教员的提示下进行修正,能够在不出现任何特殊情况时按照正常的工作程序完成该科目
4	学生在完成该课训练后,在对该科目涉及的原理和方法进行正确的描述和解释的基础上,能够不借助教员任何帮助处置较常见的特殊情况,完成该科目,且水平达到实践考试标准的要求
5	学生在完成该课训练后,能够完全正确理解并综合运用与该科目相关的所有知识,独立管理好各项工作,对出现的各种情况进行快速准确的分析和评估,在执行的过程中不产生任何错误,完成水平高于实践考试标准的要求

GL3 气 流

【学习目标】

1. 理解空气的本质属性与模型化处理方法。
2. 熟悉气流与相对气流概念。
3. 掌握机翼迎角的定义与判定。
4. 了解流线与流线谱。
5. 培养科学探索精神。
6. 培养航空报国、航空强国的精神。

Part 1　问题导入

结合已学习内容，回答下列问题，并将答案写在空白处。
1. 标准大气与飞行器工作的实际大气之间存在哪些异同？

2. 在大气的基本属性中，哪些对于航空飞行探索会产生直接的影响？

Part 2　情境导入

对空气动力的研究可以追溯到人类早期对鸟或弹丸在飞行时的受力和力的作用方式的种种猜测。19世纪末，经典流体力学的基础已经形成。20世纪以来，随着航空事业的迅速发展，空气动力学便从流体力学中发展出来并形成力学的一个新的分支，用于研究飞行器或其他物体在空气或其他气体做相对运动情况下的受力特性、气体的流动规律和伴随发生的物理化学变化。它是在流体力学的基础上，随着航空工业和喷气推进技术的发展而成长起来的一个学科。

通常所说的空气动力学，其研究内容是飞机、导弹等飞行器在各种飞行条件下流场中气体的速度、温度、压力和密度等参量的变化规律，飞行器所受的升力和阻力等空气动力及其变化规律，气体介质或气体与飞行器之间所发生的物理化学变化及传热传质规律等。从这个意义上讲，空气动力学可有以下两种分类法。

（1）根据流体运动的速度范围或飞行器的飞行速度，空气动力学可分为低速空气动力学和高速空气动力学。通常大致以 400 km/h 这一速度作为划分的界线。在低速空气动力学中，气体介质可视为不可压缩的，对应的流动称为不可压缩流动。大于这个速度的流动，须考虑气体的压缩性影响和气体热力学特性的变化。这种对应于高速空气动力学的流动称为可压缩流动。

（2）根据流动中是否必须考虑气体介质的黏性，空气动力学又可分为理想空气动力学和黏性空气动力学。

空气动力学的研究分理论和实验两个方面。理论和实验研究两者彼此密切结合，相辅相成。理论研究所依据的一般原理有：运动学方面，遵循质量守恒定律；动力学方面，遵循牛顿第二定律；能量转换和传递方面，遵循能量守恒定律；热力学方面，遵循热力学第一和第二定律；介质属性方面，遵循相应的气体状态方程和黏性、导热性的变化规律等。

Part 3　知识储备

无人机是重于空气的飞行器，当无人机在大气中运动时，空气相对于飞行器流动，空气的速度和压力等参数发生变化，于是产生了作用于飞行器表面的空气动力——升力与阻力。

要研究和学习固定翼无人机的升力、阻力的产生和影响因素，首先需要了解大气流动的基本规律。

一、大气的流动特性

1. 气体黏性

黏性是流体固有的属性之一。在流动的流体中，如果各流体层之间的流速不相等，那么在相邻的两流体层之间的接触面上，就会产生一对大小相等、方向相反的内摩擦力（或称黏性阻力）来阻碍两个流体层之间做相对运动。流体质点具有抵抗其质点做相对运动的性质，称为流体的黏性。

黏性阻力产生的物理原因：分子热运动过程中不同流层之间的动量交换和分子间的吸引力。一方面，分子间的吸引力使得快速流层中的分子牵引慢速流层加速，而慢速流层中的分子则阻滞快速流层的运动，此时便产生了相邻两个不同速度流层之间的阻力；另一方面，由于分子的不规则热运动，各流层分子之间互有分子迁移和掺混。快速流层分子进入慢速流层，使慢速流层加速；慢速流层分子进入快速流层，使快速流层减速，由此在分子不规则的动量变换过程中形成阻力。

流体黏性的大小与流体的性质和温度有关。对于大气而言，气体的黏度随温度的升高而增大。气体的黏性主要是各层气体之间分子的动量交换的结果，当温度升高时，分子热运动加剧，分子间动量交换活跃，因此大气黏性增加。

2. 空气的可压缩性

任何气体都是可压缩的。可压缩性是指一定量的空气在压力或温度改变时，大气密度和体积发生变化的特性。

当空气流过物体时，在物体周围各处，气流速度会有增大或减小的变化，相应地，气体压力和密度也会有减小或增大的变化。当空气流速变化不大时，空气的可压缩性表现得不明显；但当空气流速接近或超越音速时，由速度变化所引发的压力和密度变化变得相当可观,此时大气的可压缩性不能再被忽视。

■ 二、流体模型化

流体模型化是指根据所研究问题的性质,突出问题的主要方面,忽略流体的某些物理属性,建立更为简单的流体模型,便于分析和讨论问题。

1. 理想流体

忽略流体黏性作用的流体称为理想流体(或无黏流体)。当空气流过飞行器时,一般只在贴近飞行器表面的位置(附面层)考虑大气黏性的影响,其他位置则按理想流体处理。

在分析飞行器表面的压力分布和升力问题时,理想流体的数值计算结果与实验结果吻合度很高。在分析、计算飞行器阻力时,则必须考虑到流体的黏性。

2. 不可压流体

忽略流体密度的变化,认为其密度为常量的流体称为不可压流体。空气流过飞行器时,密度变化量的大小取决于气体流速的大小。通常认为,当 $Ma < 0.4$(Ma 指马赫数,即气体流速与当地声速的比值)时,在流体模型中可忽略空气密度的变化,而将其视作不可压缩流体。

当气体流速 $Ma > 0.4$ 时,必须考虑气体密度变化对流动参数的影响。

> Tips:
> 在部分空气动力学参考资料中,也会取 $Ma < 0.3$ 作为将空气视作不可压流体的速度阈值,在本书中暂以 $Ma = 0.4$ 作为空气低速运动的临界值。

3. 绝热流体

不考虑热传导性的流体称为绝热流体。当空气低速($Ma < 0.4$)流动时,除专门研究热问题(如飞行器表面散热)外,一般不考虑空气的导热性。在低速气动力学研究中,可认为空气流过飞行器时,温度是固定不变的。

■ 三、气流与相对气流

气流是指空气相对于地面的运动。相对气流则是空气相对于物体的运动,相对气流的方向与物体的运动方向相反。

起风时,我们会感到有空气的力量作用于身体;无风时,当我们奔跑或骑自行车,同样有"起风"的感觉。也就是说,只要空气与物体有相对运动,就会产生空气动力。

只要相对气流速度相同,产生的空气动力也就相同。因此,我们在研究无人机空气动力相关问题时,可以将飞行器(模型)固定在原地不动,让空气以飞行器飞行时相同的速度反向流过飞行器,将无人机运动的问题转化为空气的流动问题,使无人机空气动力问题的研究简化。风洞试验正是在此原理的基础上建立的,风洞试验原理如图 2.1.1 所示。

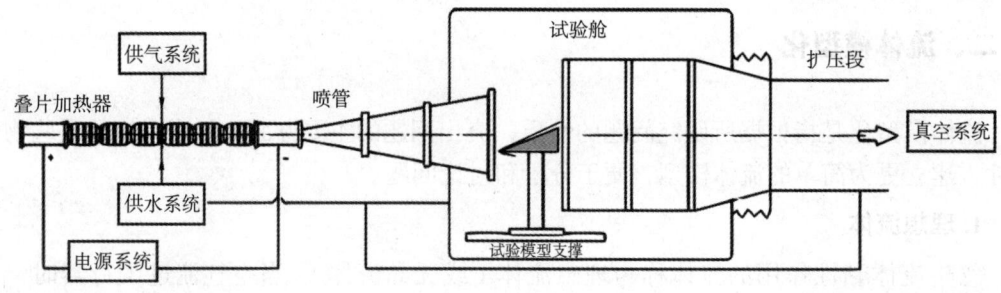

图 2.1.1　风洞试验原理

Tips：
根据相对运动原理,在研究无人航空器与大气相互作用并产生作用力时,选择大气静止、飞行器以速度 v 飞行,或是飞行器静止、大气以速度 v 反向流经飞行器,在理论上会获得相等的气动结果。

严格来说,气流在流动过程中会与周边接触到的物体产生相互作用,进而影响气体的流动特性,上述两种试验条件下所得到的结果并不相等。但风洞试验仍是一种经济性、安全性都更优秀的气动试验方案,目前在有人/无人航空器的研制过程中最常使用。

四、迎角

迎角又称攻角,是相对气流方向和机翼翼弦之间的夹角,一般用 α 表示,如图 2.1.2 所示。相对气流指向翼弦下方为正迎角,相对气流指向翼弦上方为负迎角,相对气流方向与翼弦平行为零迎角。

飞行状态不同,迎角的大小一般也不同。根据固定翼无人机机头的高低无法判断机翼迎角大小,需要根据迎角的定义来判断。无人机在不同俯仰姿态下的相同迎角如图 2.1.3 所示,由图 2.1.3 可知,下降时虽然机头很低,但仍是正迎角;上升时,虽然机头很高,但是不代表迎角就很大。

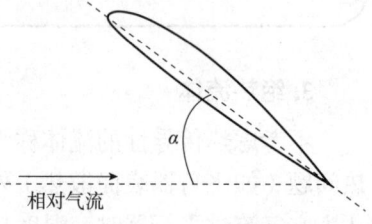

图 2.1.2　迎角的定义

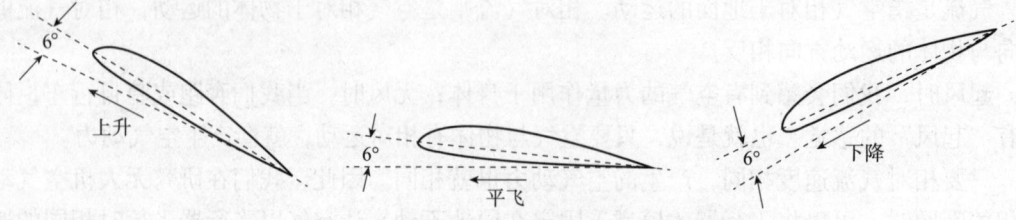

图 2.1.3　飞机在不同俯仰姿态下的相同迎角

五、流线与流线谱

1. 流线

在流场中每一点上都与速度矢量相切的曲线称为流线,如图 2.1.4 所示。流线是同一时刻不同流体质点所组成的曲线,它给出该时刻不同流体质点的速度方向。在定常流(流动参数如速度、压强、密度等不随时间变化的流动)中,流体微团流动的路线与流线重合。

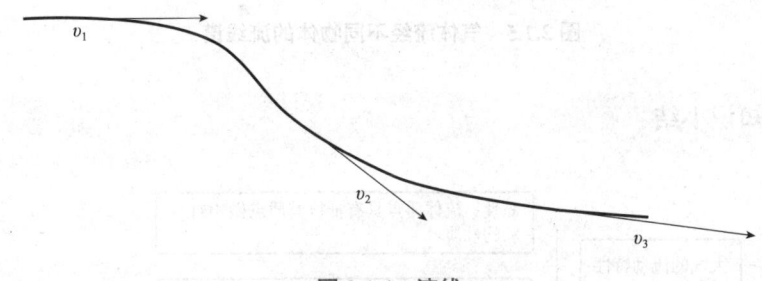

图 2.1.4 流线

流线的主要特点如下:
(1)该曲线上每一点的流体微团速度与曲线在该点的切线重合。
(2)流线每点上的流体微团只有一个运动方向。
(3)流线不可能相交,也不可能分叉。

> Tips:
> 非定常流是流体动力学中的一个概念,指的是流动参数,如速度、压力、温度和密度等,随时间发生变化的流动状态。这种流动与定常流相对应,书中介绍的定常流是指在流动过程中,流体在流场中的任何一点处的流动参数不随时间而变化。
> 非定常流在现实生活中非常常见。例如,当人们突然关闭水龙头时,水流的变化(极快变化流场)就是一个典型的非定常流例子。

2. 流线谱

所有流线的集合就是流线谱,流线谱反映了流体流过物体时的流动情况。流线谱的形状主要由物体的外形、物体与气流的相对位置决定。几个典型的气体流经不同物体的流线谱如图 2.1.5 所示。流线谱主要有以下几个特点:
(1)流线谱的形状与流动速度无关。
(2)物体形状不同,空气流过物体的流线谱不同。
(3)物体与相对气流的相对位置(迎角)不同,空气流过物体的流线谱不同。
(4)气流受阻,流管扩张变粗,气流流过物体外凸处或受挤压,流管收缩变细。
(5)当气流流过物体时,在物体的后部都会形成涡流区。

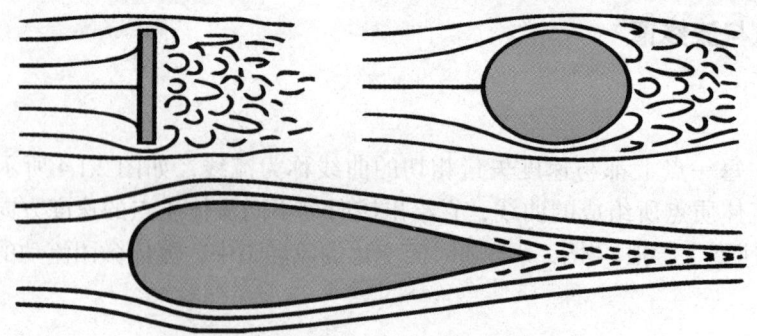

图 2.1.5 气体流经不同物体的流线谱

Part 4 知识小结

气流
- 大气的流动特性
  - 黏性：流体质点具有抵抗其质点做相对运动的性质
  - 可压缩性：指一定量的空气在压力或温度改变时，大气密度和体积发生变化的特性
- 流体模型化
  - 流体模型化：根据所研究问题的性质，突出问题的主要方面，忽略流体的某些物理属性，建立更为简单的流体模型
    - 理想流体：忽略黏性
    - 不可压流体：忽略可压缩性
    - 绝热流体：忽略热传导
- 气流与相对气流
  - 气流：空气相对于地面的运动。相对气流则是空气相对于物体的运动。相对气流的方向与物体的运动方向相反
- 迎角 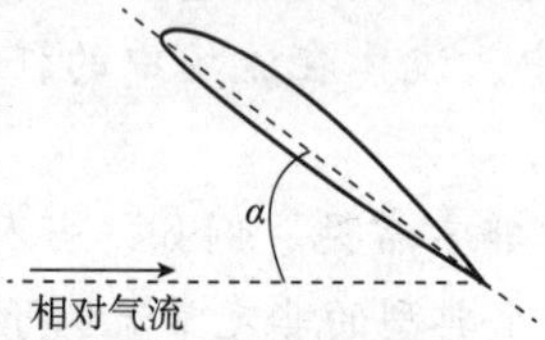
  - 迎角：又称攻角，是相对气流方向和机翼翼弦之间的夹角，一般用 α 表示
- 流线与流线谱
  - 流线：在流场中每一点上都与速度矢量相切的曲线称为流线 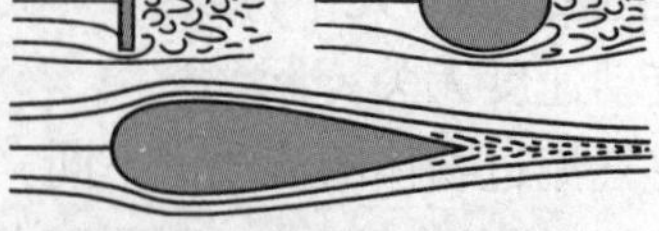
  - 流线谱：所有流线的集合就是流线谱，流线谱反映了流体流过物体时的流动情况

Part 5 课后思考

思考并回答下列问题:

1. 简述相对气流的定义,绘制出图 2.1.6 中相对气流的速度方向(图中箭头为飞行速度方向)。

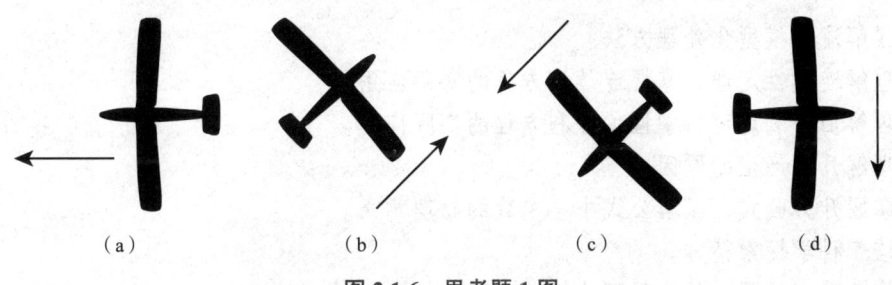

图 2.1.6 思考题 1 图

2. 歼-20 飞机与 F1 赛车在外形上存在哪些相似之处?请大胆猜想相似的原因。

GL4　升力的形成

【学习目标】

1. 了解流体模型化处理方法。
2. 理解连续性定理，掌握连续性方程的实际应用。
3. 理解伯努利定理，掌握伯努利方程的实际应用。
4. 理解升力产生的原因。
5. 掌握升力公式，了解公式中各参数的物理意义。
6. 培养科学探索精神。
7. 培养航空报国、航空强国的精神。

Part 1　问题导入

结合已学习内容，判断下列说法的正误，并将答案写在空白处。

1. 只要物体的形状保持不变，物体与相对气流的相对位置保持不变，改变相对气流的速度无法改变流线谱形状。

2. 无人机爬升时，机翼迎角增大；无人机俯冲下降时，机翼迎角减小。

Part 2　情境导入

欧拉方程是描述经典流体运动的基本方程，由瑞士数学家莱昂哈德·欧拉（图 2.2.1）在 18 世纪提出。欧拉基于质量守恒定律和牛顿第二定律，并通过分析流体的力学性质来揭示流体的运动规律。

莱昂哈德·欧拉于 1707 年 4 月 15 日出生于瑞士，并在那里接受教育，随后他一生中的大部分时间在俄罗斯帝国和普鲁士度过。欧拉从小展现出数学天赋，并最终成长为一名数学教授，先后任教于圣彼得堡和柏林，而后又再次返回圣彼得堡。欧拉是有史以来最多产的数学家，他的全集共计 75 卷。欧拉实际上支配了 18 世纪的数学，对于当时的新发明微积分，他推导出了很多结果。在他生命的最后 7 年中，欧拉的双目完全失明，尽管如此，他还是以惊人的速度完成了其生平一半的著作。

欧拉曾担任彼得堡科学院教授，也是柏林科学院的创始人之一。他是刚体力学和流体力学的奠基者，弹性系统稳定性理论的开创人。他认为质点动力学微分方程可以应用于液体（1750年）。他曾用两种方法来描述流体的运动，即分别根据空间固定点（1755年）和根据确定的流体质点（1759年）描述流体速度场。前者称为欧拉法，后者称为拉格朗日法。欧拉奠定了理想流体的理论基础，给出了反映质量守恒的连续方程（1752年）和反映动量变化规律的流体动力学方程（1755年）。

欧拉方程广泛应用于各个领域，包括天气预报、飞行器设计、海洋工程、流体力学研究等。在天气预报中，通过数值模拟欧拉方程组，可以预测气象现象的变化和发展趋势。在飞行器设计中，利用欧拉方程组可以优化飞机的气动外形，提高飞行性能。在海洋工程中，通过求解欧拉方程组，可以预测海洋中的波浪和洋流情况，指导海上工程的建设和运营。在流体力学研究中，欧拉方程组为研究者提供了理论基础，帮助他们深入理解流体运动的本质。

图 2.2.1　莱昂哈德·欧拉

Part 3　知识储备

从分子物理学的观点来看，任何实际流体都是由大量微小的分子和原子所组成的，而且每个分子都在不断地做无规则热运动（绝对零度不可达到）。对于气流运动来说，用微观的研究方法几乎不可能完成空气动力的分析，因为不可能实现每一个气体分子运动的追踪和气动作用力的统计。因此，在空气动力学研究中，一般不考虑流体的微观结构，而把流体看作连续介质。

> Tips：
> 拉格朗日（Lagrange）法是研究流体力学的一种办法，其实质是研究个别流体质点的速度、加速度、压强和密度等参数随时间 t 的变化，然后再把全部流体质点的运动情况综合起来，就得到了整个流体的运动情况。
> 对于由无穷多个流体质点所构成的流体而言，采用拉格朗日法研究问题往往会遇到数学上的困难。1 cm³ 体积的空气中包含 $2.687\ 5\times10^{19}$ 个空气分子，显然，统计它们的运动规律是一件几乎不可能的事情。

■ 一、连续介质模型

1. 连续性假设

1753年，数学家欧拉提出流体（液体和气体）的连续性假设。按照这一假设，空气充满一个容器时不留下任何自由空隙——既没有真空的地方，也不考虑分子的微观运动——即把流体看作连绵不断的不留任何自由空隙的连续介质。

连续介质假设带来的最大变化是，在空气动力学研究中，不必再研究大量气体分子的微观瞬时状态，而只需要研究描述流体宏观状态参数的物理量，如速度、压强、密度等。在连续介质中，这些物理量可视作空间坐标和时间的连续函数，因此，可以充分地应用连续函数和场论等数学工具进行流场的描述。

连续性假设在一般的情况下都是合理的。在固定翼无人机飞行的大气高度内，相邻气体分子之间的间隙与所研究的物体特征尺寸（飞行器尺寸）相比是极其微小的，这些间隙并不会影响气体分子运动产生的宏观统计结果。只有到了地球的外部空间，如海拔120～150 km高度上，此时大气密度急剧下降，相邻气体分子之间的间距变得与飞行器特征尺寸相当，此时连续性假设显然是不能成立的。

在无人机空气动力的研究中，只讨论连续性假设成立的情况，即连续介质基础上的空气动力学问题。

2. 连续性定理

在连续性假设的基础上可推导出连续性定理：当流体稳定、连续地流过空间中的一段流管时，在同一时间内，流经该流管任意截面处的流体质量相等。

连续性定理本质上是基于连续性假设的质量守恒定律的体现。如图2.2.2所示的文丘里管中，单位时间内流过截面1的流体质量为$\rho_1 v_1 A_1$，单位时间内流过截面2的流体质量为$\rho_2 v_2 A_2$。由于气体流动持续进行，且视为连续介质，根据连续性定理可得式（2.2.1）和式（2.2.2）。

$$\rho_1 v_1 A_1 = \rho_2 v_2 A_2 \tag{2.2.1}$$

$$v_1 A_1 = v_2 A_2 = C_{常数} \tag{2.2.2}$$

式（2.2.1）是连续性定理的数学表达式——连续性方程的一般表现形式，当空气低速流动时（$Ma < 0.4$），可视为不可压流体，此时大气密度不变，则公式可简化为式（2.2.2）的形式。

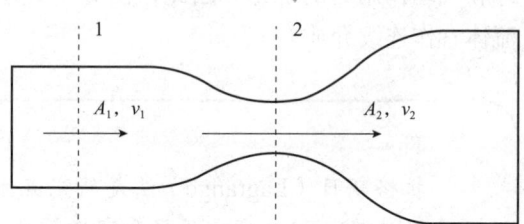

图2.2.2 文丘里管的连续性定理推导

由式（2.2.1）和式（2.2.2）可以看出，空气稳定连续地在一流管中流动时，流管收缩，流速增大；流管扩张，流速减慢。流速大小与流通通道的截面面积大小成反比，这便是空气亚声速流动时，流速和流管截面面积之间的关系。

二、伯努利定理

流体在运动时，除要遵循质量守恒外，还要遵循能量守恒定律。能量守恒定律在空气动力学中的表达即为伯努利定理，其数学表达式为伯努利方程。

1738年，瑞士物理学家丹尼尔·伯努利首次提出该定律。根据能量守恒定律可知：能量不会消失，它只能从一种形式转化为另一种形式，其总能量不变。当空气稳定流动时，共有四种可用于表征大气能量类型的参数，即动能、热能、压力能与重力势能。当空气低速流动时，可以认为没有热量的产生，从而不会由于温度变化对大气压强造成影响；气流流动高度变化不大时，也可以忽略大气重力势能的变化。因此，大气低速流动时，参与能量转换的仅剩气流动能和压力能。根据能量守恒定律有

$$动能 + 压力能 = 总能量（常值）$$

公式表述为

$$p_1 A_1 v_1 \Delta t + \frac{1}{2}\rho v_1 A_1 \Delta t v_1^2 = p_2 A_2 v_2 \Delta t + \frac{1}{2}\rho v_2 A_2 \Delta t v_2^2 \tag{2.2.3}$$

若取单位体积的空气，则动能为 $1/2 \rho v^2$，压力能为 P，总能量用 P_0 表示，则式（2.2.3）可简化为

$$\frac{1}{2}\rho v^2 + P = P_0 \tag{2.2.4}$$

式中　$\frac{1}{2}\rho v^2$——动压，单位体积空气所具有的动能，这是一种附加的压力，是空气在流动中受阻，流速降低时产生的压力；

P——静压，单位体积空气所具有的压力能，在静止的空气中，静压等于当时当地的大气压强；

P_0——总压，它是动压和静压之和，总压可以理解为将流动气体无能量损失地减速到零时的静压。

伯努利定理可以表示为：在稳定气流中，在同一流管的任意截面上，空气的动压和静压之和保持不变。如图 2.2.3 所示，低速气流在文丘里管喉部（截面 2）加速，动压增大，进而静压减小，其下方液柱上升，最终与截面 1 处达到压力平衡。

在无人机上使用空速管进行飞行速度的测定便是利用了此原理。如图 2.2.4 所示，空速管的管轴与相对气流方向一致，其头部有一小孔正对来流方向，由于空气在这一点上完全静止，流速为 0，所以该孔测得的是总压 P_0。在管子侧壁距离端头开一小口，该口测得的就是气流的静压 P。根据静压和总压，由伯努利方程即可换算出气流的速度。

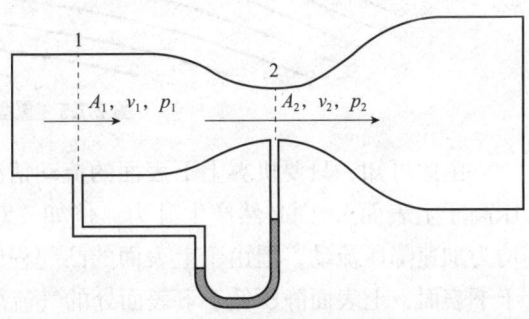

图 2.2.3　文丘里管不同截面处的静压差别

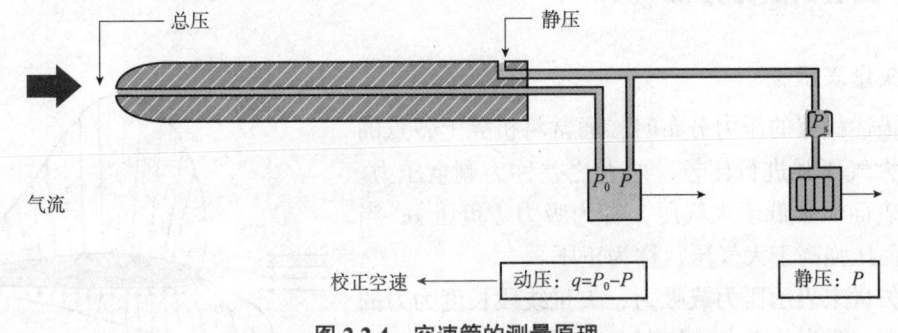

图 2.2.4　空速管的测量原理

三、机翼升力

气流与固定翼飞行器的机翼发生相对运动，绕流经过翼型时，气流流线将发生变化，从而使绕翼型的压力发生变化。如果通过合理的翼型设计，使得上下翼面存在压力差，就可能产生升力。

如图 2.2.5 所示，空气流至机翼前缘，分成上、下两股气流，分别沿机翼上下表面流过，在机翼后缘重新汇合向后流去。在机翼上表面，因受翼型上表面凸起的影响，流管变细，流速加快，静压降低。在机翼的下表面，气流受到阻挡作用，流管变粗，流速减慢，静压增大。这样，在机翼上下表面就出现了压力差，而垂直于飞机速度方向的压力差的总和就形成升力。

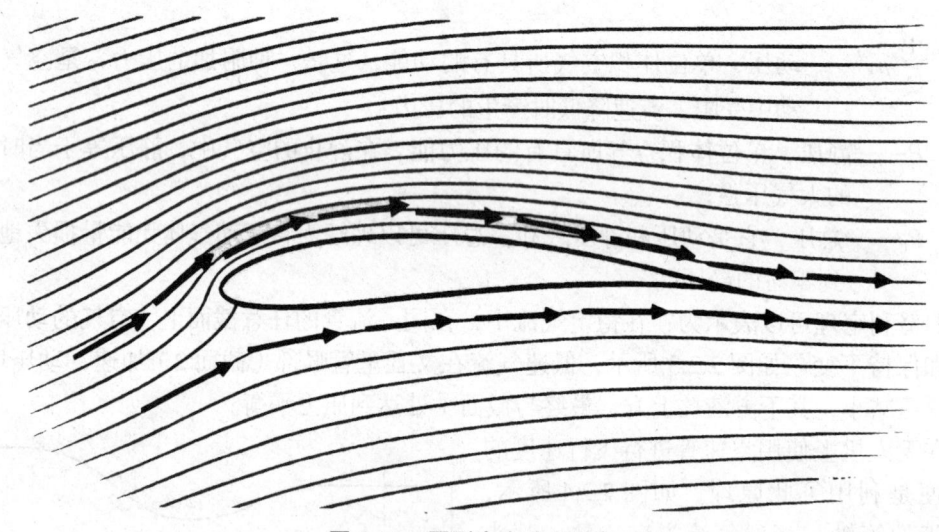

图 2.2.5 翼型产生升力示意

由此可知，只要机翼上下表面的流动情况不对称，即存在流速差、压强差（下翼面静压高于上表面），则必然产生升力。例如，双凸翼型机翼在零度迎角下，气流在上下翼面均为加速降压流动，但由于上表面的凸起程度较下表面的大，所以机翼上表面气流流速高于下表面，上表面静压低于下表面处的气流静压，最终形成正升力。

四、翼型的压力分布

1. 矢量表示法

在描述机翼的压力分布时，通常将机翼上各点的静压与大气压强进行比较，两者之差称为剩余压力。当机翼表面压强低于大气压，称为吸力（负压）；当机翼表面压强高于大气压，称为正压。

用矢量来表示压力或吸力，矢量线段长度为力的大小，方向为力的方向，如图 2.2.6 所示。

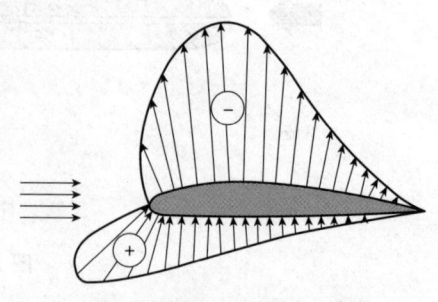

图 2.2.6 翼型压力分布的矢量表示法

2. 坐标表示法

用坐标表示翼型的压力分布，定义一个物理量，即压力系数 C_p。

$$C_P = \frac{P - P_\infty}{\frac{1}{2}\rho v_\infty^2} \tag{2.2.5}$$

翼型压力分布的坐标表示法如图 2.2.7 所示。

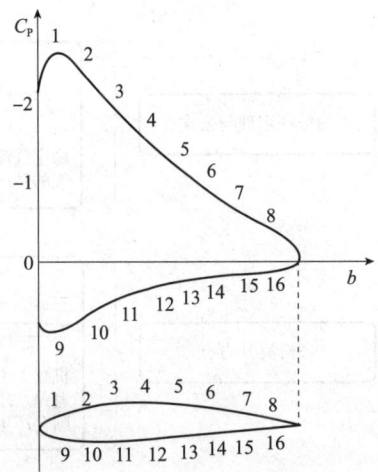

图 2.2.7　翼型压力分布的坐标表示法

由图 2.2.7 可以看出，机翼升力的产生主要靠机翼上表面的吸力作用，尤其是前段的吸力，而不是靠下表面正压的作用。如果机翼迎角在 0° 左右，或机翼的下表面凸出显著，下翼面就可能会形成向下的吸力。在这种情况下，升力就完全由上翼面产生。

五、升力公式

在计算机翼升力时，采用机翼上下表面的压强表面积分的做法是精确可行的，但过于烦琐。在工程中，往往采用实验法确定机翼升力的计算方法。

通过分析可知，能够引起机翼上下表面压强变化的因素都会引起升力的变化，而这类因素主要有机翼迎角、机翼形状、大气密度、气流流速、机翼面积等，使用待定系数法将上述因子联系起来，可以确定其具体系数。

经风洞试验验证，飞机升力的大小可用升力公式（2.2.6）表示。

$$L = C_L \frac{1}{2}\rho v^2 S \tag{2.2.6}$$

式中　C_L——飞机的升力系数，为无量纲参数，主要受机翼迎角和机翼翼型的影响；
　　　S——机翼面积。

由式（2.2.6）可知，固定翼飞行器的机翼升力与升力系数、飞行动压和机翼面积成正比。

Part 4 知识小结

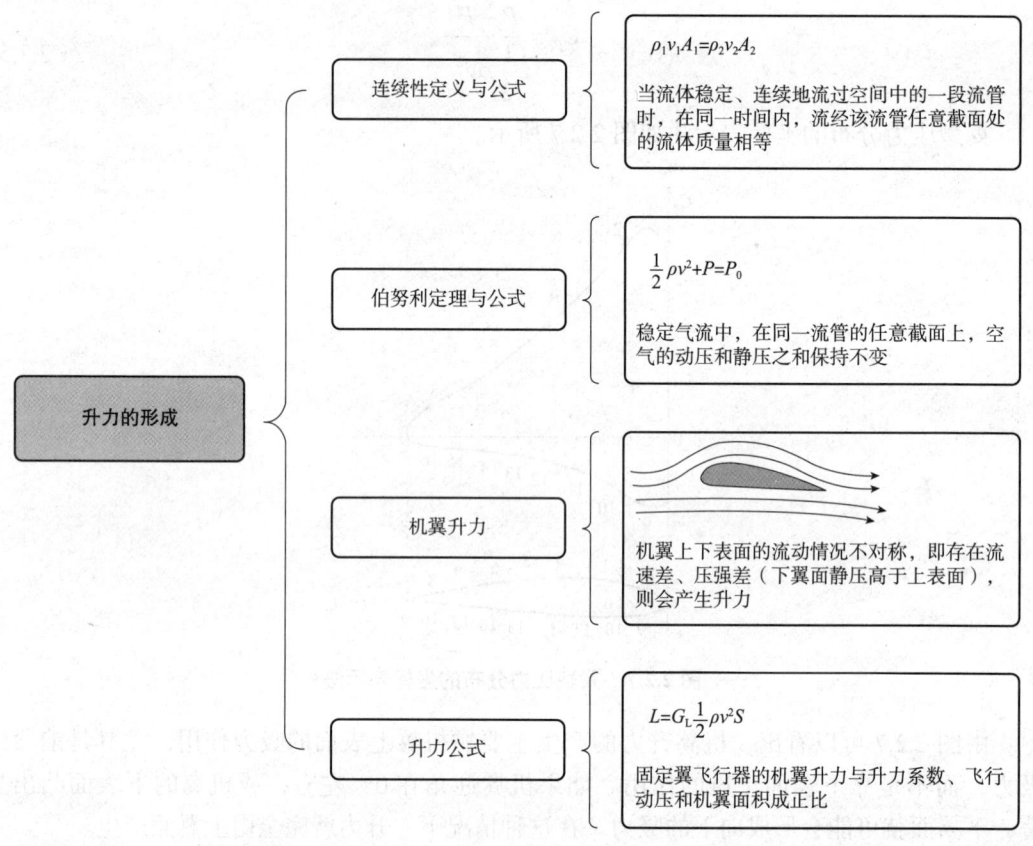

Part 5 课后思考

思考并回答下列问题：

1. 如图 2.2.8 所示，文丘里管两截面处的流动参数均为已知，应如何测定或计算管道中的流量大小？如不能计算，还需补充哪些条件？

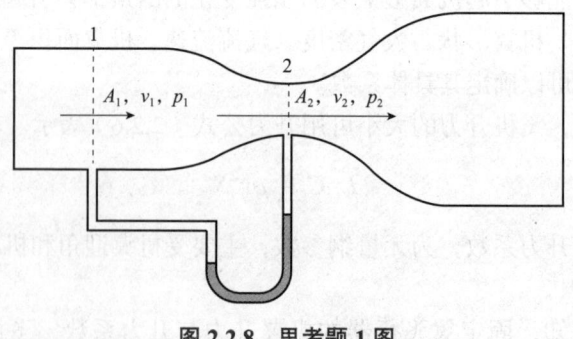

图 2.2.8 思考题 1 图

2. 请判断"要想机翼产生升力，翼型上下表面必须不对称"与"要想机翼产生升力，机翼迎角必须为正迎角，当机翼迎角为0时，升力也为0"这两种说法的正误。

3. 简述伯努利定理的适用条件。

GL5 阻 力

【学习目标】

1. 了解附面层概念与流动特性。
2. 理解摩擦阻力概念，能够阐述摩擦阻力的影响因素。
3. 理解压差阻力概念，能够阐述压差阻力的影响因素。
4. 理解诱导阻力概念，能够阐述诱导阻力的影响因素。
5. 理解干扰阻力概念，能够阐述干扰阻力的影响因素。
6. 培养科学探索精神。
7. 培养航空报国、航空强国的精神。

Part 1　问题导入

结合已学习内容，回答下列问题，并将答案写在空白处。
1. 绘制固定翼无人机在空中做等高度匀速直线飞行时的受力分析图。

2. 翼型升力公式往往采用实验法进行推定，这种方法是否也能套用在翼型阻力公式的推定上？

Part 2　情境导入

2023 年 3 月 27 日，西北工业大学空天微纳系统创新团队在飞行器减阻方面取得突破性进展。通过模仿我国库姆塔格沙漠特有的舌状分形沙垄结构，他们设计出了仿沙垄舌形多层分形减阻微纳结构（图 2.3.1）。该结构减阻率较之前国际报道的最高水平提高了 52%。

减阻是航空航天领域长期关注的焦点，因为它不仅影响着飞行器气动外形设计与布局优化，在能源价格飙升的当下，更对飞行器节能减排、降低运行成本有着重要的应用价值。近年来，区别于通过改变飞机气动布局实现减阻的传统手段，国内外相关领域专家针对改变飞机表面微观结构实现减阻开展了深入研究，如通过仿生"鲨鱼皮"研制出一款飞机"贴膜"，可有效降低飞行摩擦阻力。但仿生"鲨鱼皮"结构在实际应用中还存在一些问题，如风向发生变化时很难继续保持原有的气动减阻性能。对此，苑伟政教授与何洋教授团队在国家自然科学基金重点项目支持下，经过长期比对分析，最终在库姆塔格沙漠找到了解决方案。

"沙粒在风的搬运堆积下自然形成沙垄，并在沙垄表面形成了具有一定起伏规律的地貌结构。而自然界遵循最小阻力原则，即所有的物质都会沿着最小阻力路径运动。这说明风在通过这些地貌结构形成的路径时能量损失最小，也就意味着这种沙垄结构表面对风的阻力最小。库姆塔格沙漠 8 级以上大风天数占全年近 1/3，且来风方向并不固定，因此其沙垄表面形成了世界独有的'舌形分形结构'，这或许就是大自然给出的降低风阻的'最优解'。"

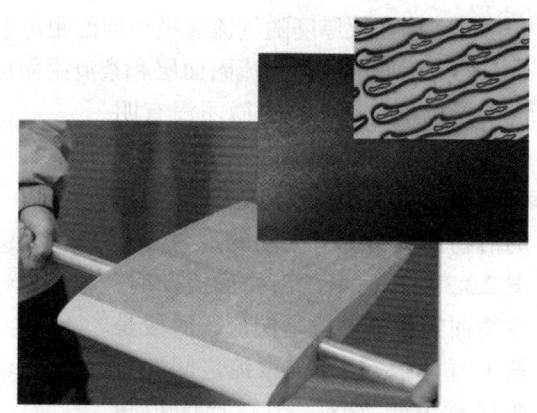

图 2.3.1　仿沙垄舌形多层分形减阻微纳结构

下一步，团队将通过科技成果转化，让科研成果在大飞机、高铁、风力发电等多个领域投入使用，为节能减排提供新的解决方案。

Part 3　知识储备

阻力是与飞机运动轨迹平行，与飞行速度方向相反的力。阻力阻碍飞机的飞行，但没有阻力飞机又无法稳定飞行。

对于低速固定翼无人机，根据阻力的形成原因，可将阻力分为摩擦阻力、压差阻力、干扰阻力和诱导阻力。其中，前三种阻力合称为废阻力（或寄生阻力）。飞机的废阻力主要和空气的黏性有关，飞机的诱导阻力主要与飞机的升力有关。

■ 一、附面层流动

当气流流过物体时，由于黏性的影响，其在物体表面会受到阻滞和吸附的阻碍作用，速度极小，几乎为零。这层薄的空气层再通过黏性影响外层气流，这样逐层传递，形成了在物体表面的附面层流动。气流附面层紧贴物体表面，气流速度逐渐从 0 增大到 99% 主流速度，如图 2.3.2 所示。

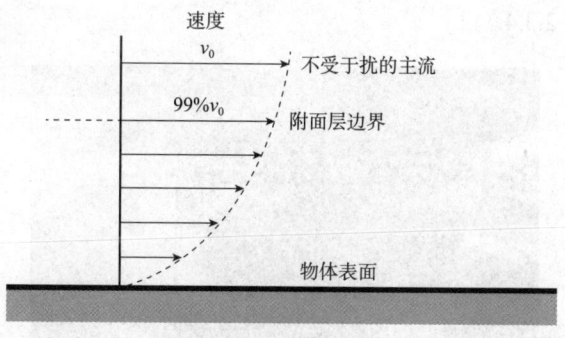

图 2.3.2　近壁面附面层

附面层流动的主要特点如下：
（1）附面层内沿物面法向方向压强不变，且等于法线主流压强。

（2）附面层厚度随气流流经物面的距离增长而增厚。

（3）附面层分为层流附面层和紊流附面层。层流就是气体微团沿法向分层流动，互不混淆。也就是说，空气微团没有明显的上下乱动的现象。紊流就是气体微团除沿物面流动外，还有明显的沿物面法向上下乱动的现象。如图2.3.3所示，气流沿物面流动时，在物面的前段一般是层流，后段是紊（湍）流，层流与紊流之间的过渡区称为转捩区。当转捩区很短时，也可称作转捩点。

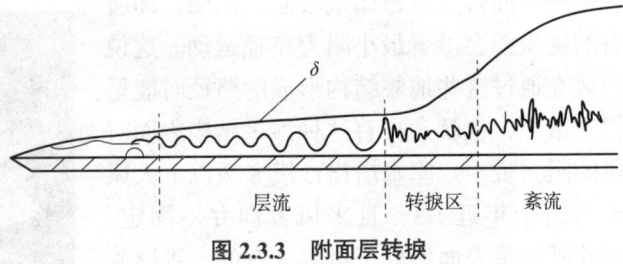

图 2.3.3　附面层转捩

■ 二、摩擦阻力

由于紧贴飞机表面的空气受到阻碍作用而流速降低到零，根据作用力与反作用力定律，飞机必然受到空气的反作用。空气反作用力与飞行方向相反，称为摩擦阻力。

摩擦阻力的大小与附面层的类型密切相关。紊流附面层的速度梯度比层流附面层大，即飞机表面对气流的阻滞作用大，因此，紊流附面层的摩擦阻力也就比层流附面层的大。

摩擦阻力除与附面层的类型有关外，其大小还取决于空气与飞机的接触面积和飞机的表面状况。飞机的表面积越大，摩擦阻力就越大；飞机表面越粗糙，摩擦阻力也就越大。

Tips:

由于黏性是流体的本质属性，因此气流的附面层效应也是必然存在的。紧贴无人飞行器外表面的气流会减速到接近停止，这种停止的气流被吸入进气道会导致发动机停车，是贯穿航空动力学的一大难题。

对于歼-10、F-16这类腹部进气道飞机，以及苏-27、F-15这类机身两侧进气道的飞机，进气的气流都会与机身摩擦产生附面层。所以，上述飞机的进气道都要加装附面层隔道（图2.3.4）。

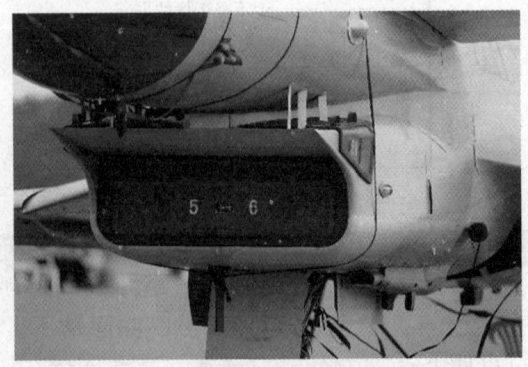

图 2.3.4　歼-10量产型的二维可调斜板进气道

三、压差阻力

压差阻力是由于物体前后的压力差而产生的阻力。固定翼无人机的机翼、机身和尾翼、未收上的起落架等外部部件均会产生压差阻力。压差阻力的产生与气流在物体表面的分离流动密切相关。在介绍压差阻力前,需先行介绍气流附面层分离的一些知识。

1. 顺压梯度和逆压梯度

当流体流过曲面时,由于曲面弯度的影响,主流沿流动方向产生压强变化,即存在压强梯度。如图 2.3.5 所示,从 A 到 B,流道收缩,流速加快,压强降低,称为顺压梯度;从 B 到 C,流道扩张,流速减慢,压强升高,称为逆压梯度。

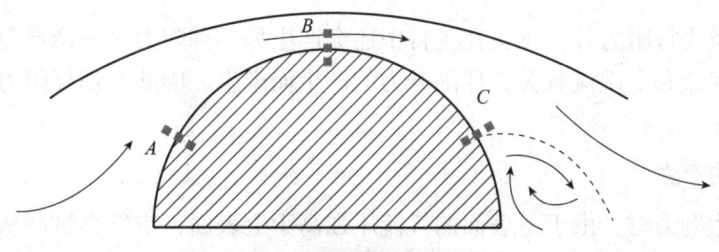

图 2.3.5 压力梯度示意

2. 附面层分离

附面层分离是指附面层内的气流发生倒流,脱离物体表面,形成大量旋涡的现象,如图 2.3.6 所示,气流开始脱离物体表面的点称为分离点。

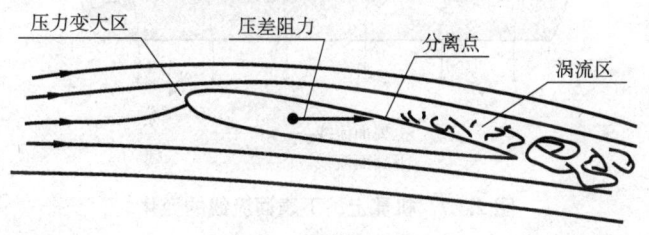

图 2.3.6 附面层分离示意

3. 压差阻力的形成原因

当空气流过机翼时,在机翼的前部,气流受阻被迫一分为二,流速减慢,压强增大。而在机翼的后部,由于气流分离产生了涡流,压强降低。于是,机翼的前后便产生了压力差,进而形成压差阻力。

附面层分离的内因是空气具有黏性,外因则是物体表面弯曲而出现的逆压梯度。

由于涡流区的压强等于分离点的压强,当分离点靠近机翼前缘,涡流区压强进一步降低,压差阻力就会增大;分离点靠近机翼后缘,涡流区压强增大,压差阻力减小。机翼气流分离点的位置主要取决于迎角的大小。机翼的迎角越大,分离点越靠近机翼前缘。

总体来说,飞机压差阻力与迎风面积、形状和迎角有关。迎风面积越大,压差阻力越大;流线型物体压差阻力更小;迎角越大,压差阻力也越大。

四、干扰阻力

飞机的各个部件（如机翼、机身、尾翼）的单独阻力之和小于把它们组合成一个整体所产生的阻力，这种由于各部件气流之间的相互干扰而产生的额外阻力，称为干扰阻力，它主要产生在飞机各个部件的结合部。

为了减小干扰阻力的影响，除在设计时需要考虑飞机外部部件的形状和安装位置外，还需将飞机各部件之间设计为平滑过渡，并安装整流蒙皮，以免产生过大的干扰阻力。

五、诱导阻力

除上述三类飞行阻力外，飞机在飞行中还会产生另一种阻力——诱导阻力。诱导阻力的产生与翼尖涡流和下洗流有关，伴随升力的产生而产生。因此，诱导阻力也被称为升致阻力。

1. 翼尖涡的产生

当机翼产生升力时，由于下表面的气流压强高于上表面，空气会试图从机翼下表面绕过翼尖部分向上表面流去，就会使下翼面的流线由机翼的翼根向翼尖倾斜，上翼面反之，如图 2.3.7 所示。

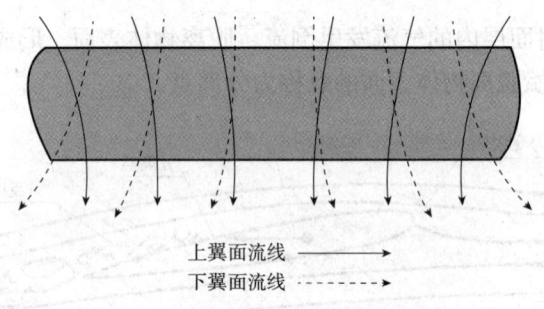

图 2.3.7　机翼上、下表面流线的变化

2. 气流下洗

由于上、下翼面气流在后缘处具有不同的流向，在机翼后缘汇合时形成旋涡，并最终汇聚在翼尖处形成翼尖涡，翼尖涡向后流即形成翼尖涡流，如图 2.3.8 所示。两个翼尖涡的存在会导致在翼展范围内出现一个向下的诱导速度场，称为气流下洗。在亚音速范围内，这下洗速度场会覆盖整个飞机所处空间范围。

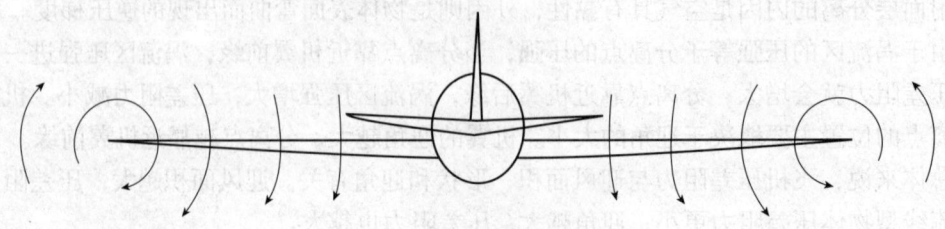

图 2.3.8　翼尖涡导致的下洗流

下洗速度的存在改变了翼型的相对气流方向，使流过翼型的气流向下倾斜，这个向下倾斜的气流称为下洗流，下洗流与相对气流之间的夹角称为下洗角 ε，如图 2.3.9 所示。

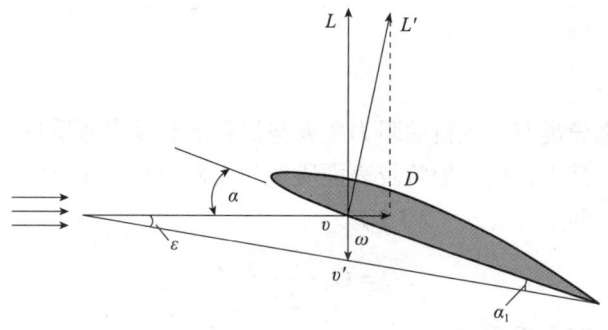

图 2.3.9 诱导阻力的产生

3. 诱导阻力

由于存在翼尖涡和下洗速度场，导致机翼实际的气动合力（L'）较不考虑气流下洗时的气动合力向后倾斜，其总空气动力在飞行速度方向的反向上产生一个分量，这部分增加的阻力即为诱导阻力。

诱导阻力主要来源于机翼的实际升力，实际升力越大，机翼上下表面的压力差越大，翼尖涡流越强，气流下洗程度越大，所以产生的诱导阻力越大。如果能够削弱翼尖涡流的强度，诱导阻力的大小也会得到有效控制。如图 2.3.10 所示，增加翼尖小翼结构阻碍机翼下表面气流绕流至机翼上表面，可以有效降低翼尖涡流的强度。

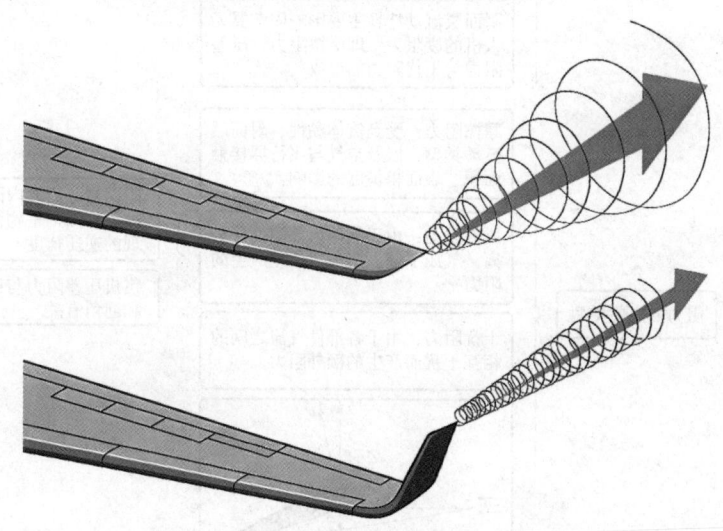

图 2.3.10 翼尖小翼对翼尖涡流强度的影响

另外，机翼的诱导阻力还受到机翼平面形状、展弦比与飞行速度的影响。椭圆形机翼的诱导阻力最小。机翼的展弦比越大，诱导阻力越小；在平直飞行中，诱导阻力与飞行速度的平方成反比。经试验测定后，可得到诱导阻力的计算公式（2.3.1）。

$$C_{Di} = \frac{C_L^2}{\pi \lambda} \qquad (2.3.1)$$

式中　C_{Di}——诱导阻力系数；
　　　λ——机翼的展弦比。

■ 六、阻力公式

与升力公式的推导类似，飞机的阻力主要与机翼形状及表面质量、飞机迎角、机翼面积、飞行动压有关。其中，机翼形状及表面质量和飞机迎角对飞机阻力的影响用阻力系数表示，这样就可以得到阻力公式（2.3.2）。

$$D = C_D \cdot \frac{1}{2} \rho v^2 \cdot S \quad (2.3.2)$$

式中　C_D——飞机的阻力系数；
　　　S——机翼面积；
　　　$\frac{1}{2}\rho v^2$——飞机动压。

Part 4　知识小结

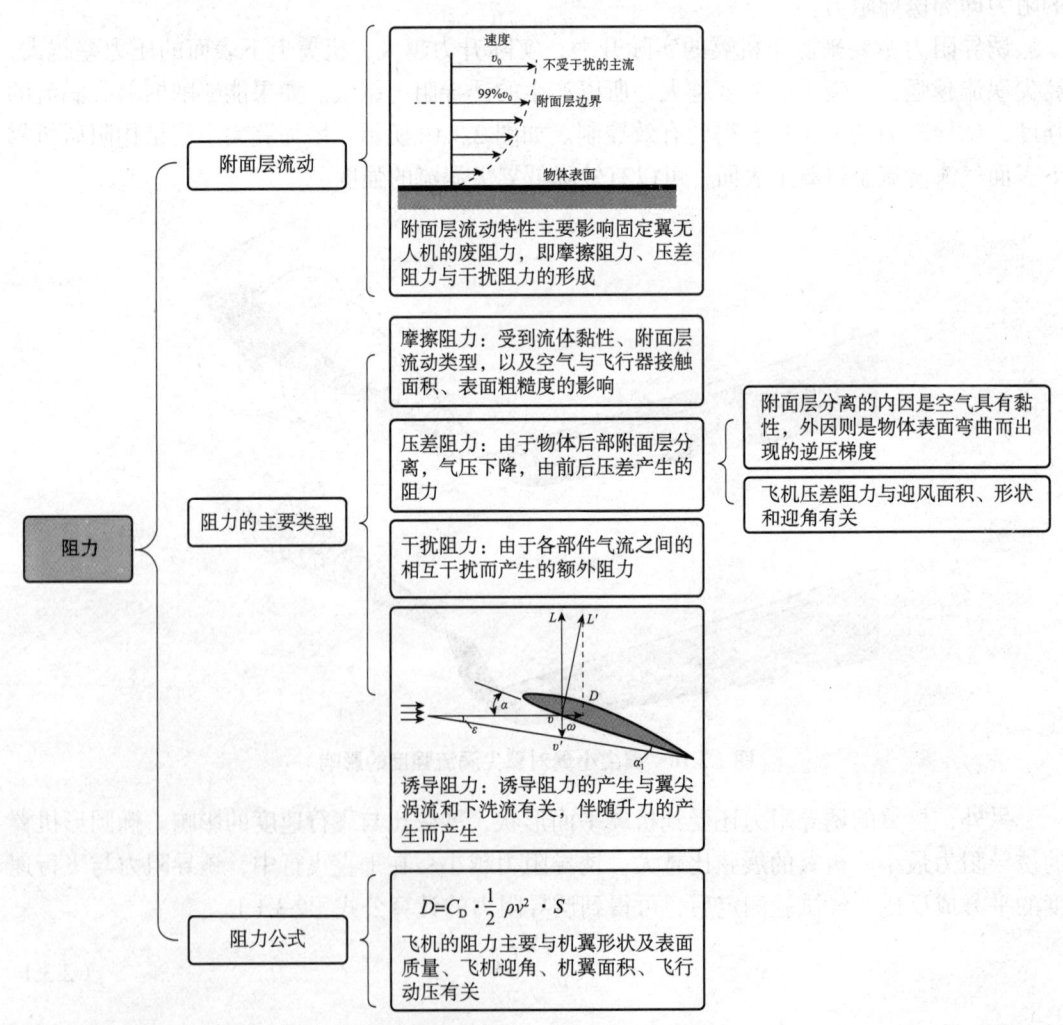

Part 5　课后思考

思考并回答下列问题：
1. 固定翼无人机在飞行过程中受到了哪些阻力？其中影响较大的阻力类型有哪些？

2. 为了降低固定翼飞行器的气动阻力，飞行器在设计中做了哪些设计？

3. 判断以下说法的正误：
固定翼无人机在正常飞行当中，诱导阻力可以为0。

GL6　飞机的低速空气动力特性

✈【学习目标】

1. 理解升力特性，掌握升力系数曲线的识读方法。
2. 理解阻力特性，掌握阻力系数曲线的识读方法。
3. 理解升阻比特性，掌握升阻比曲线的识读方法。
4. 理解极曲线特性，掌握极曲线的识读方法。
5. 培养科学探索精神。
6. 培养航空报国、航空强国的精神。

Part 1　问题导入

结合已学习内容，回答下列问题，并将答案写在空白处。

1. 压差阻力产生的外因和内因分别是什么？

2. 固定翼无人机若增大机翼的展弦比，对诱导阻力会产生哪些影响？

Part 2　情境导入

　　陆孝彭（图 2.4.1），男，1920 年 8 月 19 日出生于江苏省武进区雪堰镇雅浦村。陆孝彭就读于南京下关小学，后到江苏常州正衡中学上初中；1935—1937 年，就读于江苏省立高中；1937 年考入全国创先设有航空工程系的南京中央大学；抗日战争爆发后，随南京中央大学迁往四川重庆；1941 年毕业；先后被分配到昆明国民党空军第一飞机制造厂、重庆南川区空军第二飞机厂任制图员和设计员；1944 年 12 月，赴美国密苏里州圣路易斯

图 2.4.1　强五之父，中国工程院院士陆孝彭先生

市麦克唐纳公司飞机工厂学习，后又被派到英国格洛斯特飞机公司继续学习飞机设计，直至担任总体设计；1949 年 8 月回到北京，被军委航空局接收，从此投身于中华人民共和

国的航空事业；1949年9月，被分配到驻上海的中国人民解放军华东军区航空处研究室，负责机场修理；1956年，中国决定开始自行设计飞机，陆孝彭调到沈阳112厂第一飞机设计室，被任命为我国自行设计的第一架喷气式教练机"歼教-1"主管设计师；1958年，借调到南昌320飞机厂，任强击机主管设计师；1959年底，调到洪都机械厂，任设计室副主任，为"强五"飞机主管设计师；1978年12月至1980年10月，担任南昌航空工业学院（今南昌航空大学）第一任院长；1978年获全国劳模称号；1982年加入中国共产党；1992年获江西省科技精英奖，同年被航空航天工业部授予"有突出贡献专家"称号；1995年7月，成为中国工程院第一批院士，同年被载入美国工程师协会世界名人录；2000年8月成为中国工程院资深院士；2000年10月16日因病在北京逝世，享年80岁。

Part 3　知识储备

飞机的空气动力性能是决定飞行性能的重要因素，主要包括升力特性、阻力特性、升阻比等。空气动力性能参数主要包括飞机的最大升力系数、最小阻力系数和最大升阻比。

一、升力特性

飞机的升力特性是指飞机的升力系数的变化，升力系数受到机翼迎角和机翼翼型的影响。

1. 翼型对升力的影响

机翼翼型不同，气流在上下翼面的流动情况也不同。如图2.4.2所示，平凸翼型[图2.4.2（a）]的上、下翼面气流速度差更大，因此形成的上下翼面压力差大，机翼升力比双凸翼型[图2.4.2（b）]大。

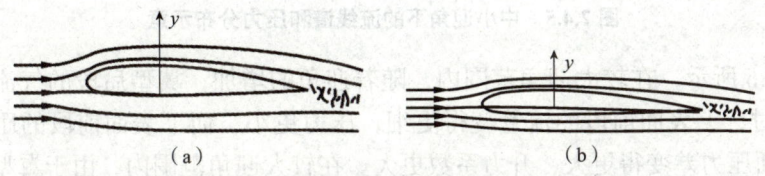

图 2.4.2　翼型对升力的影响
（a）平凸翼型；（b）双凸翼型

2. 迎角对升力的影响

在机翼剖面形状、相对气流速度一定的情况下，改变机翼的迎角，气流绕机翼表面的流动情况随之发生变化，这又使机翼上下表面的压力分布发生变化，影响翼型的升力系数，如图2.4.3所示。

3. 升力系数曲线

在翼型的风洞试验中，可采用固定翼型、不同迎角的试验方法，测定某一特定翼型在不同迎角大小下的升力系数。将不同迎角下的升力系数标记于图例中，即可得到在某一确定试验条件下，某确定翼型在不同迎角下的升力系数变化。如图2.4.4所示为某翼型的升力系数曲线，即升力系数随迎角变化规律曲线。

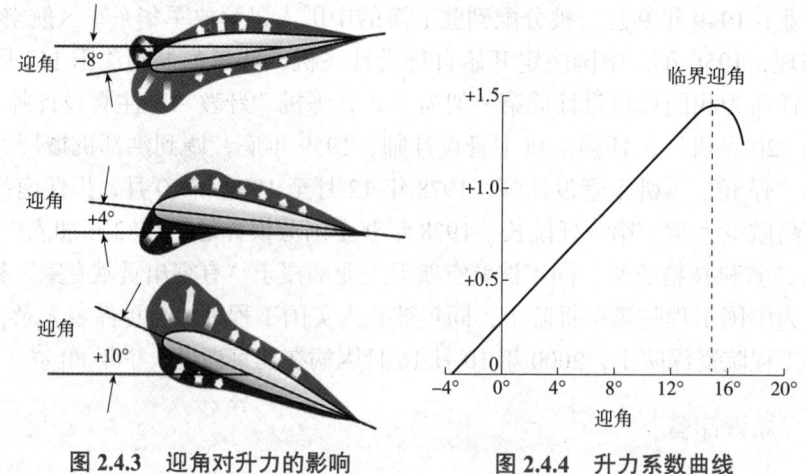

图 2.4.3 迎角对升力的影响　　图 2.4.4 升力系数曲线

如图 2.4.5 所示,在中小迎角范围内,涡流区仅占翼尾后部的很小一段区域,对翼型的压力分布影响很小。随着迎角的增大,上表面前部的流线更加弯曲,流管变得更细,于是流速更快,压力更小。与此同时,气流受下表面阻挡作用随迎角的增大而逐渐变强,致使下表面前段流速逐渐变小,压力变大。因此,在中小迎角范围内,随着迎角的增大,上下表面的压力差增大,升力系数增大;翼型表面后部的涡流区对翼面流管的变化影响很小,升力系数随迎角的增大呈线性增加。

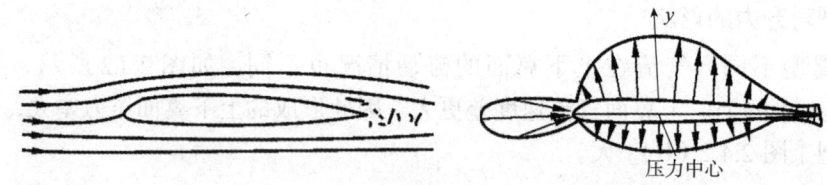

图 2.4.5 中小迎角下的流线谱和压力分布示意

如图 2.4.6 所示,在较大迎角范围内,随着迎角的增加,翼型后段的气流分离区将逐渐扩大。同时,上表面前段的流管变得更细,压力更小,而下表面前段的压力更大。因此,上下表面压力差变得更大,升力系数更大。在较大迎角范围内,由于翼型后段涡流区的扩大,起着使上表面前部流管变粗的作用,因而当迎角增加时,翼型前段上下表面压力之差的增加量较中小迎角时要小,且随涡流区的扩大而影响;升力系数仍在增加,随迎角的变化呈非线性关系。

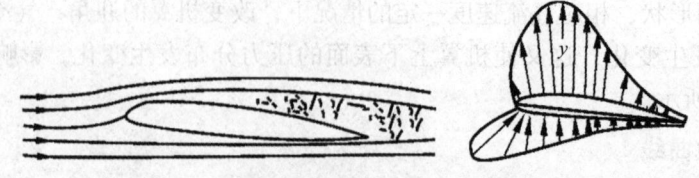

图 2.4.6 较大迎角下的流线谱和压力分布示意

如图 2.4.7 所示,当迎角达到临界迎角后,继续增大迎角,则气流分离点迅速前移,涡流区迅速扩大,致使翼型上表面前段管变粗,吸力峰陡落。在靠后缘的一段范围内,压力虽然减小，但很有限，补偿不了前段的压力增大，升力系数减小。在超过临界迎角的范围内，随着迎角的增加，升力反而减小。

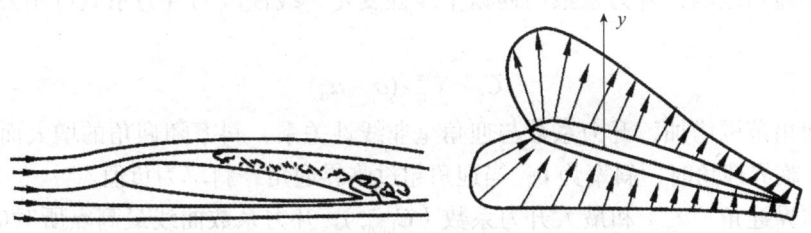

图 2.4.7　超过临界迎角后的流线谱和压力分布

4. 升力特性参数

（1）零升迎角（α_0）。零升迎角是飞机升力系数等于零时的迎角。对于非对称翼型，如果相对弯度大于零，零升迎角（α_0）为负值。这是因为当迎角为零时，上下翼面的流线不对称，有一定的压力差，升力系数大于零。

> Tips:
>
> 如图 2.4.8 所示，对称翼型的零升迎角（α_0）等于零。当对称翼型与空气之间的迎角为零时，气流在上、下翼面的流线完全对称，没有上下压力差，因此不会产生任何升力，即此时翼型的升力为零。而非对称翼型，如双凸翼型则能够在迎角为负值（小范围内）的情况下，依靠机翼上表面更为凸出的形状挤压气流，迫使气流加速后超越机翼下表面处的流速，从而产生升力。
>
>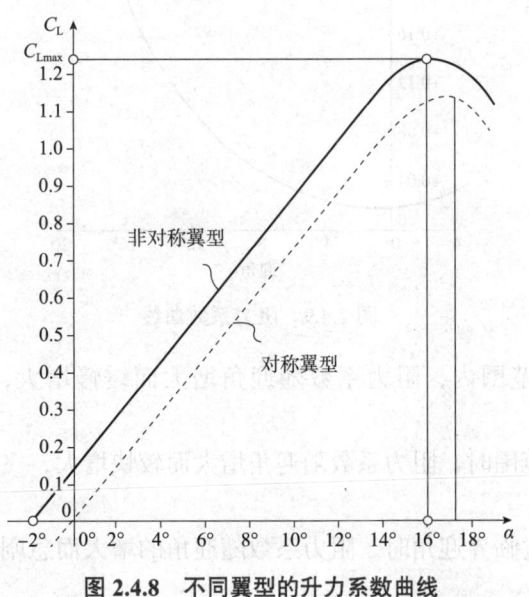
>
> 图 2.4.8　不同翼型的升力系数曲线

（2）升力系数曲线斜率（C_L^α）。升力系数曲线斜率是升力系数增量与迎角增量之比的极限值，反映迎角改变时升力系数变化的大小程度，是影响飞机操纵性和稳定性的重要参数。

在中小迎角范围，升力系数与迎角呈线性变化，线性段的升力系数可用公式（2.4.1）计算。

$$C_L = C_L^a \cdot (\alpha - \alpha_0) \tag{2.4.1}$$

随着迎角范围增加，升力系数与迎角呈非线性关系，斜率随迎角的增大而不断减小；当迎角等于临界迎角时，斜率为0；当迎角超过临界迎角，斜率为负值。

（3）临界迎角（α_{er}）和最大升力系数（C_{Lmax}）。升力系数曲线最高点所对应的迎角和升力系数就是临界迎角和最大升力系数，即当升力系数最大时，飞机达到临界迎角。

最大升力系数是决定飞机起飞和着陆性能的重要参数。从升力公式（2.2.6）可以看出，升力系数越大，飞行所需的速度就越小。速度越小，需要的跑道就越短，飞机起飞和着陆也就越安全。

临界迎角是非常重要的空气动力性能参数，它决定飞机的失速特性。当机翼迎角超过临界迎角后，升力系数突然下降，飞机进入失速状态，无法正常飞行。

二、阻力特性

1. 阻力系数曲线

如图 2.4.9 所示为某型飞机的阻力系数曲线，即阻力系数随迎角变化规律曲线。

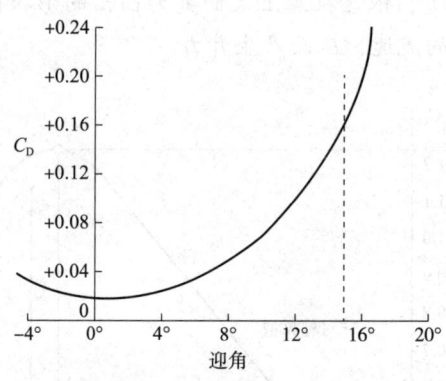

图 2.4.9　阻力系数曲线

（1）在中小迎角范围内，阻力系数随迎角增大而缓慢增大，飞机阻力主要为摩擦阻力。

（2）在较大迎角范围时，阻力系数随迎角增大而较快增大，飞机阻力主要为压差阻力和诱导阻力。

（3）在接近或超过临界迎角时，阻力系数随迎角的增大而急剧增大，飞机阻力主要为压差阻力。

2. 阻力特性参数

（1）最小阻力系数（C_{Dmin}）和零升阻力系数（C_{D0}）。

阻力系数永远不等于零，但它存在一个最小值，即最小阻力系数。

零升阻力系数指升力系数为零时的阻力系数。飞机的最小阻力系数非常接近零升阻力系数，一般认为零升阻力系数就是最小阻力系数。

（2）中小迎角时的阻力公式。在中小迎角范围内，阻力公式可以表示为

$$C_D = C_{D0} + A \cdot C_L^2 \tag{2.4.2}$$

三、升阻比

升阻比是相同迎角下，升力系数和阻力系数的比值，用 K 表示。升阻比曲线表达了升阻比随迎角变化的规律。升力系数和阻力系数主要随迎角变化，因此升阻比的大小也随迎角变化而变化，而与空气密度、飞行速度、机翼面积等无关。升阻比越大，飞机的空气动力性能越好。

如图 2.4.10 所示为某机型的升阻比曲线。从该曲线可看出，升阻比存在一个最大值，此时对应的迎角称为最小阻力迎角，又称为有利迎角。

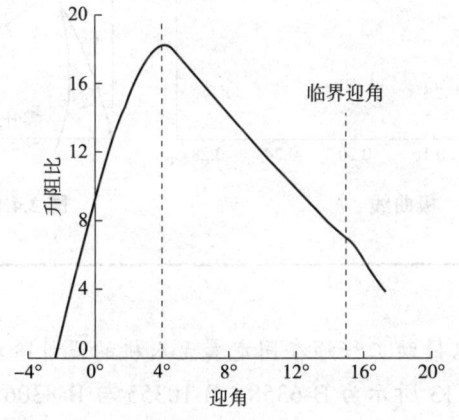

图 2.4.10　升阻比曲线

（1）从零升迎角到最小阻力迎角，升力增加较快，阻力增加缓慢，因此升阻比增大。在最小阻力迎角处，升阻比最大。

（2）从最小阻力迎角到临界迎角，升力增加缓慢，阻力增加较快，因此升阻比减小。

（3）超过临界迎角，压差阻力急剧增大，升阻比急剧减小。

四、极曲线

将飞机的升力系数、阻力系数、升阻比随迎角变化的关系综合起来用一条曲线表示，这条曲线称为极曲线，用于综合衡量飞机的空气动力性能，如图 2.4.11 所示。

极曲线的横坐标为阻力系数，纵坐标为升力系数，曲线上每一个点代表一个与坐标所表示的升力系数、阻力系数对应的迎角。

从零升迎角开始，随着迎角的增大，升力系数与阻力系数都增大。在中小迎角范围内

$C_D = C_{D0} + A \cdot C_L^2$，曲线呈平方抛物线。当迎角增大时，受气流分离影响，阻力系数增加较快，升力系数增加变缓，曲线偏离平方抛物线倾向横轴。超过临界迎角以后，升力系数随迎角的增大而减小，但阻力系数却继续增大，曲线向右下方延伸。

在极曲线上，曲线与横轴交点为零升迎角和零升阻力系数，曲线最高点则为临界迎角和最大升力系数。从坐标原点向极曲线作切线，切点对应最小阻力迎角和最大升阻比，如图 2.4.12 所示。

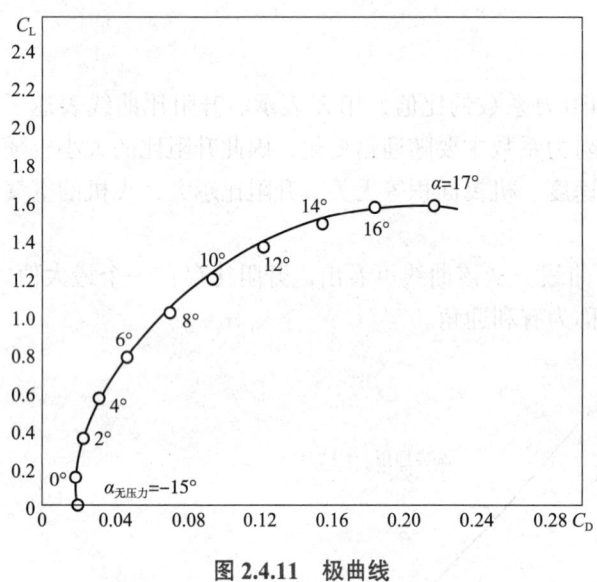

图 2.4.11 极曲线　　　　　　　　　图 2.4.12 极曲线的特殊意义

Tips：

翼型的极曲线可以帮助工程师在固定翼无人机的设计阶段更快地选择满足需求的机翼翼型。如图 2.4.13 所示为 B-6358、B-10355 与 B-8306 三种翼型（$\lambda=\infty$）在雷诺数 6 000 的试验条件下，根据测试数据绘制的极曲线。根据极曲线特征，综合考虑以下几点，选择性能更优越的翼型：

（1）翼型应具备更小的阻力系数。

（2）翼型应具备更大的升阻比。

（3）由于机翼的阻力仅为整机阻力的很小一部分，因此当不同翼型的最大升阻比接近时，应尽可能选择更大升力系数的翼型。

（4）翼型的气动性能应具备稳定性，即升力系数快速变化时，翼型的阻力系数应尽可能保持不变。

经过比较，上述三种翼型中，B-6358 具有更好的综合性能。

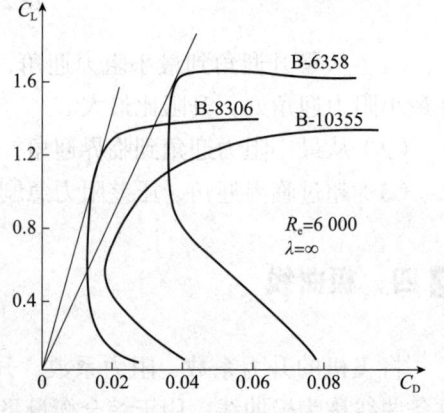

图 2.4.13 参考极曲线的翼型性能选用

Part 4 知识小结

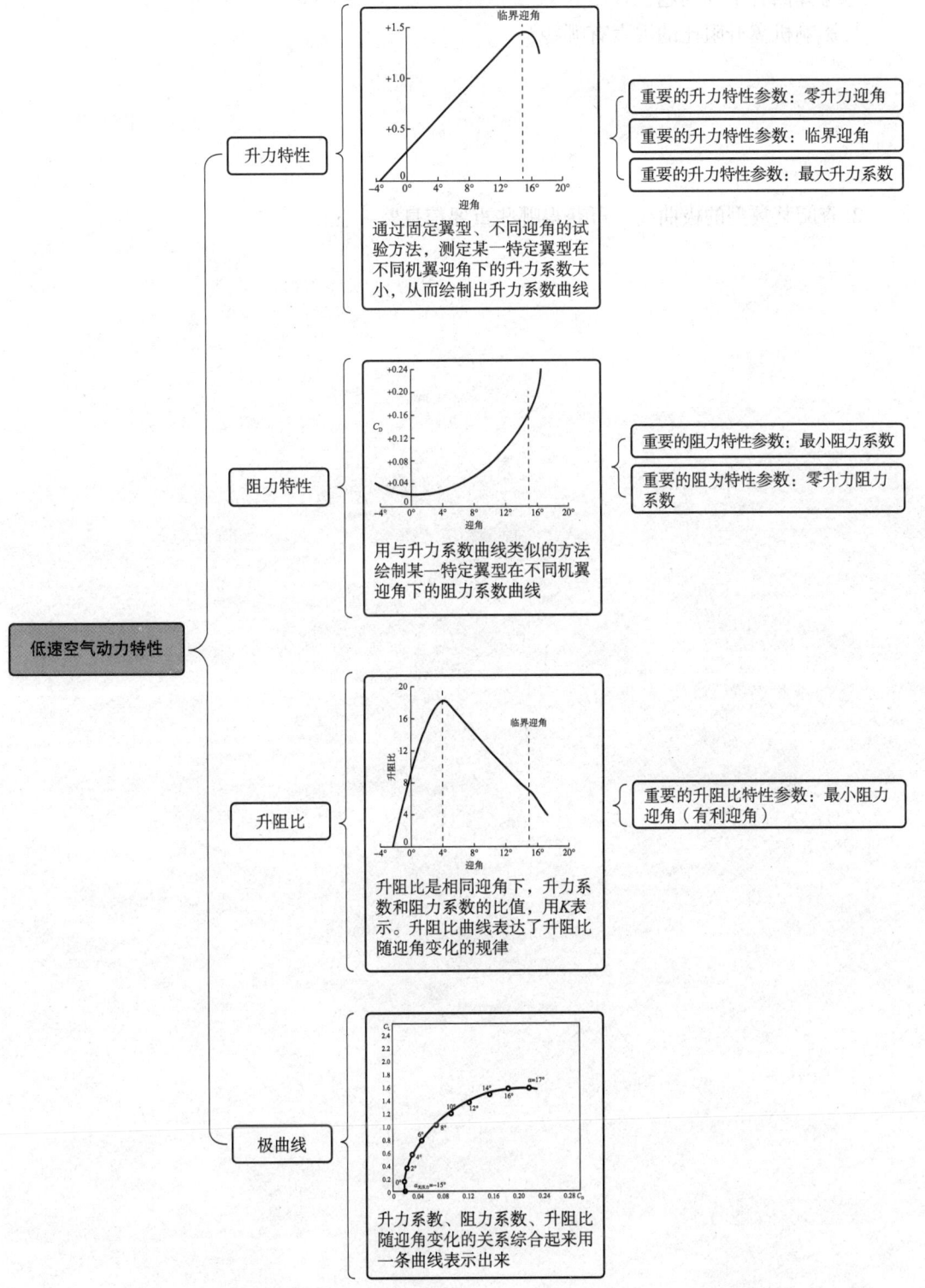

Part 5 课后思考

思考并回答下列问题：

1. 影响机翼升阻比的因素有哪些？

2. 查阅某翼型的极曲线，可获得哪些重要信息？

GL7　固定翼无人机增升装置

【学习目标】

1. 掌握增升装置的主要类型。
2. 了解前缘缝翼的增升机理。
3. 了解后缘襟翼的增升机理。
4. 了解前缘襟翼的增升机理。
5. 培养科学探索精神。
6. 培养航空报国、航空强国的精神。

Part 1　问题导入

结合已学习内容，回答下列问题，并将答案写在空白处。
1. 根据升力公式，列举能够增加固定翼无人机升力的可行办法。

2. 简述你所了解的可增加无人机升力的气动设计。

Part 2　情境导入

20世纪70年代，苏联空军命令安东诺夫设计局研制一种具备出色短距起降能力的双发涡扇轻型军用运输机，其成果就是采用机翼上表面吹气（USB）技术的安-72和安-74，其中安-74轻型军用运输机如图2.5.1所示。

安-72和安-74的两台发动机置于翼根上方，正面看上去很像一对招风大耳，于是在服役后不久就获得了"大耳查布"的绰号。"大耳查布"也就是"查布拉什卡"，是苏联儿童文学家艾杜瓦德·乌斯宾斯基在1966年创作的一个卡通形象，它的外形介于小熊与猴子之间，有着一对可爱的大耳朵。

安-72在翼根顶部安装了两台伊夫琴科"进步"设计局的D-36 Series 2A大涵道比涡扇发动机，采用T尾、尾部货舱门、前三点式起落架布局。安-72在气动布局上与波音YC-14短距起降运输机十分相似，但安东诺夫设计局否认两者之间存在任何联系。从两者基本上同时开始研制，YC-14的首飞日期仅比安-72早一年来看，这个说法有一定道理。安-72和YC-14只是在相似的短距起降要求下采用了相同的上表面吹气技术（USB）来提高机翼升力，在其他设计方面没有任何相似之处。作为 C-130 后继机的 YC-14 在尺寸上比安 -72 大得多，最大起飞重量达 114 t，安 -72 仅为 34.5 t。

图 2.5.1　安 -74 轻型军用运输机

Part 3　知识储备

飞机在起飞和着陆时，为了缩短滑跑距离，要求较小的离地速度和接地速度，此时若需保证稳定飞行与安全操纵，就需要较大的整机升力系数。用增大机翼迎角的方法来增大升力系数是有限的，因为飞机的迎角最多只能增大到临界迎角，实际上，飞机在起飞和着陆时，由于受到擦尾角的限制，迎角是不可能增大到临界迎角的。

因此，为了保证飞机在起飞和着陆时仍能产生足够的升力，有必要在机翼上装设增大升力系数的装置。目前，使用较广的增升装置有前缘缝翼、后缘襟翼、前缘襟翼等。

增升装置的目的是增大最大升力系数，尽管种类繁多，但就其原理来讲，主要从以下 3 个方面实现增升目的：

（1）增大翼型的弯度，提高上下翼面压强差。
（2）延缓上表面气流分离，提高临界迎角和最大升力系数。
（3）增大机翼面积。

■ 一、前缘缝翼

前缘缝翼位于机翼前缘，其作用是延缓机翼的气流分离，提高最大升力系数和临界迎角。

前缘缝翼打开时与机翼之间有一条缝隙，如图 2.5.2 所示。一方面，下翼面的高压气流流过缝隙后，贴近上翼面流动，给上翼面气流补充能量，降低逆压梯度，延缓气流分离，从而增大升力系数

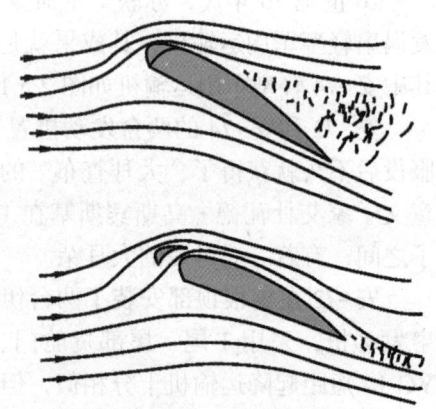

图 2.5.2　前缘缝翼打开延缓气流分离原理示意

和临界迎角；另一方面，气流从压强高的下翼面通过缝隙流向上翼面，减小上下翼面的压强差，又具有减小升力系数的作用。

因此，在大迎角下打开前缘缝翼，可以延缓上表面的气流分离，从而使最大升力系数和临界迎角增大；在中小迎角下打开前缘缝翼，反而会使上下翼面的压强差减小而降低升力系数，导致机翼升力性能变差，如图 2.5.3 所示。

■ 二、后缘襟翼

位于机翼后缘的襟翼，统称为后缘襟翼。较为常用的后缘襟翼包括简单襟翼、分裂襟翼、开缝襟翼、后退襟翼、后退开缝襟翼等。放下后缘襟翼，既增大升力系数，也增加阻力系数。

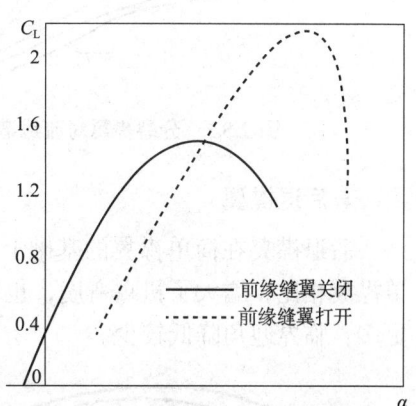

图 2.5.3 开关前缘缝翼的效果对比

1. 简单襟翼

简单襟翼与副翼形状相似。放下简单襟翼，增加机翼的相对弯度，进而增大上下翼面压强差，增大升力系数，如图 2.5.4 所示。但是放下襟翼后，机翼上表面的涡流区也会扩大，使机翼的压差阻力增大，阻力系数增大，升阻比减小，临界迎角降低。

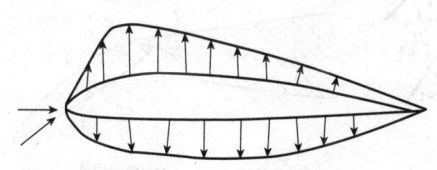 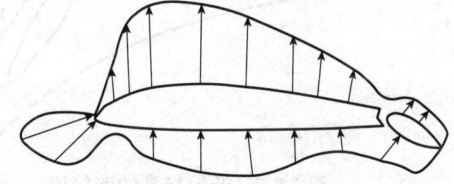

图 2.5.4 简单襟翼对压强分布的影响

2. 分裂襟翼

分裂襟翼指从机翼后端下表面一块向下偏转而分裂出的翼面，如图 2.5.5 所示。

放下分裂襟翼后，在机翼和襟翼之间的楔形区形成涡流，压强降低，吸引上表面气流流速增加，吸力增大，机翼下表面的气流受到放下的襟翼的阻挡，速度减慢，压力增加，上下翼面压差增加，从而增大了升力系数，如图 2.5.6 所示。

此外，放下分裂襟翼使得翼型弯度增大，上下翼面压差增加，从而也增大了升力系数。但在大迎角下放下襟翼，上翼面最低压强点的压强更低，气流易提前分离，故临界迎角有所减小。

3. 开缝襟翼

开缝襟翼是在简单襟翼的基础上进行了改进，在下偏的同时进行开缝。和简单襟翼相比，下翼面的高压气流通过缝隙高速流向上翼面后缘，使上翼面后缘附面层中空气流速加快，进一步延缓上表面气流分离（图 2.5.7）；同时，增大机翼弯度，使升力系数提高更多，而临界迎角却降低不多。

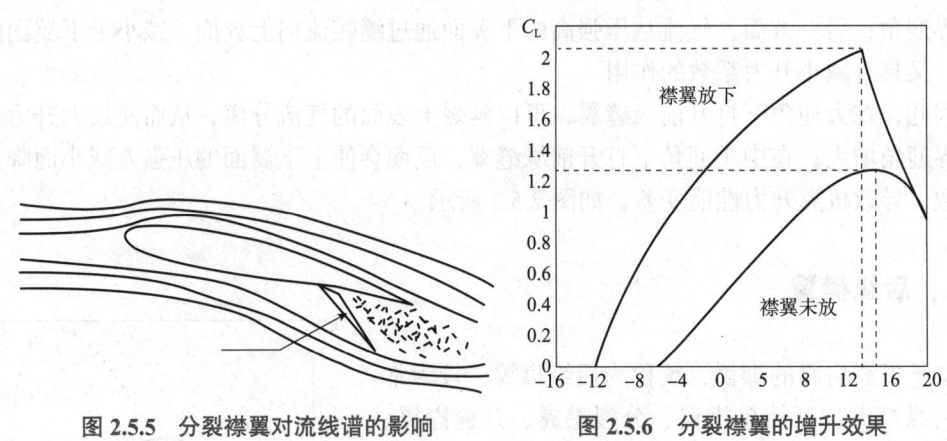

图 2.5.5 分裂襟翼对流线谱的影响　　图 2.5.6 分裂襟翼的增升效果

4. 后退襟翼

后退襟翼在简单襟翼的基础上进行了改进,在下偏的同时向后滑动(图 2.5.8),与简单襟翼相比,增大了机翼弯度,也增加了机翼面积,从而使升力系数及最大升力系数增大更多,临界迎角降低较少。

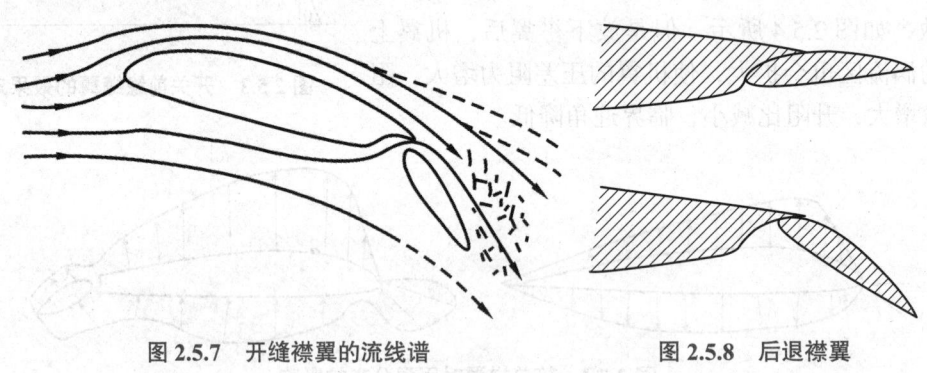

图 2.5.7 开缝襟翼的流线谱　　图 2.5.8 后退襟翼

5. 后退开缝襟翼

后退开缝襟翼结合了后退式襟翼和开缝式襟翼的共同特点,效果最好,结构最复杂。大型飞机普遍使用后退双开缝或三开缝的形式,如图 2.5.9 所示。

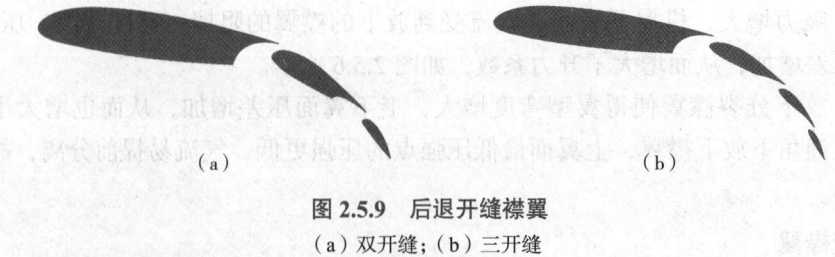

(a)　　　　　　　　　　(b)

图 2.5.9　后退开缝襟翼
(a)双开缝;(b)三开缝

三、前缘襟翼

前缘襟翼位于机翼前缘,如图 2.5.10 所示。这种设计广泛应用于高亚音速飞机和超音速飞机。

前缘襟翼放下后，可以减小前缘与相对气流之间的夹角，使气流能够平顺地沿上翼面流动，延缓上表面气流分离。同时，能增加翼型弯度，使最大升力系数和临界迎角得到提高。

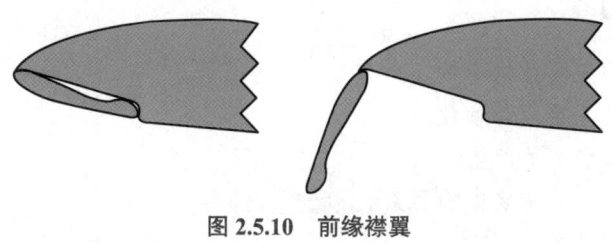

图 2.5.10　前缘襟翼

Part 4　知识小结

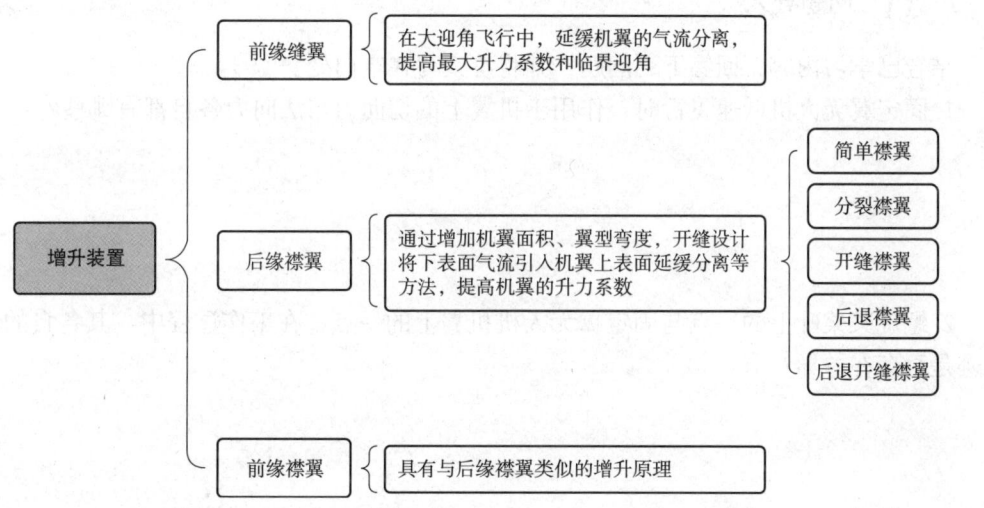

Part 5　课后思考

思考并回答下列问题：

搜集查阅资料，分析我国自主研发的 C919 型客机上有哪些增升装置，并阐述采用该设计的理由。

GL8　螺旋桨上的气动力

【学习目标】

1. 掌握螺旋桨的主要结构参数。
2. 掌握螺旋桨的主要气动参数。
3. 理解螺旋桨气动力的产生。
4. 了解螺旋桨拉力的主要影响因素。
5. 培养科学探索精神。
6. 培养航空报国、航空强国的精神。

Part 1　问题导入

结合已学习内容，回答下列问题，并将答案写在空白处。

1. 固定翼无人机低速飞行时，作用于机翼上的切向力与法向力各自都有哪些？

2. 螺旋桨桨叶上的一点与固定翼无人机机翼上的一点，在工作过程中，其各自的运动轨迹是否存在差异？

Part 2　情境导入

　　1960年8月25日，第一机械工业部航空工业局做出决定，要求刚刚成立的国营惠阳机械厂（现航空工业惠阳）于年底前完成安-2运输机（运5）木质螺旋桨试制。1960年12月23日，根据主机需要，航空工业局又下达了《关于提前试制雅克-18A飞机用空气螺旋桨的决定》，要求"按照关于加速新型教练机试制的指示，提前试制初级教练机用的空气螺旋桨，把原来安排试制的安-2用螺旋桨的准备工作往后推迟"。

　　1963年1月24日，航空工业局要求"红专"502（初教-6）型飞机使用B530-H35木质螺旋桨，其中B530-H35木质桨叶在1963年试制成功，桨毂由国营新卫机械厂（现航空工业郑飞）长期定点供给，一并装配试验，并于1964年参加发动机长期试车。

　　航空人克服重重困难，经过不懈努力，第一副木质桨叶B530-H35仅用了几个月的时间就试制成功，并于1963年9月安装在初教-6飞机上试飞成功，比预定计划提前半年完成，填补了航空工业在这个方面的研制空白。

1963年10月10日，国务院航空军工产品定型委员会对工厂的产品图样资料、技术条件、工艺文件和试车、切样、试飞等进行了全面审查鉴定，同意予以验收，批准B530-H35螺旋桨桨叶转入批量生产。1963年10月11日，B530-H35木质螺旋桨桨叶定型会议在惠阳机械厂召开，国务院航空军工产品定型委员会主任、空军副司令员曹里怀等来到神星厂区，参加定型签字仪式。

庆功大会上，空军第六航校派来的两架初教-6飞机，装上了惠阳机械厂生产的第一批木质桨叶（图2.6.1），飞上了祖国的蓝天。

图2.6.1　初教-6飞机上的木制螺旋桨

Part 3　知识储备

在航空活塞发动机及螺旋桨这一常见的动力系统组合中，发动机输出功率借助螺旋桨转化为飞行器的拉力或是推力。

如图2.6.2所示，无人机的螺旋桨通常有2～4片桨叶。桨叶在工作过程中一边高速旋转，一边随飞行器运动，与气流产生相对运动，进而产生气动力。

从本质上来看，螺旋桨桨叶产生拉力的原理与机翼产生升力的原理类似。但由于螺旋桨的运动更为复杂，在分析螺旋桨的气动力生成时，需要预先了解螺旋桨的结构，以及螺旋桨的运动合成。

图2.6.2　螺旋桨

一、螺旋桨结构与气动参数

1. 螺旋桨结构

螺旋桨的主要结构是桨叶和桨毂等。桨叶的平面形状很多，现代使用较多的有椭圆形、矩形和马刀形等，如图2.6.3所示。

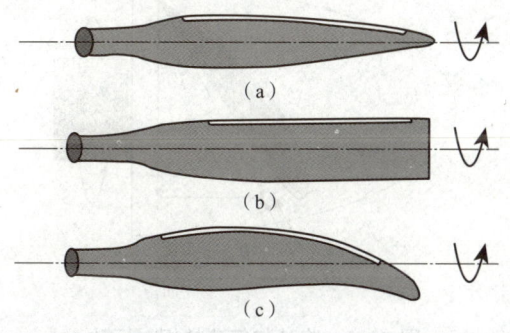

图2.6.3　桨叶平面形状
（a）普通桨叶；（b）矩形桨叶；（c）马刀形桨叶

63

螺旋桨旋转时，形成旋转平面，如图 2.6.4 所示，其中，桨尖所画圆的直径称为螺旋桨的直径（D）；该圆面的半径则为螺旋桨的半径（R）；在螺旋桨桨叶上任取一点，该点距螺旋桨旋转中心的距离，称为该处的旋转半径（r）。

当桨叶旋转时，桨尖与桨叶上任意一点的运动轨迹所构成的平面叫作螺旋桨的旋转平面。螺旋桨运动时产生无数个旋转平面，但所有的旋转平面均垂直于螺旋桨旋转轴，这些旋转平面之间彼此平行。

与机翼类似，桨叶的截面形状称为桨叶剖面，相当于机翼的翼型；前、后桨面分别对应于机翼的上、下表面；桨叶剖面处前缘与后缘之间的连线称为桨弦。

2. 螺旋桨的运动

飞行中，螺旋桨的运动包括一面自身高速旋转，一面随飞行器前进。因此，螺旋桨桨叶上任一处的运动速度为两种速度的叠加：一是前进速度（v），即飞行器的飞行速度；二是因旋转而产生的圆周速度，或称为切向速度（u），其大小取决于螺旋桨的转速和旋转半径。

所以，螺旋桨桨叶上任意一点在空间中的运动轨迹是一条螺旋线，如图 2.6.5 所示。

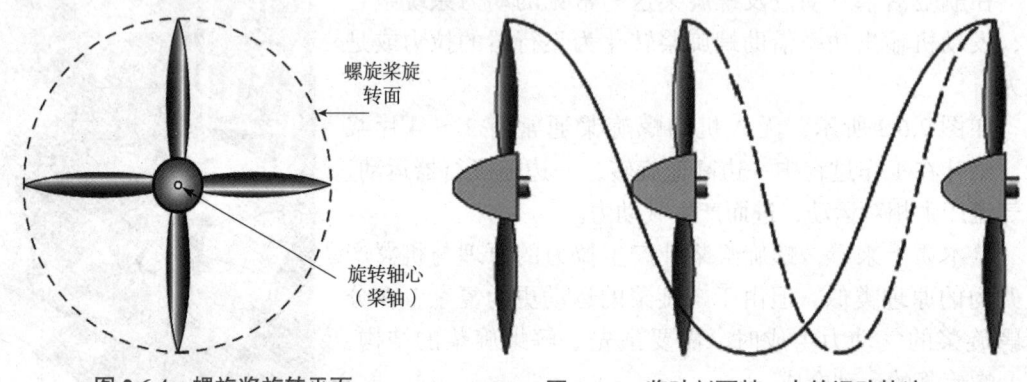

图 2.6.4　螺旋桨旋转平面　　　　图 2.6.5　桨叶剖面某一点的运动轨迹

3. 螺旋桨的气动参数

从侧方观察螺旋桨桨叶上某一点的运动，当圆周速度（切向速度）可绘制于纸面上的瞬间，桨叶与气流之间的相对运动如图 2.6.6 所示。

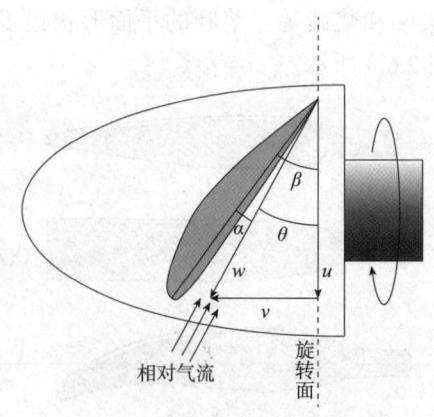

图 2.6.6　桨叶与气流的相对运动

v—前进速度；u—旋转速度；w—合速度；α—桨叶迎角；θ—入流角；β—桨叶角

桨叶旋转的切向速度 $u = 2\pi rn = \omega r$（n 为螺旋桨转速，单位为 r/s），前进速度为飞行器的飞行速度 v，则根据速度的矢量加法，得到合速度 $w=\sqrt{v^2+u^2}$。根据相对运动原理，桨叶某点处的合速度与相对气流速度大小相等、方向相反。

根据桨叶的自身几何参数与相对气流速度参数，定义以下气动参数：

（1）合速度 w 与桨叶弦线之间的夹角，称为桨叶迎角 α；

（2）合速度 w 与旋转面之间的夹角，称为入流角或气流角 θ；

（3）桨叶弦线与旋转面之间的夹角，称为桨叶角或安装角 β。

一般情况下，桨叶迎角 α 小于桨叶角 β。桨叶角 β、桨叶迎角 α、入流角 θ 之间的关系为

$$\alpha = \beta - \theta = \beta - \arctan\left(\frac{v}{u}\right) = \beta - \arctan\left(\frac{v}{2\pi rn}\right) \tag{2.6.1}$$

4. 桨叶的几何特性

螺旋桨旋转时，桨叶各剖面的旋转角速度相等，但是旋转线速度沿半径方向变化，越靠近桨尖，桨叶剖面的旋转线速度越大，如图 2.6.7 所示。

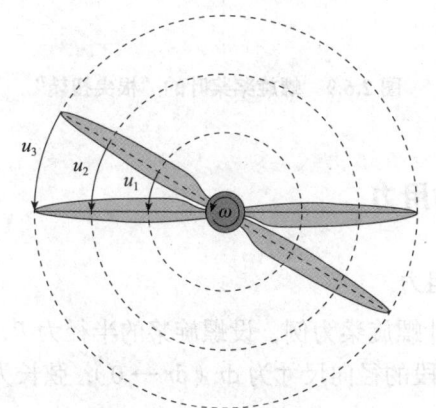

图 2.6.7　螺旋桨的旋转线速度和旋转角速度

因为旋转线速度不同，桨根处的桨叶剖面往往采用相对厚度较大的低速翼型，且桨叶翼型从桨根到桨尖会逐渐向相对厚度较小的高速翼型连续过渡，并通常伴随"根尖扭转"现象，即桨叶的安装角逐渐减小，如图 2.6.8 所示。

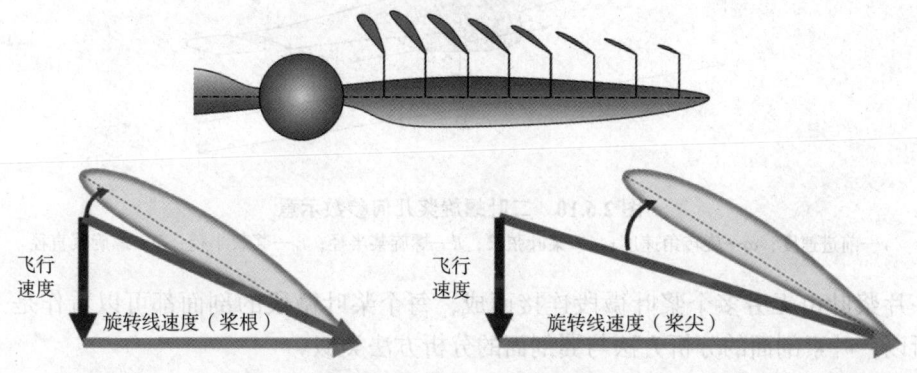

图 2.6.8　桨叶的几何扭转

"根尖扭转"设计的原因：如图 2.6.8 所示的速度关系，当螺旋桨旋转时，越靠近桨尖，旋转线速度越大。由于同一片螺旋桨叶片具有相同的飞行速度，所以若桨叶各剖面的桨叶角相同，则越靠近桨尖，桨叶迎角越大。随着桨叶迎角的增大，桨叶处将产生更大的气动力，直至因迎角过大而造成螺旋桨桨尖失速。因此在设计桨叶时，要进行"根尖扭转"，如图 2.6.9 所示。

通过改变桨叶不同半径剖面处的安装角大小，可以保证桨叶各处迎角大致相等，发挥较高的气动效率，同时各处受力均等。通常越靠近桨尖，桨叶剖面的桨叶角越小。

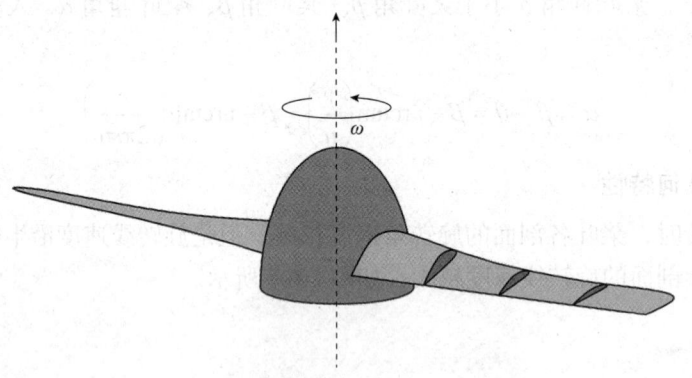

图 2.6.9　螺旋桨桨叶的"根尖扭转"

二、螺旋桨的气动作用力

1. 螺旋桨拉力与旋转阻力

以图 2.6.10 所示的二叶螺旋桨为例，设螺旋桨的半径为 R，在桨毂半径 r 处截取一桨叶微段（叶素），该桨叶微段的径向尺寸为 dr（$dr \to 0$），弦长为 c，面积为 $c \cdot dr$。

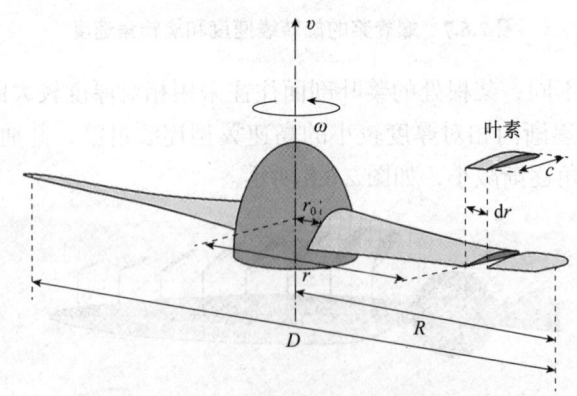

图 2.6.10　二叶螺旋桨几何参数示意
v—前进速度；ω—旋转角速度；c—桨叶弦长；R—螺旋桨半径；r_0—桨毂半径；D—螺旋桨直径

一片桨叶由无穷多个桨叶微段连接而成，每个桨叶微段的剖面都可以看作是一个翼型，所以，叶素剖面的分析方法与翼剖面的分析方法类似。

作用在桨叶微段上的空气动力 dR' 同样也可以分解为垂直于来流的气动力 dL'，以及平行于来流的气动力 dD'，如图 2.6.11 所示。

桨叶微段的气动力 dL' 为

$$dL' = C_{dL'} \cdot \frac{1}{2}\rho w^2 \cdot c \cdot dr \tag{2.6.2}$$

桨叶微段的气动力 dD' 为

$$dD' = C_{dD'} \cdot \frac{1}{2}\rho w^2 \cdot c \cdot dr \tag{2.6.3}$$

式中　$C_{dL'}$——垂直于合速度方向的气动系数；

$C_{dD'}$——平行于合速度方向的气动系数。

dL' 可以分解为平行于 v 的分力 dP_1 和垂直于 v 的分力 dQ_1；dD' 也可以分解为平行于 v 的分力 dP_2 和垂直于 v 的分力 dQ_2，如图 2.6.12 所示。

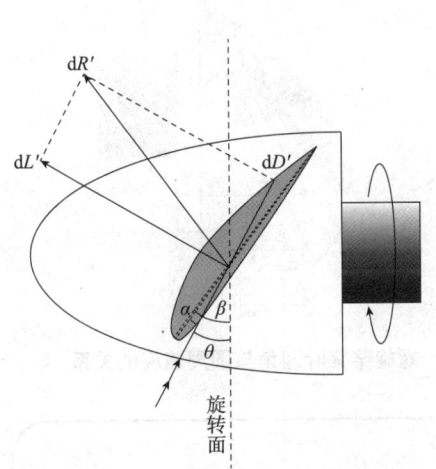

图 2.6.11 螺旋桨气动力示意
dR'—气动合力；dL'—升力；dD'—阻力

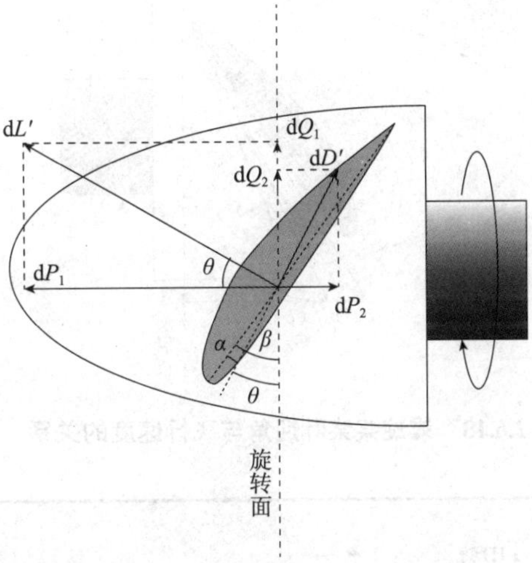

图 2.6.12 螺旋桨的拉力和旋转阻力示意
dL'—垂直于合速度方向的气动力；dD'—平行于合速度方向的气动力；
dP_1—dL' 平行于 v 的分力；dQ_1—dL' 垂直于 v 的分力；
dP_2—dD' 平行于 v 的分力；dQ_2—dD' 垂直于 v 的分力

dP_1 和 dP_2 的合力 dP 为叶素产生的拉力，即

$$dP = dP_1 - dP_2 = dL'\cos\theta - dD'\sin\theta \tag{2.6.4}$$

dQ_1 和 dQ_2 的合力 dQ 为叶素受到的旋转阻力，即

$$dQ = dQ_1 + dQ_2 = dL'\sin\theta + dD'\cos\theta \tag{2.6.5}$$

随后，沿桨叶积分并乘以桨叶数 k 可以得出螺旋桨的总拉力 P，即

$$P = k\int_{r_0}^{R} dP = k\int_{r_0}^{R} dL'\cos\theta - dD'\sin\theta \tag{2.6.6}$$

沿桨叶积分并乘以桨叶数 k 可以得出螺旋桨的旋转总阻力 Q，即

$$Q = k\int_{r_0}^{R} dQ = k\int_{r_0}^{R} dL'\sin\theta + dD'\cos\theta \tag{2.6.7}$$

式中　r_0——螺旋桨桨毂半径。

2. 螺旋桨气动力的影响因素

桨叶迎角随桨叶角、飞行速度和螺旋桨转速的变化而变化：

（1）当飞行速度和转速一定时，桨叶迎角随桨叶角的增大而增大，随桨叶角的减小而减小。

（2）当桨叶角和螺旋桨转速一定时，桨叶迎角随飞行速度的增大而减小，飞行速度增大到一定程度时，桨叶迎角可能减小到0，甚至变为负值（图2.6.13）。

（3）当桨叶角和飞行速度一定时，桨叶迎角随螺旋桨转速的增大而增大，随转速减小而减小（图2.6.14）。

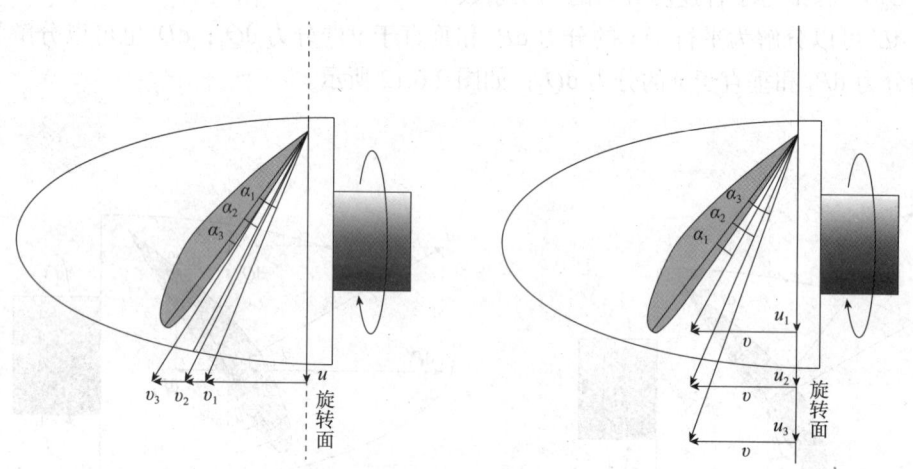

图2.6.13　螺旋桨桨叶迎角与飞行速度的关系　　图2.6.14　螺旋桨桨叶迎角与圆周速度的关系

Tips：

螺旋桨拉力是螺旋桨气动合力在水平方向上的一个分量，因此，螺旋桨拉力不仅取决于气动合力的大小，还取决于气动合力的方向（图2.6.15）。若螺旋桨气动合力的数值很大，但合力指向大大偏离飞行器速度方向，同样不能产生足够的拉力，维持无人机飞行。

除此以外，螺旋桨桨叶的面积分布也会显著影响气动作用力的大小。大多数螺旋桨的桨叶面积集中分布于（0.4～0.8）R（螺旋桨半径），其原因在于桨叶的桨尖受到桨尖涡流的影响，气动效应差，拉力贡献低；靠近桨根处的桨叶，由于桨叶角大（根尖扭转），合速度方向偏离旋转平面，

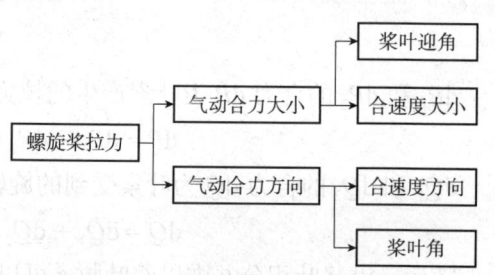

图2.6.15　螺旋桨拉力影响因素分析

造成气动力的拉力分量降低，且接近桨根处的气流受螺旋桨桨毂及螺旋桨安装轴等部件影响较大，进一步降低其拉力贡献。

可以通过设置螺旋桨整流罩罩住螺旋桨桨根部分，改善气流流场均匀性，提升螺旋桨效率，但整流罩增加的整体质量同样需要权衡。

Part 4　知识小结

```
                        ┌─ 螺旋桨直径、螺旋桨半径、螺
                        │  旋桨旋转半径、螺旋桨的旋转
                        │  平面、桨叶剖面、桨弦等概念
                        │
            ┌─结构参数与─┼─ 前进速度、圆周速度(切向
            │  气动参数  │  速度)、合速度、桨叶迎角、
            │           │  气流角、桨叶安装角等概念
            │           │
            │           └─ 桨叶根尖扭转：通过改变桨
            │              叶不同半径剖面处的安装角
            │              大小，以保证桨叶各处迎角
            │              大致相等，发挥较高的气动
            │              效率，同时各处受力均等
            │
螺旋桨上的气动力
            │                              ┌─ 根据机翼的气动力产生原理，桨叶
            │           ┌─ 螺旋桨拉力与 ───┤  微段与相对气流会产生法向作用力
            │           │   旋转阻力        │  与切向作用力
            │           │                  │
            │           │                  └─ 将螺旋桨上产生的气动力沿平行飞
            │           │                     行速度方向与垂直飞行速度方向分
            └─螺旋桨的气─┤                     解，得到螺旋桨的拉力与旋转阻力
               动作用力  │
                        │                  ┌─ 当飞行速度和转速一定时，桨叶迎角
                        │                  │  随桨叶角的增大而增大，随桨叶角的
                        │                  │  减小而减小
                        │                  │
                        └─螺旋桨气动力的───┤─ 当桨叶角和螺旋桨转速一定时，桨叶
                            影响因素        │  迎角随飞行速度的增大而减小
                                           │
                                           └─ 当桨叶角和飞行速度一定时，桨叶迎
                                              角随螺旋桨转专速的增大而增大
```

69

Part 5　课后思考

思考并回答下列问题：

1. 请思考影响螺旋桨气动作用力大小的主要因素，试分析提高螺旋桨桨叶上气动合力的可行办法。

2. 从影响螺旋桨拉力变化的因素出发，试分析螺旋桨不适用超音速飞行的原因。

GL9　螺旋桨附加作用与恒速调节

【学习目标】

1. 了解螺旋桨的四类典型附加作用。
2. 理解恒速螺旋桨及其调节机理。
3. 尝试恒速变距螺旋桨在不同飞行阶段的调节方法。
4. 培养科学探索精神。
5. 培养航空报国、航空强国的精神。

Part 1　问题导入

结合已学习内容，回答下列问题，并将答案写在空白处。

1. 如何区别螺旋桨桨叶上的气动合力与螺旋桨拉力、旋转阻力？三者之间的关系是什么？

2. 螺旋桨工作时与机翼类似，同样可能发生桨叶"失速"，试分析螺旋桨桨叶"失速"的原因，同时指出螺旋桨最先可能发生"失速"的位置。

Part 2　情境导入

作为俄罗斯空军的老将，图-95 战略轰炸机和图-160、图-22 这两款战略轰炸机共同构成了俄罗斯远程战略打击的主要核心之一。作为一款服役 60 余年的老将，图-95 轰炸机迄今都令他国忌惮不已。

苏联军方在 20 世纪 50 年代提出了新型战略轰炸机计划，指标要求该款轰炸机首先能够携带 11 t 的炸弹，并能够达到 8 000 km 的航程。这对于当时航空技术基础并不雄厚的苏联来说，是一个非常大的挑战。为了保障轰炸机的顺利升空，当时的图波列夫飞机设计局选择了较为保守的螺旋桨发动机，并采取了当时堪称"黑科技"的同轴反转螺旋桨技术。

由于传统的螺旋桨桨叶太大，一旦速度过快，将有可能导致桨叶尖产生音障，从而增大飞机阻力，降低飞机的飞行速度。因此，当时的螺旋桨发动机速度普遍在 600 km/h 左右，很少突破音速。传统的螺旋桨转动会产生扭矩力，如果在同一台发动机上再安装一套反方向的螺旋桨桨叶，两套不同方向的螺旋桨桨叶在工作时由于方向相反，其产生的扭矩力刚好抵消，使得发动机产生更大的推力。

最终事实证明，采取同轴反转螺旋桨技术的图-95战略轰炸机（图2.7.1）可以轻松达到每小时900 km的速度。在喷气式轰炸机诞生之前，图-95战略轰炸机凭借其巨大的航程和较高的载弹量，成为当时世界最为先进的轰炸机之一。因此，同轴反转螺旋桨技术在当时令他国忌惮不已。

图2.7.1 图-95战略轰炸机的同轴反转螺旋桨

Part 3 知识储备

在早期搭载航空活塞发动机及螺旋桨这套动力系统的固定翼飞机中，飞行员在飞行过程当中时常会发现飞机不自主地左偏，需要时刻留心并及时修正。这个问题困扰了飞行员和飞机设计师很多年，直到他们发现螺旋桨和空气发生相互作用产生气动拉力时，伴随产生的一些附加作用，或简单称作螺旋桨的"副作用"。

随着空气动力学、飞行力学研究的不断深入，螺旋桨附加作用的机理也愈发清晰，在固定翼航空器设计与操控中也有了越来越多的方法，来避免或修正螺旋桨的附加作用对飞行带来的不利影响。

一、螺旋桨的附加作用

1. 螺旋桨的反作用力矩

螺旋桨转动时，划过空气的桨叶会受到空气的反作用力，这个力与人在水中游泳时肢体划水受到的作用力类似。反作用力会通过桨轴传递给机身，形成一个使机体向螺旋桨旋转的反方向滚转的力矩，如图2.7.2所示。右旋螺旋桨会产生使无人机向左滚转的反作用力矩；左旋螺旋桨会产生使无人机向右滚转的反作用力矩。通常，螺旋桨的转速越高，反作用力矩越大。当螺旋桨转速较高且无人机空速较低时，反扭效应最为明显，如起飞、复飞的时候。

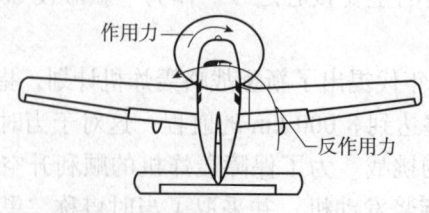

图2.7.2 螺旋桨反作用力矩

2. 螺旋桨的进动效应

正常工作的螺旋桨可看作一个绕自身对称轴（桨轴）高速旋转的对称刚体，相当于一个转动的陀螺。由于陀螺具有进动性，受到外力后其自转轴并不会向外力的作用方向倾斜，而是会倾向外力继续随陀螺旋转 90° 之后的作用方向。

螺旋桨无人机会受到陀螺效应的影响，以右旋螺旋桨无人机为例，如图 2.7.3 所示，如果后拉操纵杆使机头上仰，会带来向右的偏航力矩；如果前推操纵杆使机头下俯，会带来向左的偏航力矩；如果蹬左舵使无人机向左偏航，会带来抬头力矩；如果蹬右舵使无人机向右偏航，会带来低头力矩。

3. 螺旋桨因素

螺旋桨因素（P-factor）又称为气流斜吹效应（图 2.7.4）。

无人机处于正迎角时，螺旋桨的旋转平面与前进速度方向不垂直，此时下行桨叶的迎角比上行桨叶要大，因此，下行桨叶一侧的拉力会更大。对于

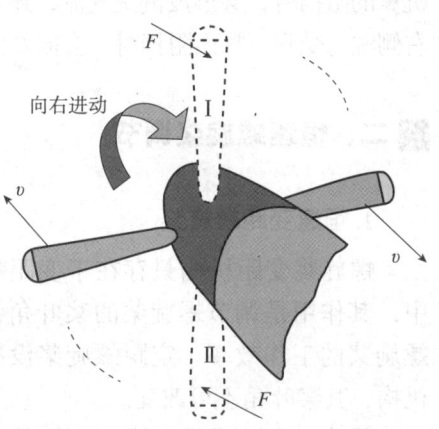

图 2.7.3　螺旋桨进动效应示意

单发螺旋桨无人机，这会直接产生偏航力矩。如果螺旋桨向右旋转，产生的会是左偏力矩；如果螺旋桨向左旋转，产生的会是右偏力矩。气流斜吹效应通常在螺旋桨转速较高，且无人机处于低速大迎角状态时最为明显。

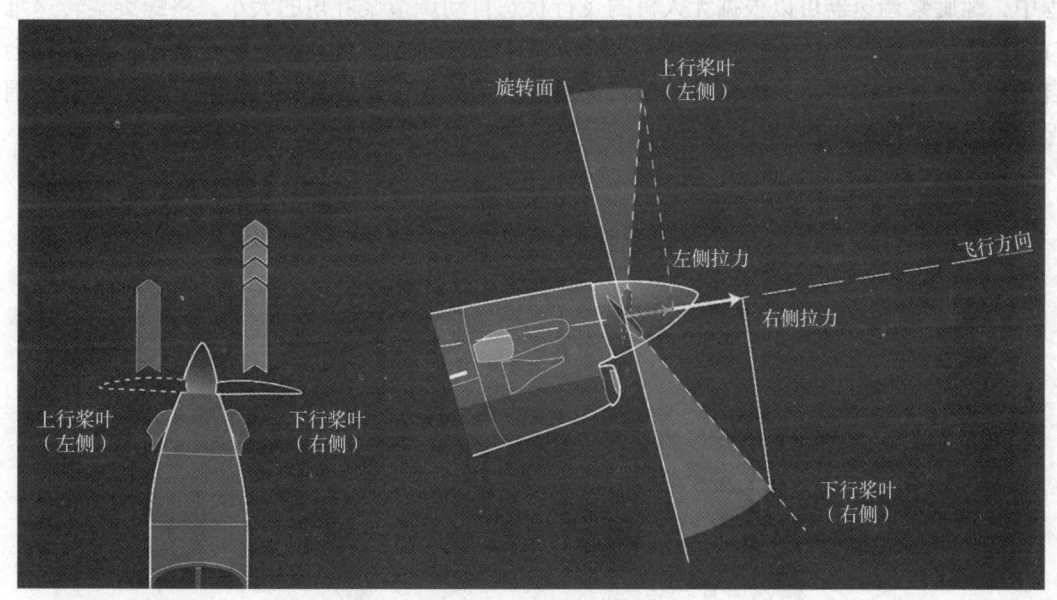

图 2.7.4　螺旋桨因素

4. 螺旋桨的滑流扭转效应

螺旋桨的搅动会使气流向后加速并旋转，形成高速螺旋状滑流。

气流向后加速会带来一定的升力增量，还会推迟大迎角状态下机翼边界层的分离。气流的旋转会使机翼局部的迎角发生变化，以右旋螺旋桨为例，在桨轴左侧的滑流区内，机翼的迎角会增大，在桨轴右侧的滑流区内，机翼的迎角会减小，这会改变机翼局部的压力分布，影响无人机的稳操特性。

滑流会被机翼分割成上下两个部分。以右旋螺旋桨为例，由于其滑流在机翼上方是从

左向右流动的,它们作用在垂尾上会产生向左的偏航力矩,如图 2.7.5 所示。当滑流受到机翼的阻挡时,会形成侧洗气流,还是以右旋螺旋桨为例,其滑流受到上翼面阻挡时,会向右侧洗,受到下翼面阻挡时,会向左侧洗。

■ 二、恒速螺旋桨调节

1. 恒速变距螺旋桨

螺旋桨变距机构只存在于变距螺旋桨中,其作用是调节螺旋桨的桨叶角,提高螺旋桨的工作效率。定距螺旋桨没有变距机构,其桨叶角不可改变。

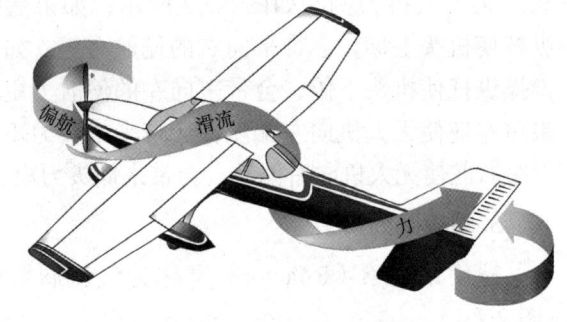

图 2.7.5 螺旋桨滑流扭转效应

桨叶只有处于某一特定迎角才能达到最佳效率,因此,定距螺旋桨的效率只有在特定的空速和转速下才能达到最大。当功率杆位置不变时,如果空速增大,桨叶迎角就会减小,螺旋桨转速就会增加;如果空速减小,桨叶迎角就会增大,螺旋桨转速就会减小[图 2.7.6(a)]。以上两种情况都会导致定距螺旋桨工作效率降低。

恒速螺旋桨可以很好地解决这一问题。恒速螺旋桨是最常见的变距螺旋桨,在飞行过程中,螺旋桨调速器可以根据无人机的飞行状态自动调节桨叶角的大小,将螺旋桨转速维持在设定值[图 2.7.6(b)]。如果发动机功率杆位置不变,当空速发生变化时,调速器会自动调节桨叶角的大小,维持螺旋桨转速恒定。因此,恒速螺旋桨可以在更宽的速度范围保持较高的工作效率。

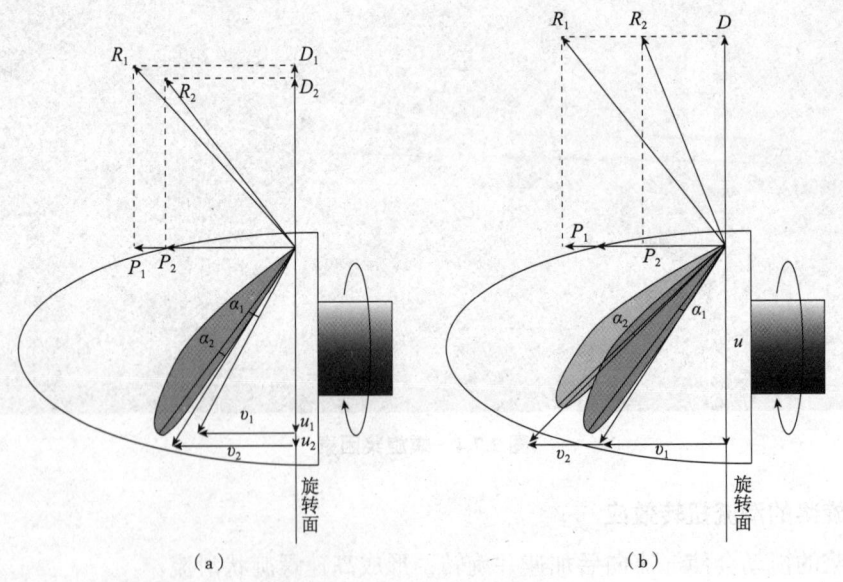

(a)　　　　　　　　　　　(b)

图 2.7.6 定距螺旋桨和恒速螺旋桨空气动力随速度的变化
(a)定距螺旋桨;(b)恒速螺旋桨

2. 恒速螺旋桨的桨距调节

调速器是恒速螺旋桨的核心部件,如图 2.7.7 所示。当飞行器空速增大时,桨叶迎角减小，螺旋桨旋转阻力减小，转速增大。转速增大时，飞重离心力增大，飞重向外张开，并向上挤压转速计弹簧，带动导向活门上移，使高压滑油进入作动筒，推动变距活塞增大桨叶角。变大距可以增大桨叶迎角，从而增大旋转阻力，减小转速。当转速减小时，飞重离心力减小，转速计弹簧向下顶回导向活门，高压滑油进入作动筒的流量随螺旋桨转速的减小而减小。当螺旋桨恢复到原来的转速，且空速不再发生变化时，飞重离心力与转速计弹簧力再次平衡，导向活门会再次保持中立。

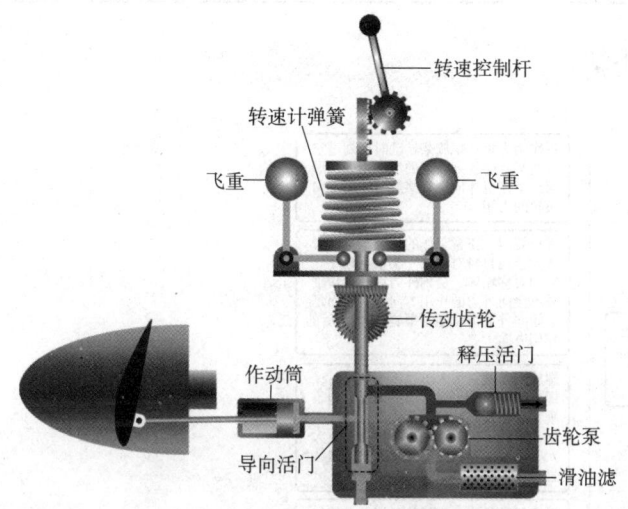

图 2.7.7　螺旋桨调速器

如果空速减小，螺旋桨的转速会因为桨叶迎角的增大而减小。当转速减小时，飞重离心力减小，转速计弹簧推动导向活门下移，打开作动筒的回油路。由于桨叶离心力使桨距减小，作动筒内的滑油被挤出。当螺旋桨恢复到原来的转速，且空速不再发生变化时，导向活门再次保持中立。

航空故事：

1991 年 4 月 5 日，大西洋东南航空公司的 2311 号航班在佐治亚州布伦瑞克的格林科喷气港距降落还有 5 min 时突然不受控制地向左滚转，最后机翼垂直于地面，朝下坠落，机上 23 人全部遇难。涉事飞机型号：巴西利亚 EMB120，如图 2.7.8 所示。

2311 号航班是一架装有两个涡轮螺旋桨发动机的小型飞机，是巴西航空工业为通勤航线而设计，来往于主要城市间。与涡轮喷气式飞机不同的是，2311 号航班不是利用排气来推动飞机，而是利用螺旋桨的拉力。事发后，NTSB（美国国家运输安全委员会）通过调查和试验，发现事故的原因是发动机内的套管

图 2.7.8　涉事飞机型号：巴西利亚 EMB120

轴锯齿磨损失效，导致发动机失效防护功能无法将螺旋桨移到顺桨位置。在空气动力的作用下，桨叶几乎成水平角，就像一堵墙挡住了气流，无法产生飞机所需要的拉力，反而产生了过大的阻力，使飞行员无法通过配合控制杆和方向舵来抗衡。

事故过后，螺旋桨上安装了额外的安全防护来避免类似的失效，这种改变影响的不只是巴西航空工业的飞机，数款涡轮螺旋桨飞机也因此做出修改。

Part 4 知识小结

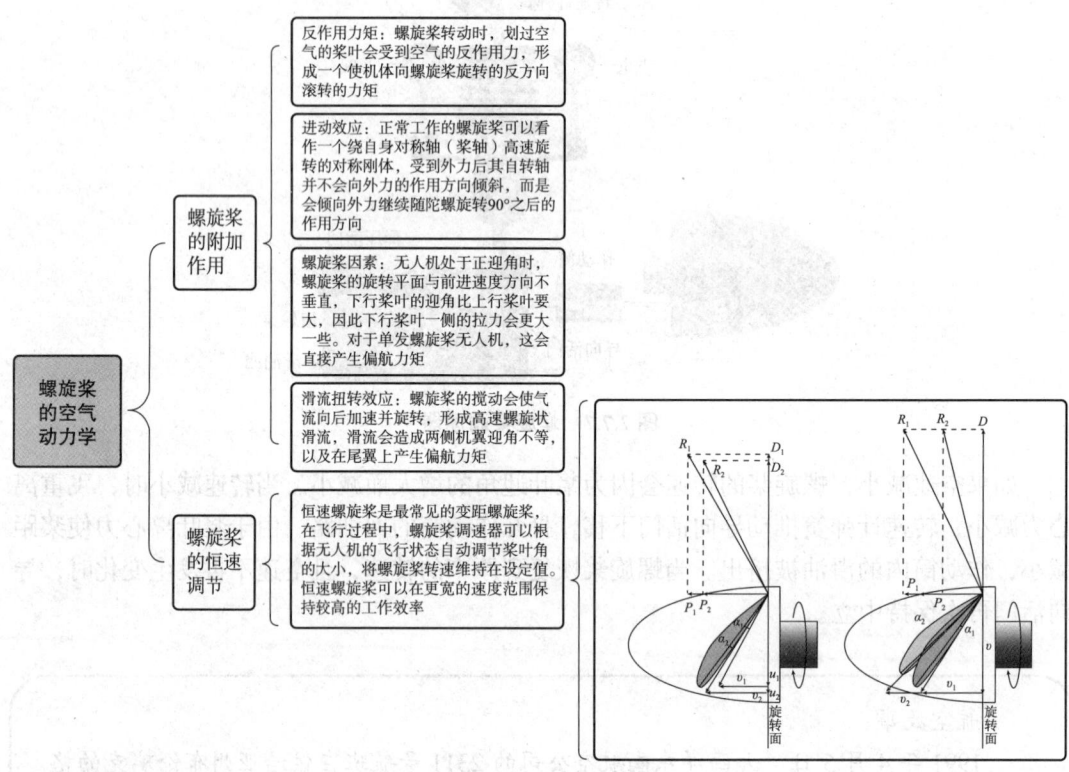

Part 5 课后思考

思考并回答下列问题：

1. 螺旋桨的附加作用对于飞行有哪些不利影响？应如何克服这些影响？

2. 根据螺旋桨恒速调节的机理，尝试分析固定翼无人机发动机起动与起飞拉升阶段，螺旋桨桨距的变化规律（提示：发动机刚起动时输出功率较小，无法克服很大的螺旋桨旋转阻力，而在起飞拉升阶段，则需要螺旋桨输出很大拉力以克服重力势能，拉升飞行器高度）。

GL10　无人机飞行平衡基础知识

✈ 【学习目标】

1. 了解翼型压力中心、气动力矩及气动中心等概念。
2. 理解平均空气动力弦的计算。
3. 了解无人机的质量与平衡。
4. 理解机体坐标系的建立，熟知固定翼无人机的机体三轴。
5. 理解铅垂地面坐标系的建立，明晰该坐标系与机体坐标系的关系。
6. 培养科学探索精神。
7. 培养航空报国、航空强国的精神。

Part 1　问题导入

结合已学习内容，回答下列问题，并将答案写在空白处。
1. 请查阅资料，简述无人机飞行不稳定可能带来的危害。

2. 简述容易造成无人机飞行不稳定的主要影响因素。

Part 2　情境导入

王适存（图 2.8.1），直升机技术专家，航空教育家，中国直升机技术界的先驱、直升机专业的奠基者之一和学术带头人。1961 年，他在苏联发表的"直升机旋翼广义涡流理论"，在国外被称为"王适存涡流理论"。20 世纪 60 年代他学成回国后，全身心投入我国直升机专业的建设和人才培养，倡导并亲自参加了中国第一架直升机"延安二号"的研制。改革开放后，在继续致力于教学和科研的同时，他积极参与全国直升机行业的技术指导工作，开展与国际直升机界的学术交流活动。

1985 年出版的由王适存撰写的《直升机空气动力学》，为我国第一部直升机方面的专著，获航空部优秀教材二等奖。他先后主编或主审了《直升机气动力手册》《中国大百科全书航空航

图 2.8.1　王适存

天卷》直升机条目、《军用直升机飞行品质规范》和《民用直升机适航条例》，并多次主持直-8、直-9、直-11等型号直升机的评审或鉴定会。

旋翼涡流理论，研究旋翼周围流场特别是尾迹中诱导速度的分布，是旋翼设计和桨叶载荷计算的关键。当旋翼在悬停或垂直上升时，可借用于螺旋桨在轴流状态的圆柱涡系经典涡流理论。但在前飞时，旋翼处于斜流中，尾迹涡系将是一个斜向柱体，而且由于旋翼桨叶的来流左右不对称，除纵向尾随涡还存在横向脱体涡外，斜向涡柱的诱导速度求解是当时直升机空气动力学领域内的世界难题。王适存在苏联留学期间，机敏地发现在斜向涡柱上沿母线的涡元强度和方向都是相同的，从而可以先沿母线求解，突破了这一难关。这篇论文在1961年曾由苏联国防出版社发表，当年即由NASA（美国航空航天局）全文转译，并以AD报告形式出版，特别是在1966年由俄国著名直升机设计家米里主编的经典著作《直升机》卷一中详加介绍，并命名为"王适存涡流理论"，在俄文文献里出现中国人的名字是罕见的。

他学成回国后，在致力于直升机专业建设的同时，继续从事旋翼空气动力学的研究。20世纪70年代末中国直升机设计研究所成立后，为了把他的旋翼广义涡流理论方便地应用于旋翼设计，在设计所技术人员的配合下，他撰写了"旋翼在挥舞平面内的气动载荷"系列论文，将旋翼诱导速度展开为傅氏级数的形式，可以快捷地进行气动载荷计算。这一方法已成为我国旋翼设计的基本手段，在直升机研制中沿用至今。

20世纪80年代，为了进一步使旋翼涡流理论现代化，他和他的博士生们引入旋翼自由涡系概念，并创造性地采用圆弧涡元，从而使新的旋翼气动分析方法成果处于国际先进水平。他常对他的课题组成员说："既要认识旋翼，还要改造旋翼。"

20世纪90年代前后，王适存转向旋翼桨尖形状——改造旋翼的研究。1998年，他和他的学生们总结了多年的研究所得，汇集成"直升机旋翼自由尾迹分析和气动特性研究"一项成果，其中对后掠、尖削、下反各种桨尖形状进行了深入分析，获得了中国航空工业总公司科技进步一等奖及国家科技进步三等奖。

Part 3　知识储备

■ 一、翼型的压力中心

对于给定翼型，总空气动力 R 的作用线与翼弦的交点称为压力中心 CP（Center of Pressure）。迎角的变化会使翼型表面的压力分布发生变化，从而引起压力中心位置的变化，如图2.8.2所示。在中小迎角范围内，压力中心通常会随着迎角的增大向前移动。

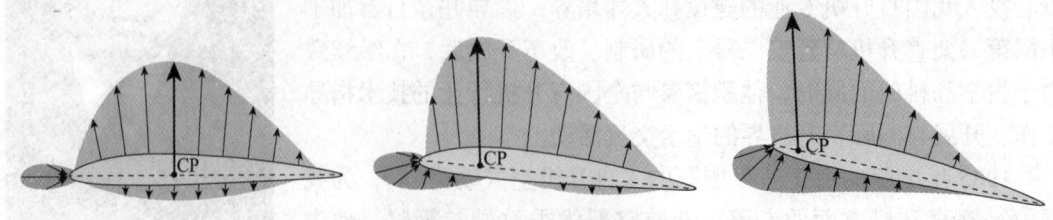

图 2.8.2　翼型的压力分布与压力中心示意

二、翼型的气动力矩

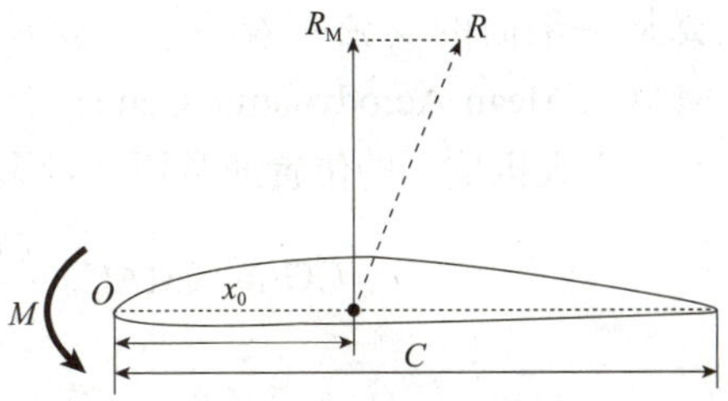

在翼弦上任取一参考点，可以得出总空气动力对该参考点的力矩大小。如图 2.8.3 所示，现将参考点取在前缘 O 点，总空气动力 R 对 O 点的力矩 M 可表示为

$$M = -R_M x_0 \quad (2.8.1)$$

图 2.8.3 翼型的气动力矩

此式中的"-"表示气动合力 R 产生的是低头力矩。

力矩系数是研究力矩特性的关键参数，参考点处的力矩系数可表示为

$$C_M = \frac{M}{\frac{1}{2}\rho v^2 S b} \quad (2.8.2)$$

式中　S——机翼面积；

　　　b——弦长（特征长度）。

由于力矩系数 C_M 是一个无量纲数，应取一个特征长度代入式中，特征长度通常取弦长 b。

三、翼型的气动中心

对于给定翼型，存在这样一个参考点，在中小迎角范围内，该点的俯仰力矩系数几乎不会随着迎角的改变而改变，我们将这个参考点称为气动中心 AC（Aerodynamic Center），或焦点。在中小迎角范围内，当迎角发生变化时，升力系数和压力中心的位置会发生改变，但是总空气动力对焦点的俯仰力矩几乎不变，因此，焦点可以看作迎角变化时升力增量的作用点。

> Tips：
> 焦点这一概念的引入，主要是为了便于研究固定翼航空器整机气动力。
> 当固定翼飞行器发生俯仰操纵时，整机升力的作用点——压心位置随机翼迎角的变化而前后移动，同时升力大小也出现变动，这意味在计算整机俯仰力矩（力 × 力臂）时同时引入了两个变量，为问题分析带来了麻烦。
> 焦点概念确定后，引入"附加升力"的概念。以附加升力的正负，判定整机升力的增减；以附加升力对于焦点的力矩，判定整机升力变动后机体俯仰力矩的变化。这样的做法将大大降低气动分析的难度。

四、平均空气动力弦

对于给定机翼，沿展向将各翼剖面的气动力矩特性加以平均，可得出一个面积与原翼相等，空气动力特性及俯仰特性与原机翼相同的矩形机翼，这个矩形机翼的翼弦与原机

翼某一剖面的翼弦有着相等的弦长，因此，原机翼的这条翼弦被称为平均空气动力弦MAC（Mean Aerodynamic Center），如图2.8.4所示。平均空气动力弦是最常用的基准翼弦，无人机重心的位置通常用其投影在平均空气动力弦上的位置来表示，即

$$\text{CG in \%MAC} = \frac{\text{CG投影点距MAC前端的长度}}{\text{MAC弦长}} \times 100\% \quad (2.8.3)$$

■ 五、无人机的重心

无人机的重心是无人机各部分重力的合力 W 的作用点，通常用CG（Center of Gravity）表示，其通常位于机体对称面内。重心前各部分的重力之和 W_A 作用在纵轴上 A 点，重心后各部分的重力之和 W_B 作用在纵轴上 B 点。如果以重心CG为吊点将无人机吊高，无人机会处于重力平衡的状态，此时 W_A 和 W_B 对重心CG的合力矩为0，如图2.8.5所示，无人机的姿态不会发生任何变化。

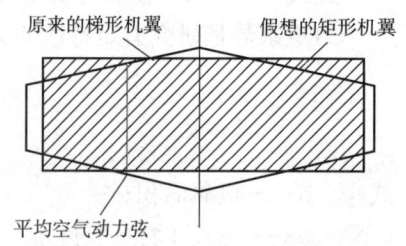

图 2.8.4　机翼的平均空气动力弦

图 2.8.5　无人机的重心

■ 六、相关坐标系的建立

在进行无人机飞行力学分析时，通常将无人机看作一个刚体，无人机在空间中的运动可分解为无人机绕其重心的转动，以及无人机重心在空间中的位移。

1. 机体坐标系 $Oxyz$ 的建立

在分析无人机绕重心的转动时，通常以重心为原点建立机体坐标系 $Oxyz$，其中 Ox 轴为机体纵轴，Oy 轴为机体立轴（竖轴），Oz 轴为机体横轴。这样便可以将无人机绕其重心的转动分解为无人机绕纵轴、立轴、横轴的转动，如图 2.8.6 所示。

纵轴（Ox 轴）：位于机体对称面 Oxy 内，平行于机身轴线，指向无人机前方，无人机绕纵轴的运动称为滚转运动。滚转角速度矢量方向可通过右手螺旋定则判断：

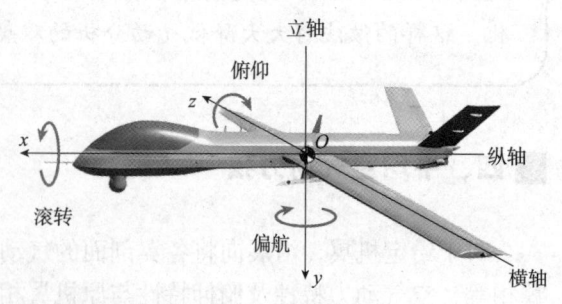

图 2.8.6　飞机机体坐标系

四指弯曲的方向为无人机绕纵轴滚转的方向，大拇指的指向为滚转角速度矢量的方向。如果无人机向右滚转，滚转角速度矢量与纵轴指向一致，滚转角速度 ω_x 为正；反之，ω_x 为负。

立轴（Oy 轴）：位于机体对称面 Oxy 内，垂直于机体纵轴 Ox 指向无人机下方，无人机绕立轴的运动被称为偏航运动。通过右手螺旋定则可以判断偏航角速度矢量方向。无人机向右偏航时，偏航角速度矢量与立轴指向一致，偏航角速度 ω_y 为正；反之，ω_y 为负。

横轴（Oz 轴）：垂直于机体对称面 Oxy，指向无人机右侧，无人机绕横轴的运动被称为俯仰运动。俯仰角速度矢量方向也可以通过右手螺旋定则进行判断。机头上仰时，俯仰角速度矢量与横轴指向一致，俯仰角速度 ω_z 为正；反之，ω_z 为负。

有了机体坐标系 $Oxyz$，我们就可以定义无人机的迎角和侧滑角。

迎角：空速矢量 v 在机体对称面 Oxy 上的投影与纵轴 Ox 的夹角称作无人机的迎角，记作 α。当相对气流从纵轴的下方吹来时，迎角为正；反之，迎角为负。

侧滑角 β：空速矢量 v 与机体对称面 Oxy 的夹角称作无人机的侧滑角，记作 β。当相对气流从机体对称面左侧吹来时，侧滑角为负，无人机左侧滑；当相对气流从机体对称面右侧吹来时，侧滑角为正，无人机右侧滑。

2. 铅垂地面坐标系的建立

为了定义无人机的俯仰角、滚转角、偏航角，需引入铅垂地面坐标系。首先建立铅垂地面固定坐标系 $O'x'y'z'$，该坐标系的原点 O' 可以选在地面上任一固定位置，$O'x'$ 轴和 $O'y'$ 轴构成水平面，其中 $O'x'$ 轴可指向地面任一方向，如无人机的预定航向，$O'y'$ 轴垂直于 $O'x'$ 轴，$O'z'$ 轴沿铅垂线指向地心。为方便分析，可以让铅垂地面坐标系与机体坐标系共用一个原点 O，使铅垂地面坐标系随机体重心运动，这样便可以建立无人机牵连铅垂地面坐标系 $Ox'y'z'$。

有了坐标系 $Ox'y'z'$，就可以结合机体坐标系 $Oxyz$ 定义无人机的俯仰角、滚转角、偏航角。

（1）俯仰角 θ。俯仰角是机体纵轴 Ox 与水平面 $Ox'y'$ 的夹角，记作 θ。当机体纵轴 Ox 相对于水平面 $Ox'y'$ 指向上方时，俯仰角为正；反之，为负。

（2）滚转角 γ。滚转角是机体对称面 Oxy 与机体纵轴所处铅垂面 Oxz' 的夹角，记作 γ。当机体对称面 Oxy 相对于铅垂面 Oxz' 向右倾斜时，滚转角为正；反之，为负。

（3）偏航角 φ。偏航角是机体纵轴 Ox 在水平面 $Ox'y'$ 的投影与 Ox' 轴的夹角，记作 φ。当机体纵轴 Ox 在水平面 $Ox'y'$ 的投影相对于 Ox' 轴指向右侧时，偏航角为正；反之，为负。

Tips:

机体坐标系与铅垂地面坐标系之间的关系在很大程度上类似研究物体运动时，静止坐标系与运动坐标系之间的关系。

固定翼无人机的机体坐标系依附于机体结构，随飞行姿态的变化，机体坐标轴的三轴指向也在空间中发生相应的变化，这显然无助于我们在地面这一静止坐标系中评价机体姿态与地面（水平面）之间的关系，因此建立起铅垂坐标系，预先固定好水平面与铅垂面，再分析机体对称面与水平面与铅垂面的角度关系，更直观地反映机体姿态在空间当中的变化。

Part 4　知识小结

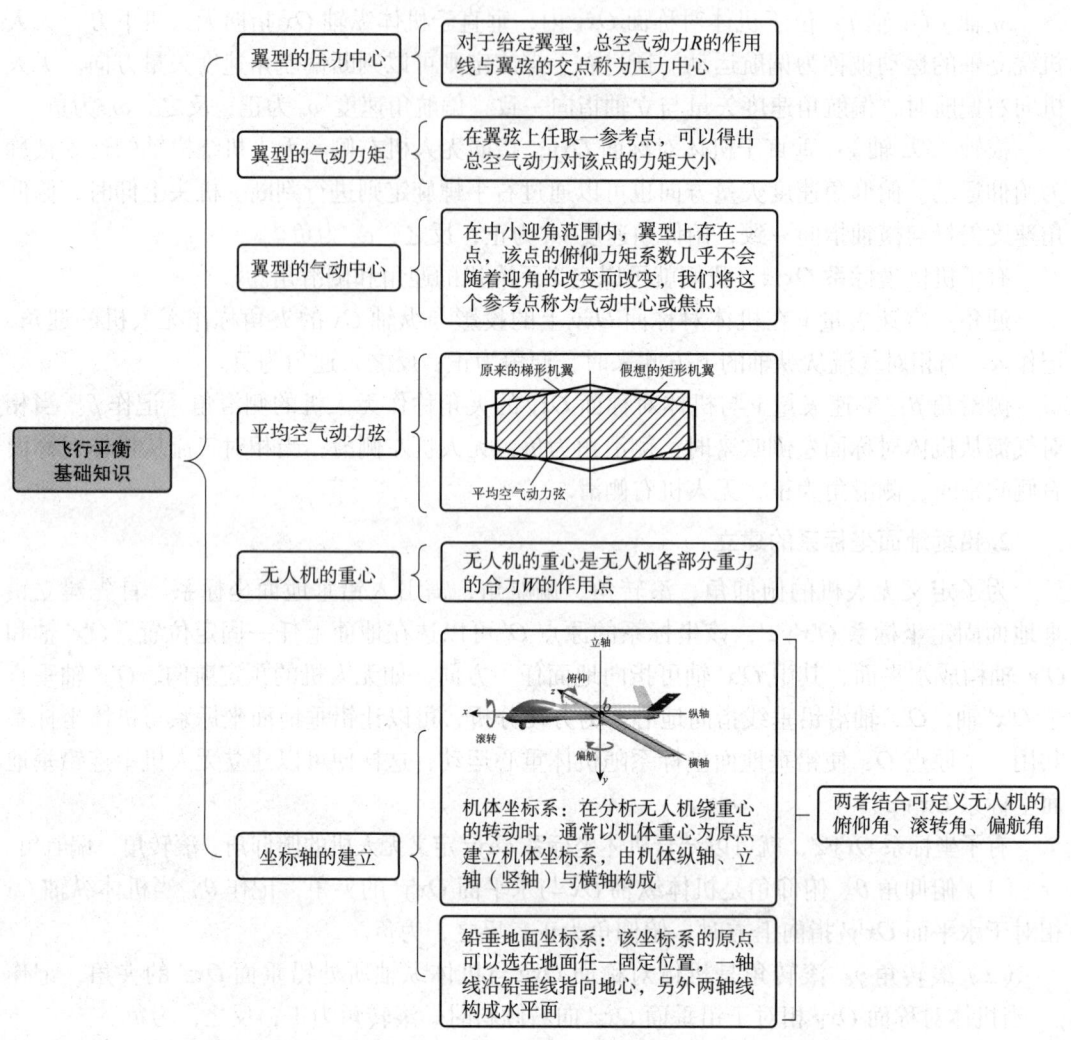

Part 5　课后思考

思考并回答下列问题：

1. 简述飞机的俯仰、偏航、滚转运动与机体轴线之间的关系。

2. 在梯形机翼中，平均空气动力弦长与平均弦长之间有何区别？

GL11　无人机的稳定性

🛸【学习目标】

1. 理解俯仰稳定性，掌握固定翼无人机俯仰稳定性的主要影响因素。
2. 理解横向稳定性，掌握固定翼无人机横向稳定性的主要影响因素。
3. 理解方向稳定性，掌握固定翼无人机方向稳定性的主要影响因素。
4. 了解无人机的侧向稳定性与典型飞行状态。
5. 培养科学探索精神。
6. 培养航空报国、航空强国的精神。

Part 1　问题导入

结合已学习内容，回答下列问题，并将答案写在空白处。
简述固定翼无人机飞行过程中，飞行器重心剧烈变化可能导致的后果。

Part 2　情境导入

1997年，一种全新的轰炸机加入美国空军，这款轰炸机外形独特，看起来犹如一只展翅翱翔的飞禽，这就是B-2隐形战略轰炸机（图2.9.1）。

图 2.9.1　B-2 隐形战略轰炸机

20世纪70、80年代，苏联研发服役了一系列新型防空装备，如S-200中高空远程防空导弹、S-300全空域地对空导弹系统和米格-25、米格-31高空高速截击机等，这些全新的武器装备对美国空军的B-52轰炸机，甚至是B-1B轰炸机群形成了巨大的威胁。为应对这些新出现的防空系统和超音速截击机,美国空军决定研发一种全新的战略轰炸机,要求这款新型轰炸机能够有效突破苏联的防空网,并且能够精准地摧毁苏联洲际弹道导弹发射井等高价值战略目标。轰炸机若想有效突防,速度是一个方面,但一款战略轰炸机无论如何也比不过米格-25等这种专业的高速截击机,于是,美国空军把新型轰炸机的突防手段重点放到了雷达隐身上面。在此背景下,经过接近20年的研发,1997年首批6架B-2隐形战略轰炸机正式服役。

B-2隐形战略轰炸机的气动布局是一个纯粹的飞翼结构,没有方向舵和垂尾,严格意义上来讲,B-2隐形战略轰炸机是一种带有后掠翼性质的三角翼飞机,这一设计的目的就是追求极致的隐身性能。这种布局的另一个优点是将翼面和机身融合到一起后,其升力效率明显高于常规布局战机。但这种飞翼结构的缺点也显而易见,那就是飞行状态下稳定性不足,因此B-2隐形战略轰炸机安装了一套在当时看来极为先进的自动化飞行控制系统,由计算机根据飞机的实时状态来调整机身后部的多组襟翼或副翼,以此来保证B-2隐形战略轰炸机的飞行稳定性。

Part 3　知识储备

风切变、大气紊流、舵面偏转等扰动,会打破无人机的平衡状态,使无人机偏离原平衡位置。当这些扰动消失后,在不加操纵的情况下,如无人机具有自行回复至原平衡位置的趋势,则说明无人机具有稳定性,如图2.9.2所示。

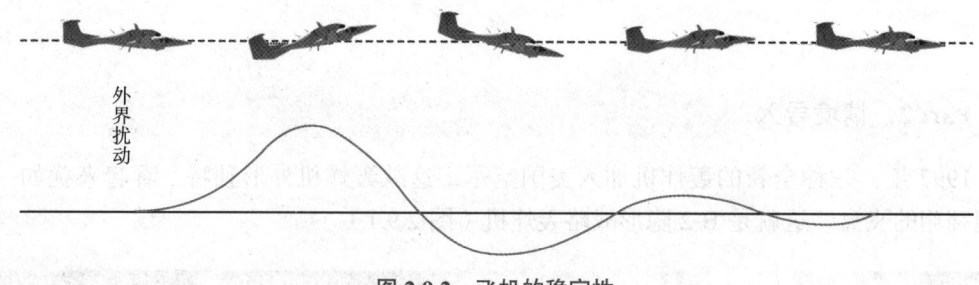

图 2.9.2　飞机的稳定性

■ 一、无人机的纵向稳定性

1. 纵向静稳定性

假定小扰动破坏了无人机的俯仰平衡,如果扰动消失后,无人机有自行恢复原平衡迎角 α_b 的趋势,则说明无人机具有纵向静稳定性。例如,当无人机处于平衡状态时,如果突然向后拉杆,然后在机头上抬的过程中突然松杆,静稳定力矩会立即使机头下俯。

无人机是否具有纵向静稳定性,取决于全机焦点与重心的相对位置。可能出现的情况有三种,即焦点位于重心之前、焦点与重心重合、焦点位于重心之后。

(1) 焦点位于重心之前。如果无人机受扰动抬头,迎角增大产生的升力增量会增大抬头力矩;如果无人机受扰动低头,迎角减小产生的负升力增量会增大低头力矩。以上两种情况都会使无人机进一步偏离原平衡迎角。因此,当焦点位于重心之前时,无人机是纵向静不稳定的,如图2.9.3所示。无人机要具有纵向稳定性,首先要具有纵向静稳定性。

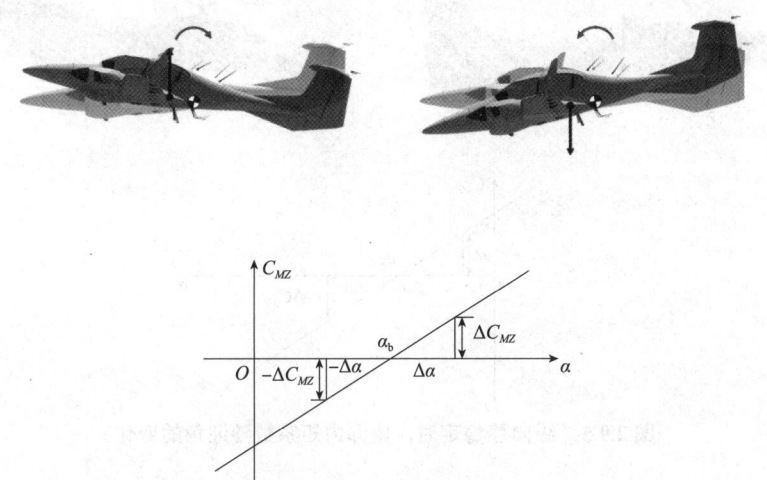

图 2.9.3 纵向静不稳定时,俯仰力矩系数随迎角的变化

(2)焦点与重心重合。当无人机受扰动迎角发生变化时,升力增量不会产生附加的俯仰力矩,无人机不会进一步偏离原平衡位置,也不具有回到原平衡位置的趋势。因此,当焦点与重心重合时,无人机是纵向中立静稳定的,如图2.9.4所示。

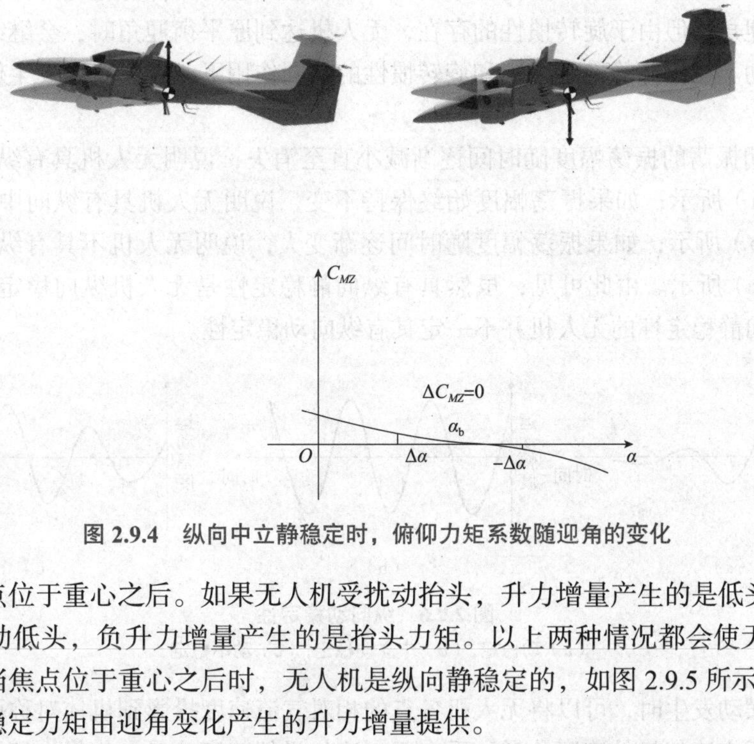

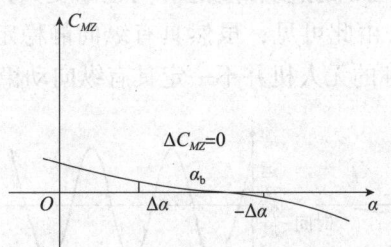

图 2.9.4 纵向中立静稳定时,俯仰力矩系数随迎角的变化

(3)焦点位于重心之后。如果无人机受扰动抬头,升力增量产生的是低头力矩;如果无人机受扰动低头,负升力增量产生的是抬头力矩。以上两种情况都会使无人机趋于平衡。所以,当焦点位于重心之后时,无人机是纵向静稳定的,如图2.9.5所示。由此可见,无人机的静稳定力矩由迎角变化产生的升力增量提供。

无人机的迎角发生变化时,全机的升力增量主要来自机翼和水平尾翼。由于水平尾翼的焦点距重心更远,力臂更长,无人机的纵向静稳定力矩主要由水平尾翼提供。在无人机设计阶段,增大尾力臂的长度或是增大水平尾翼的面积可以有效增强无人机的纵向静稳定性。

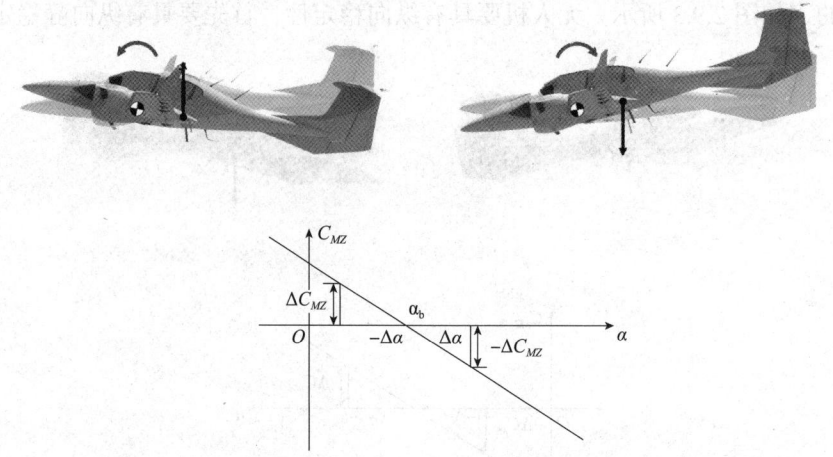

图 2.9.5　纵向静稳定时，俯仰力矩系数随迎角的变化

2. 静稳定裕度

静稳定裕度 K 的值是全机焦点与重心之间的距离，当全机焦点位于重心之后时，$K>0$；当全机焦点位于重心之前时，$K<0$；当全机焦点与重心重合时，$K=0$。

3. 纵向动稳定性

瞬时扰动使无人机偏离原平衡迎角后，升力增量产生的俯仰静稳定力矩会驱使无人机回到原平衡迎角，但由于旋转惯性的存在，无人机达到原平衡迎角时，会继续向另一个方向做俯仰运动。在俯仰静稳定力矩和旋转惯性的共同作用下，无人机会发生俯仰摆动，形成周期振荡。

如果周期振荡的振荡幅度随时间逐渐减小直至消失，说明无人机具有纵向动稳定性，如图 2.9.6（a）所示；如果振荡幅度始终保持不变，说明无人机具有纵向中立动稳定性，如图 2.9.6（b）所示；如果振荡幅度随时间逐渐变大，说明无人机不具有纵向动稳定性，如图 2.9.6（c）所示。由此可见，虽然具有纵向静稳定性是无人机纵向稳定的必要条件，但是具有纵向静稳定性的无人机并不一定具有纵向动稳定性。

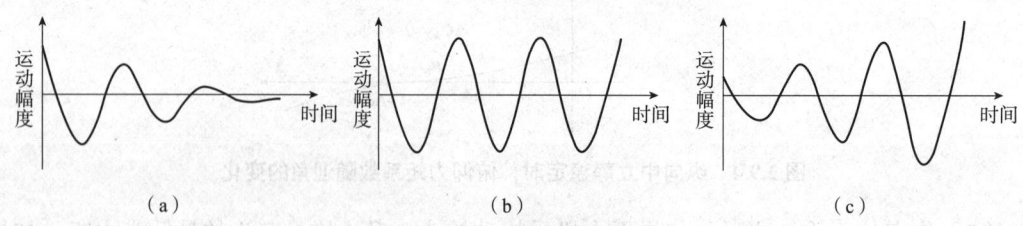

图 2.9.6　纵向动稳定性
（a）动稳定；（b）中立动稳定；（c）动不稳定

当俯仰摆动发生时，可以将无人机各点的相对气流速度投影到机体对称面上，并将其分解为平行于空速矢量的速度分量和垂直于空速矢量的速度分量，如果去掉平行于空速矢量的速度分量，可以看出重心前后相对气流的方向是不同的。例如，如果无人机正在抬头，重心前各点的相对气流是向下的，重心后各点的相对气流是向上的，这些气流作用在无人机上会产生俯仰阻尼力矩，减弱无人机的俯仰振荡运动。无人机的俯仰阻尼力矩主要

由水平尾翼产生，如图 2.9.7 所示，无人机做抬头运动时，水平尾翼的升力增量为正，产生的是阻碍机头上仰的力矩；反之，如果无人机做低头运动，水平尾翼会产生负的升力增量，阻碍机头下俯。因此，俯仰阻尼力矩对无人机的纵向动稳定性，起至关重要的作用。

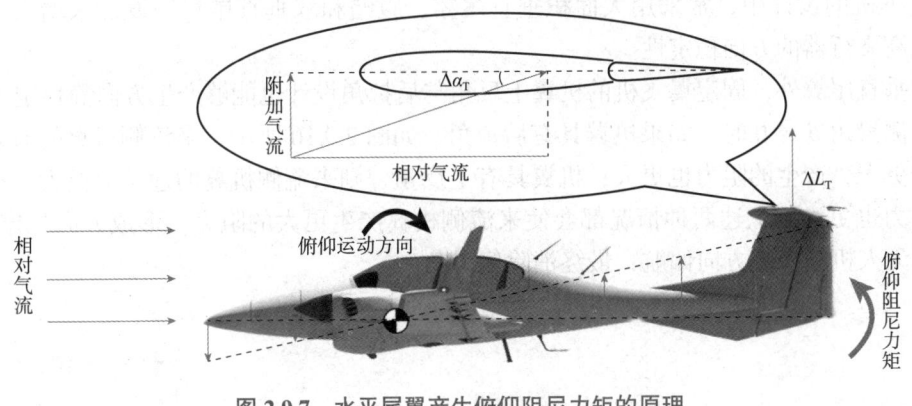

图 2.9.7　水平尾翼产生俯仰阻尼力矩的原理

二、无人机的方向稳定性

固定翼无人机的方向（航向）平衡是指作用于飞机上的各偏航力矩之和为零，飞机侧滑角保持不变或侧滑角为 0°。

消除侧滑或保持侧滑状态不变，均可视为固定翼无人机飞行的方向稳定。当无人机受扰动侧滑时，如果扰动消失后无人机具有自行消除侧滑角，恢复原方向平衡状态的能力，则说明无人机具有方向稳定性。但这种消除侧滑的稳定方式会导致飞行器偏离原有的航向，所以也称为风标稳定性。

Tips:

固定翼无人机的侧滑一般是指固定翼无人机的对称平面偏离飞行方向（速度方向）的现象，简单地说，就是"机头朝向和飞行航迹不一致的现象"，如图 2.9.8 所示。

从侧滑概念的描述中不难发现，固定翼无人机的偏航和侧滑之间存在联系。简单地说，相对气流指向机头的哪一侧，便是哪一侧的侧滑，同时也是反向一侧的偏航，即左偏航会造成右侧滑，右偏航则会造成左侧滑。

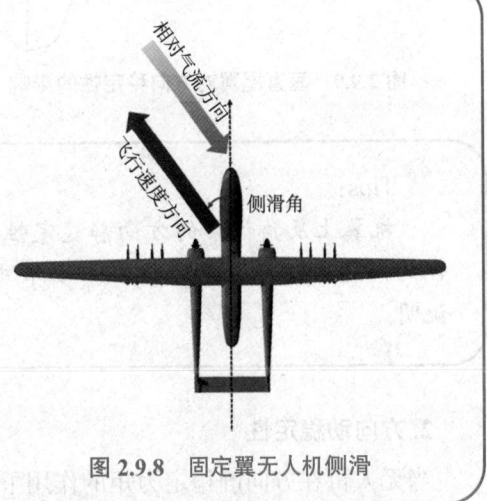

图 2.9.8　固定翼无人机侧滑

1. 方向静稳定性

无人机的方向静稳定性主要由垂直尾翼提供。如图 2.9.9 所示，若无人机受扰动发生右偏航,气流作用在垂直尾翼会产生指向右侧的力,形成左偏航力矩以消除偏航;反之亦然。当侧滑角 $\beta \neq 0$ 时,垂直尾翼产生的偏航力矩称为方向静稳定力矩。

要使飞机具有方向静稳定性,垂直尾翼产生的安定力矩必须大于机身的偏航力矩。在固定翼飞机的设计中,常采用大面积垂直尾翼、腹鳍和双垂直尾翼等设计来增大安定力矩,提高飞行器的方向稳定性。

除垂直尾翼外,固定翼飞机的机翼上反角与后掠角设计也能够产生方向静稳定力矩。

当侧滑角 $\beta \neq 0$ 时,如果机翼具有后掠角,如图 2.9.10 所示,来流侧机翼的有效速度分量会更大,产生的阻力也更大;机翼具有上反角,则来流侧机翼的迎角会更大,产生的诱导阻力也更大。上述两种情况都会使来流侧机翼产生更大的阻力,形成方向稳定力矩,从而使无人机向来流方向偏航,最终消除侧滑角。

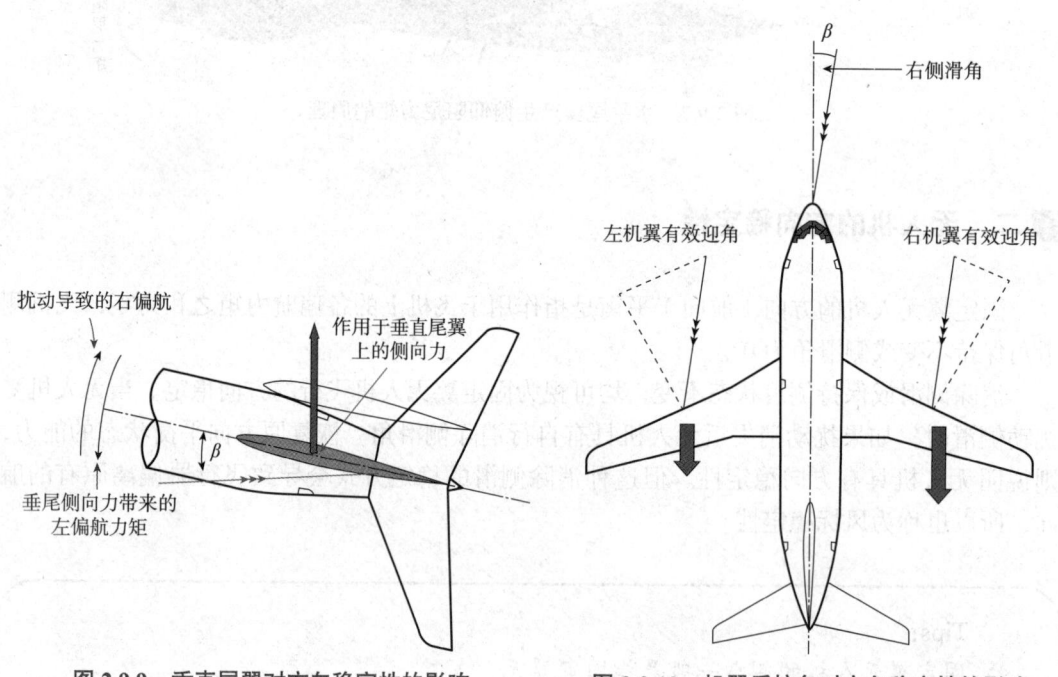

图 2.9.9　垂直尾翼对方向稳定性的影响　　图 2.9.10　机翼后掠角对方向稳定性的影响

> Tips:
> 机翼上反角设计的方向静稳定性涉及固定翼飞机方向稳定性与横向稳定性耦合的问题,这部分内容将在本小节中关于无人机横向稳定性的描述中加以详细说明。

2. 方向动稳定性

当无人机在方向静稳定力矩的作用下回到侧滑角 $\beta = 0$ 的位置时,旋转惯性会迫使无人机继续向另一个方向偏航。在方向静稳定力矩和旋转惯性的共同作用下,无人机会发生周期性的偏航振荡。如果偏航振荡会随时间逐渐减弱直至消失,则说明无人机具有方向动稳定性。

偏航阻尼力矩可以减弱无人机的偏航振荡，这个力矩主要来自垂直尾翼。偏航阻尼力矩会在偏航运动时产生：无人机向左偏航时，垂直尾翼会向右运动并受到向左的相对气流，产生向左的侧向气动力，从而产生右偏航矩；无人机向右偏航时，垂直尾翼会向左运动并受到向右的相对气流，产生向右的侧向气动力，从而产生左偏力矩。偏航阻尼力矩的大小与偏航角速度的大小有关，偏航角速度越大时，偏航阻尼力矩越大。

■ 三、无人机的横向稳定性

1. 横向静稳定性

如果小扰动破坏了无人机的横向平衡状态（$\gamma = 0$，$\beta = 0$），会造成无人机横滚和侧滑。如果无人机侧滑时具有自行消除坡度回到原平衡状态的趋势，则说明无人机具有横向静稳定性；如果侧滑使无人机进一步倾斜，则说明无人机不具有横向稳定性。无人机的横向静稳定性主要取决于机翼的上反角、后掠角，以及机翼与机身安装的相对位置。

当无人机受扰动发生侧滑，同时发生坡度变化时，如果机翼带有上反角，来流侧机翼的迎角会增大，产生正的升力增量，另一侧机翼的迎角会减小，产生负的升力增量，来流侧机翼的升力更大，产生的横滚力矩会力图消除坡度。由此可见，上反角可以为无人机提供横向静稳定性，如图 2.9.11 所示。如果机翼带有下反角则刚好相反，当侧滑出现时，来流侧机翼的升力更小，产生的横滚力矩会使无人机进一步倾斜，如图 2.9.12 所示。

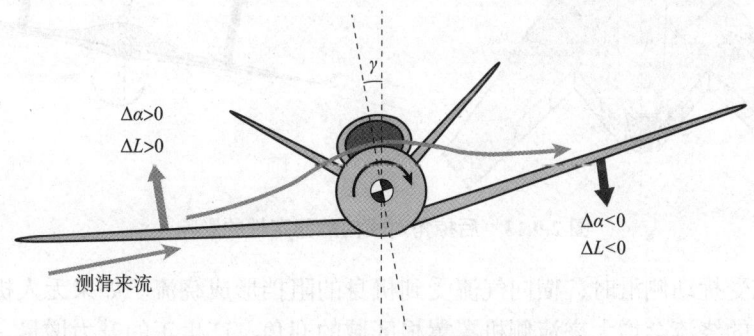

图 2.9.11　上反角对横向静稳定性的影响

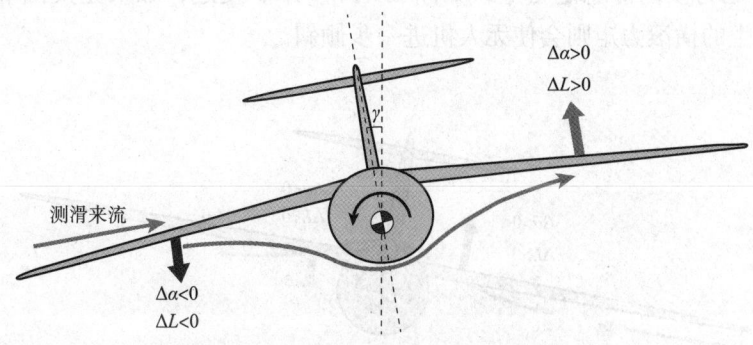

图 2.9.12　下反角对横向静稳定性的影响

> Tips:
> 　　固定翼飞行器的坡度变化（横滚运动）与偏航运动往往伴生出现。机翼上反角设计可增大来流侧机翼的升力，将下沉的机翼重新抬升，以消除坡度。与此同时，来流侧机翼更大的升力也会带来更大的升致阻力——诱导阻力，来流侧机翼相较于另一侧机翼产生更大的阻力，这个阻力相对于机体立轴产生的力矩可以消除固定翼飞机的偏航。

对于后掠机翼，相对气流速度可以分解为垂直于机翼前缘的速度分量和平行于机翼前缘的速度分量，但只有垂直于机翼前缘的速度分量是产生升力的有效分量。如果后掠翼无人机受扰动侧滑，则来流侧机翼的有效速度分量增大，另一侧机翼的有效速度分量减小，这会使来流侧机翼获得更大的升力，产生的横滚力矩为横向静稳定力矩，如图 2.9.13 所示。

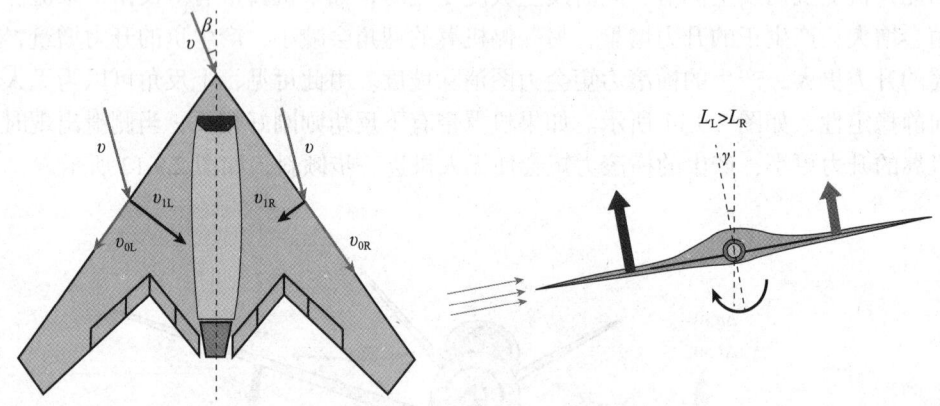

图 2.9.13　后掠角对横向静稳定性的影响

当无人机受扰动侧滑时，横向气流受到机身的阻挡形成绕流。如果无人机采用了上单翼设计，向上的绕流会增大来流侧机翼翼根区域的迎角，产生正的升力增量，向下的绕流会减小另一侧机翼翼根区域的迎角，产生负的升力增量，这会使来流侧机翼的升力更大，产生的横滚力矩为横向静稳定力矩，如图 2.9.14 所示。反之，如果无人机采用下单翼设计，侧滑时产生的横滚力矩则会使无人机进一步倾斜。

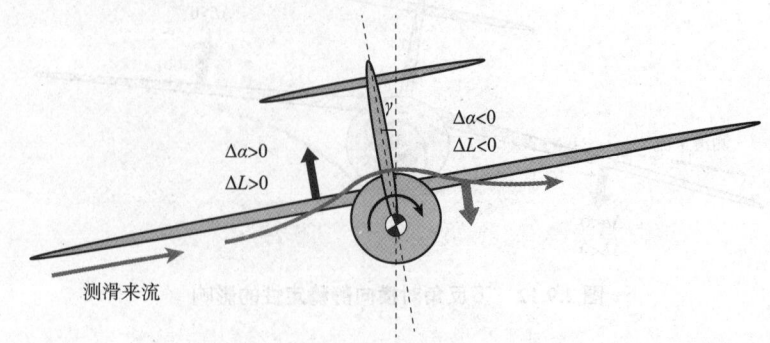

图 2.9.14　上单翼布局对横向静稳定性的影响

2. 横滚阻尼力矩

无人机具有滚转角速度时，左、右两侧大翼会受到不同方向的附加相对气流。以左滚转为例，当无人机向左横滚时，左侧机翼受到向上的相对气流，右侧机翼受到向下的相对气流，使得左侧机翼的迎角增大，升力增大，右侧机翼的迎角减小，升力减小，形成与横滚方向相反的阻尼力矩，如图 2.9.15 所示。扰动消失后，这个力矩会使滚转运动迅速衰减。

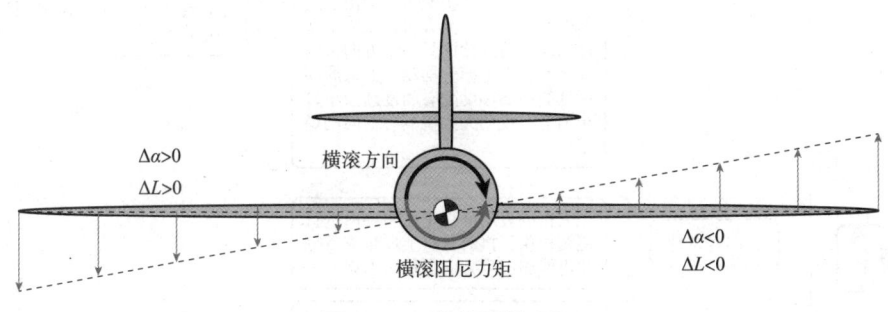

图 2.9.15　横滚阻尼力矩

▍四、无人机的侧向稳定性

固定翼无人机的方向稳定性和横向稳定性是彼此相互影响、相互耦合的。方向稳定性和横向稳定性的总和，称为侧向稳定性。只有当无人机的方向稳定性和横向稳定性配合恰当，才能保证无人机具备侧向稳定性。否则，无人机将不具有侧向稳定性，出现飘摆或螺旋下降等飞行现象。

1. 螺旋不稳定模态

以横侧扰动引起的左倾斜、左侧滑为例。无人机左侧滑时，方向静稳定力矩会使无人机向左偏航，而左偏运动会引起向左的交叉横滚力矩。与此同时，横向静稳定力矩会使无人机向右横滚。如果方向静稳定性较强，横向静稳定性较弱，交叉横滚力矩的作用就会大于横向静稳定力矩，使无人机继续向左倾斜。当坡度增大时，升力的水平分量增大，垂直分量减小，因此形成方向发散、高度下降的情形。综上所述，无人机的飞行轨迹会形成向左向下的螺旋线，螺旋不稳定模态因此得名。螺旋不稳定模态易于修正，并不会对飞行安全造成太大的影响。

2. "荷兰滚"模态

以横侧扰动导致的左倾斜、左侧滑为例。如果无人机的横向静稳定性较强，方向静稳定性较弱，在左侧滑消除之前，左坡度会先消除，左侧滑未完全消除会使无人机继续向左偏航、向右横滚。无人机继续向右横滚时，会形成右倾斜，进而导致右侧滑，随后又会出现相同的情形，在右侧滑消除之前，右坡度会先消除，而无人机会继续向右偏航、向左横滚，如此循环往复。这种一边向左向右偏航，一边向右向左横滚，同时带有侧滑的周期振荡运动被称为"荷兰滚"。"荷兰滚"的振荡周期较短，考虑到驾驶员的反应时间和操纵信号的延迟，"荷兰滚"不易修正，在飞行过程中应尽量避免。

Part 4　知识小结

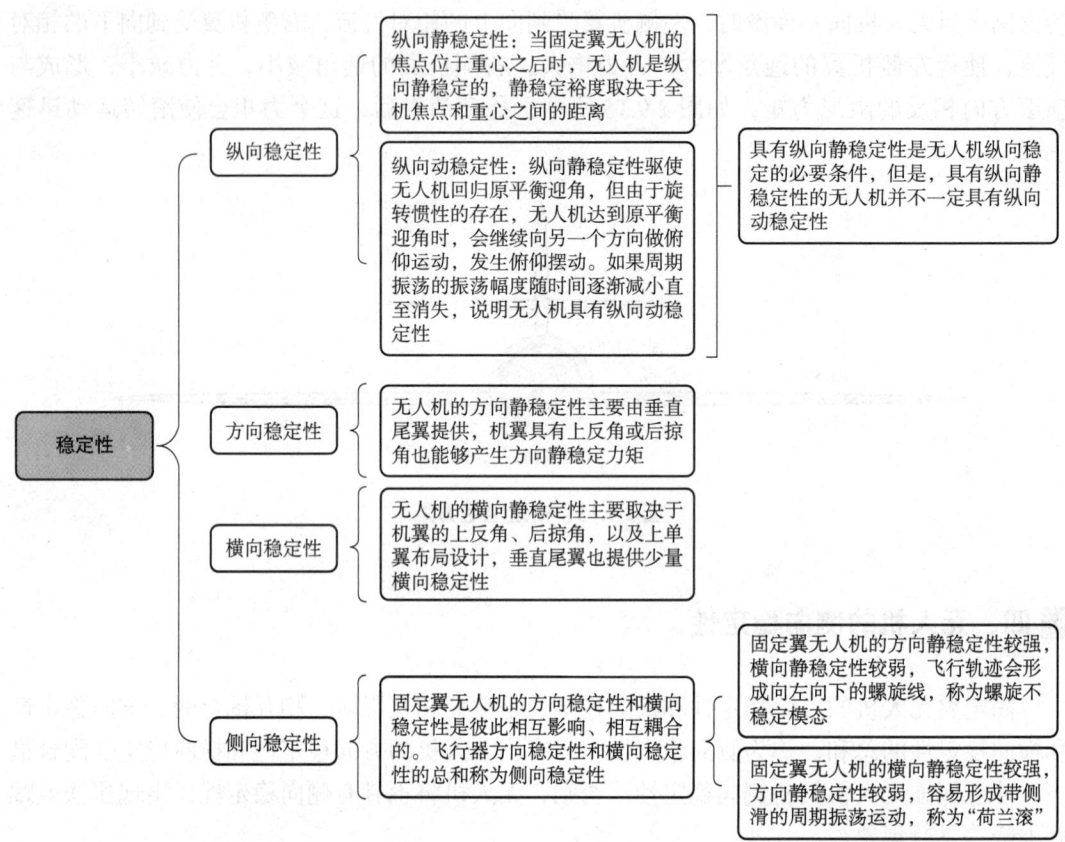

Part 5　课后思考

思考并回答下列问题：

1. 固定翼无人机的横向稳定性与方向稳定性都会受到垂直尾翼的影响，请简要分析垂直尾翼对于固定翼无人机横向稳定性的影响。

2. "荷兰滚"是无人机的横向静稳定性显著强于方向静稳定性的结果。请尝试分析当无人机的方向静稳定性显著强于横向静稳定性时，可能形成怎样的飞行状态。

GL12　无人机的操纵性

【学习目标】

1. 学习飞机平飞时的作用力及相互关系。
2. 掌握飞机最小平飞速度的概念与计算方法。
3. 掌握不同空速的定义及应用场合。
4. 学习不同高度所对应的空气密度的查询方法。
5. 养成严慎细实的职业素养。
6. 培养航空报国、航空强国的精神。

Part 1　问题导入

结合已学习内容，回答下列问题，并将答案写在空白处。

1. 固定翼无人机可在空中沿三轴平动或旋转，沿这些轴的运动分别叫作什么？

2. 控制固定翼无人机空中机动的舵面有哪些？应如何控制这些舵面？

Part 2　情境导入

塞外荒原，疾风劲吹，卷起的沙粒打在人脸上生疼。风声和着北部战区陆军某旅官兵洪亮的口号声、急促的脚步声、无人机螺旋桨的旋转声，仿佛奏响了一场独特的交响乐。

"我的首飞终于来了！"担任无人机主操控手的中士刘家兴专注而自信，双手在平台上快速操作。无人机升空，直扑目标。站在旁边的一级上士张强望着渐渐消失的航迹，思绪回到了自己逐梦蓝天的起点……

还在新兵连的时候，张强就对无人机充满好奇。无人机的结构是什么样的？怎样让无人机发挥战斗效能？若干个问号一直在张强心里打转。拉直心中的问号是在张强入伍的第三年，他终于考入院校攻读无人机专业。

步入校园，张强眼中充满了新奇和期待。然而，晦涩难懂的原理、烦冗的数据、抽象的概念让他焦头烂额。当得知在校学习以理论为主，无法参与实飞时，张强心中更是一阵失落。那一晚，他怎么也睡不着，不断想着离队时领导的殷切嘱托、战友的期待……实飞是需要扎实理论基础铺垫的，既然立志实飞，就要先翻越理论这座拦路大山！想到这里，张强兴奋地坐了起来。

有志者,事竟成。扎实刻苦的学习让张强的专业理论功底不断厚实起来。毕业时,张强终于以全队第一名的成绩来到了日思夜想的无人机连。

第一次参加实飞,眼前的无人机宛如一只白色巨鹰,展开翅膀,高傲地凝望着远方。张强抚摸着它,想象着它呼啸冲天的英姿,顿时热血沸腾。一系列准备工作之后,无人机顺利升空。发动机发出轰鸣,喷射出橘红色火焰,强劲的气流卷起层层尘土……那一瞬间,他觉得自己离梦想如此之近。

无人机降落后,连长林森将首次参加实飞的人员集合起来,提出要求:"从事飞控专业既要锤炼过硬技能,关键时刻还要沉着冷静、敢于担当,让无人机每次起飞后都能顺利返航。"

对于连长的殷殷嘱托,张强记得牢,落实得更好。那段时间,他白天钻进指挥控制车里研究操作、摸索训练技巧,晚上又到训练教室进行模拟飞行训练。第二年,他就成为一名副操控手。向战而飞,为胜而练。他在突破自我中换羽腾空,飞向更高更远的天空。

Part 3 知识储备

操纵的目的是将无人机从某一平衡状态转到新的平衡状态。无人机的操纵可分为纵向操纵、横向操纵、方向操纵三种,分别通过升降舵、副翼、方向舵的偏转来实现。

■ 一、舵面效能

舵面偏转时会产生使无人机绕重心旋转的力矩。舵面每偏转一个单位角度产生的力矩系数增量被定义为舵面效能。

1. 升降舵效能

通常规定,当升降舵向上偏转时,偏转角 δ_e 为正;当升降舵向下偏转时,偏转角 δ_e 为负。升降舵效能 η_e 可表示为

$$\eta_e = \Delta C_{Mz}/\Delta \delta_e \tag{2.10.1}$$

式中 ΔC_{Mz} ——俯仰力矩系数增量;

$\Delta \delta_e$ ——升降舵偏转角增量。

2. 副翼效能

横向操纵时,两侧机翼的副翼会向不同的方向偏转,通常规定,当右翼副翼向下偏转时,偏转角 δ_a 为正;当右翼副翼向上偏转时,偏转角 δ_a 为负。副翼效能 η_a 可表示为

$$\eta_a = \Delta C_{Mx}/\Delta \delta_a \tag{2.10.2}$$

式中 ΔC_{Mx} ——滚转力矩系数增量;

$\Delta \delta_a$ ——副翼偏转角增量。

3. 方向舵效能

通常规定,当方向舵向右偏转时,偏转角 δ_r 为正;当方向舵向左偏转时,偏转角 δ_r 为负。方向舵效能 η_r 可表示为

$$\eta_r = \Delta C_{My} / \Delta \delta_r \qquad (2.10.3)$$

式中　ΔC_{My}——偏航力矩系数增量；

　　　$\Delta \delta_r$——方向舵偏转角增量。

二、操纵力矩

偏转舵面产生的使无人机绕重心转动的力矩称为操纵力矩。操纵力矩可分为纵向操纵力矩、横向操纵力矩和方向操纵力矩三种。

纵向操纵力矩 $M_z(\delta_e)$ 是偏转升降舵产生的俯仰力矩，其大小为

$$M_z(\delta_e) = \eta_e \delta_e \frac{1}{2} \rho v^2 S l \qquad (2.10.4)$$

式中　η_e——升降舵效能；

　　　δ_e——升降舵偏转角；

　　　S——特征面积；

　　　l——特征长度。

横向操纵力矩 $M_x(\delta_a)$ 是偏转副翼产生的横滚力矩，其大小为

$$M_x(\delta_a) = \eta_a \delta_a \frac{1}{2} \rho v^2 S l \qquad (2.10.5)$$

式中　η_a——副翼效能；

　　　δ_a——副翼偏转角。

方向操纵力矩 $M_y(\delta_r)$ 是偏转方向舵产生的偏航力矩，其大小为

$$M_y(\delta_r) = \eta_r \delta_r \frac{1}{2} \rho v^2 S l \qquad (2.10.6)$$

式中　η_r——方向舵效能；

　　　δ_r——方向舵偏转角。

综上所述，操纵力矩的大小主要取决于舵偏角和动压的大小。在同一飞行状态下，舵偏角越大，产生的操纵力矩越大；在同一舵面角度下，动压越大，产生的操纵力矩越大。动压的大小取决于飞行速度和空气密度的大小，飞行速度、空气密度越大，动压就越大。而空气密度的大小取决于海拔和空气的温湿度的大小，海拔越高、空气的温湿度越大，空气密度就越小。

三、无人机的纵向操纵

俯仰操纵是为了改变无人机的迎角，从而改变升力大小，改变升力通常是为了使无人机的飞行轨迹向上或向下弯曲，以控制无人机的爬升和下降。无人机的俯仰操纵主要依靠升降舵的偏转，如图 2.10.1 所示。

升降舵的偏转指令输入无人机飞控后，操控升降舵产生上下偏转，进而产生使机头上仰或下俯的操纵力矩。

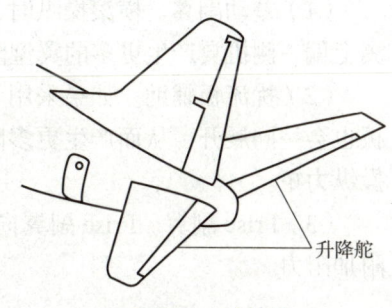

图 2.10.1　升降舵

对于纵向静稳定的无人机，改变迎角时会产生俯仰稳定力矩，在一定的迎角范围内，无人机偏离原平衡迎角越多，产生的俯仰稳定力矩越大。如果俯仰操纵力矩的力矩值大于俯仰稳定力矩的力矩值，无人机会朝操纵力矩的方向做俯仰运动；如果俯仰操纵力矩与俯仰稳定力矩相平衡，俯仰运动会停止；如果俯仰稳定力矩的力矩值大于俯仰操纵力矩的力矩值，无人机会朝操纵力矩的反方向做俯仰运动，直至俯仰稳定力矩减小到与俯仰操纵力矩相平衡。

当无人机做定常直线飞行时，不同的飞行速度对应不同的迎角。飞行速度越大，维持升力所需的迎角就越小；飞行速度越小，维持升力所需的迎角就越大。当无人机减速飞行时，如果要让无人机继续保持直线飞行状态，则应使升降舵逐渐上偏，这样才能持续满足俯仰操纵力矩与俯仰稳定力矩的平衡。

四、无人机的横向操纵

横向操纵主要靠副翼的不对称偏转实现，如图 2.10.2 所示。

左翼副翼向上偏转，右翼副翼向下偏转，会使得左侧机翼的升力减小，右侧机翼的升力增大，产生使无人机向左横滚的操纵力矩；反之，右翼副翼向上偏转，左翼副翼向下偏转，无人机则向右横滚。

无人机的滚转运动会受到横滚阻尼力矩的阻碍，滚转角速度越大，横滚阻尼力矩越大。由于无人机快速横滚时的侧滑角非常小，可近似地看作无侧滑，因此在讨论滚转角速度的变化规律时，可以只考虑横向操纵力矩与横滚阻尼力矩的动态平衡关系。如果横向操纵力矩的力矩值大于横滚阻尼力矩的力矩值，无人机会加速横滚。随着滚转角速度的增大，

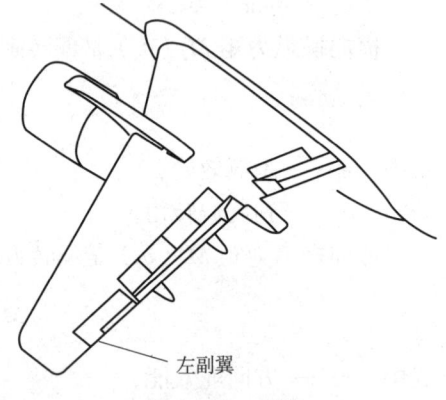

图 2.10.2　副翼

横滚阻尼力矩也会增大，当横滚阻尼力矩增大到与横向操纵力矩动态平衡时，滚转角速度不再改变。

以左滚转操纵为例。当飞控指令发出后，右翼副翼向下偏转，这不仅增大了右侧机翼的升力，同时也增大了右侧机翼的阻力，使机身右侧的阻力比左侧更大，无人机会因此向右偏航，造成侧滑角增大。显然，这样的反向偏航力矩不利于侧滑的消除。为了防止有害偏航，通常会采用以下三种措施来减小和消除这种不利的偏航力矩：

（1）差动副翼。横滚操纵时，上偏的副翼会比下偏的副翼偏转更多的角度，这会使副翼上偏一侧机翼产生更多的翼型阻力去消除两侧机翼的阻力差。

（2）扰流板辅助。如果采用了翼上扰流板设计，横向操纵时副翼上偏一侧机翼的扰流板也会一同展开，从而产生更多阻力，进一步减小扰流板展开一侧机翼的升力，增大横向操纵力矩。

（3）Frise 副翼。Frise 副翼向上偏转时，副翼前缘会伸出机翼的下表面，产生一定的附加阻力。

五、无人机的方向操纵

方向操纵主要靠方向舵的左右偏转来实现,如图2.10.3所示。

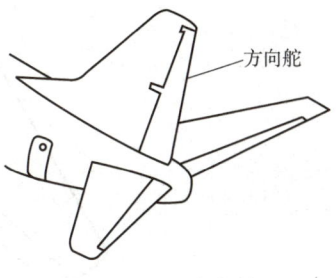

图 2.10.3 方向舵

当方向舵向左偏转时,垂直尾翼会产生右侧力,使无人机向左偏航;当方向舵向右偏转时,垂直尾翼会产生左侧力,使无人机向右偏航。偏航运动会使无人机侧滑,由此产生方向稳定力矩,通常侧滑角增大,方向稳定力矩也会增大。

六、V形尾翼布局无人机的操纵

V形尾翼既能起水平尾翼的作用,也能起垂直尾翼的作用。与常规尾翼布局相比,V形尾翼使用的部件更少,这不仅能降低结构质量,也能减小飞行阻力。采用V形尾翼布局还能有效降低雷达反射强度,增强隐身能力。因此,有众多无人机采用了V形尾翼布局。V形尾翼被分为上反V形尾翼和下反V形尾翼两种,如图2.10.4所示。

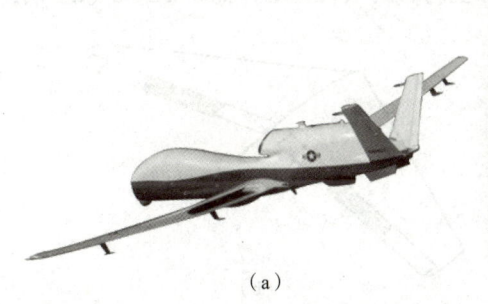 

(a) (b)

图 2.10.4 采用V形尾翼的固定翼无人机
(a)上反V形尾翼;(b)下反V形尾翼

V形尾翼的舵面既能用于无人机的纵向操纵,也能用于无人机的方向操纵。当两侧舵面同步向上偏转时,左右尾翼的气动合力指向下方,无人机产生抬头力矩;两侧舵面同步向下偏转,这会使左右尾翼的气动合力指向上方,产生低头力矩。在这种情形中,V形尾翼的舵面起升降舵的作用。

当飞控操纵左侧舵面向上偏转,右边舵面向下偏转时,这会使左右尾翼的气动合力指向左侧,产生向右的偏航力矩;反之,则产生向左的偏航力矩。在这种情形中,V形尾翼的舵面主要起方向舵的作用。

在大多数时候,V形尾翼的舵面同时起升降舵和方向舵的作用。

七、飞翼布局无人机的操纵

如图2.10.5所示的舵面形式在飞翼布局无人机上较为常见。其中,升降副翼和开裂式阻力方向舵为主飞行控制面,配平襟翼用于纵向配平和横向配平。

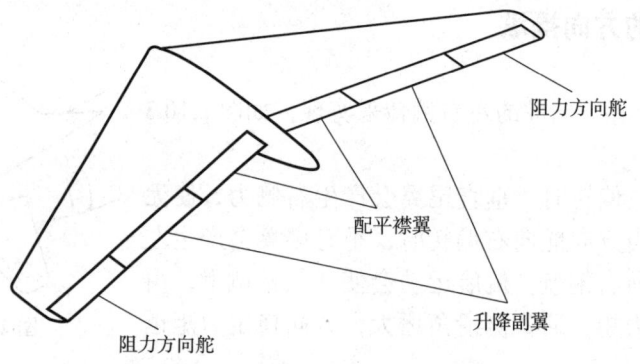

图 2.10.5 飞翼布局无人机操控面示意

升降副翼既有升降舵的功能，又有副翼的功能。当两侧的升降副翼朝同一方向偏转相同的角度时，升降副翼起升降舵的作用。如果升降副翼同时向上偏转，则会产生抬头力矩，如图 2.10.6（a）所示；如果升降副翼同时向下偏转，则会产生低头力矩，如图 2.10.6（b）所示。

当两侧的升降副翼朝不同的方向偏转时，主要起副翼的作用。若左侧的升降副翼向上偏，右侧的升降副翼向下偏，则会产生向左的滚转力矩，如图 2.10.6（c）所示；若右侧的升降副翼向上偏，左侧的升降副翼向下偏，则会产生向右的滚转力矩，如图 2.10.6（d）所示。

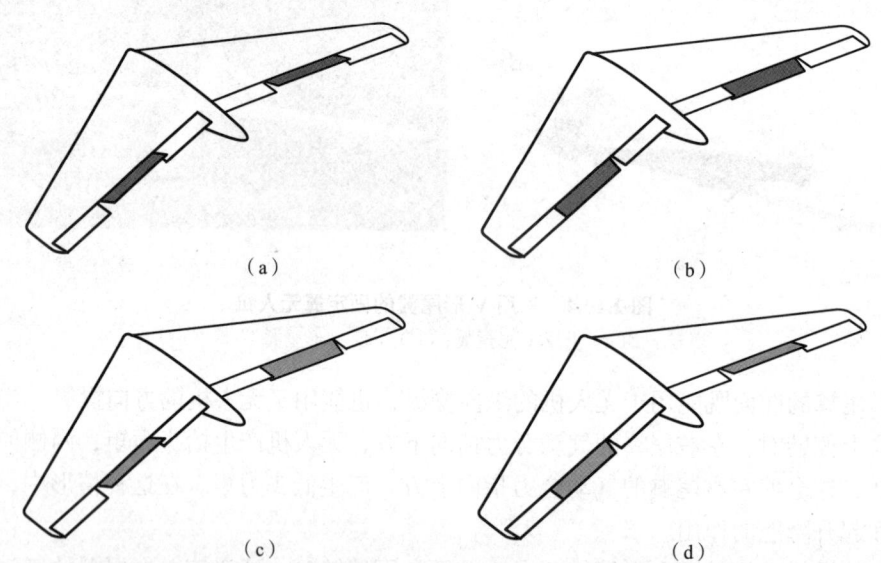

图 2.10.6 飞翼布局无人机副翼的不同状态示意

在大多数时候，升降副翼同时起升降舵和副翼的作用。

开裂式阻力方向舵既有减速板的功能，又有方向舵的功能。如果飞行时将两侧阻力方向舵完全张开，能起到较好的减速效果，并且两侧阻力方向舵张开同样的大小时，无人机会获得较好的方向稳定性。蹬舵时，两侧阻力方向舵的开度不同，无人机会向开度较大一侧偏航。为了让阻力方向舵的气动力臂足够长，通常将其设置在机翼外侧。

配平襟翼主要用于无人机的纵向配平和横向配平。如果两侧配平襟翼同时向上或向下对称偏转，起纵向配平作用；如果让两侧配平襟翼做不对称偏转，主要起横向配平作用。

八、无人机操纵性与稳定性的关系

无人机的操纵性包含静操纵性和动操纵性两种。静操纵性研究的是操纵运动的稳态特性，讨论的是无人机从某一平衡状态转到另一平衡状态所需舵偏角的大小。动操纵性研究的是操纵运动的动态特性，即舵面偏转后运动参数变化的快慢。

无人机的操纵性和稳定性是相互约束的。无人机的稳定性越强，要改变其飞行状态所需的舵偏角就越大。因此，要提高无人机的操纵性，就要牺牲一定的稳定性。在无人机设计阶段，应根据其用途对操纵性和稳定性进行权衡，如货运无人机往往需要更强的稳定性，而战斗无人机则需要更强的操纵性。虽然提高操纵性有利于增强无人机的机动性，甚至有很多战斗无人机采用了机动性更强的放宽静稳定性设计，但是过于灵敏的操纵并不利于飞行姿态的精确控制，所以操纵性较强的无人机，通常要用强大的飞控计算机进行辅助。

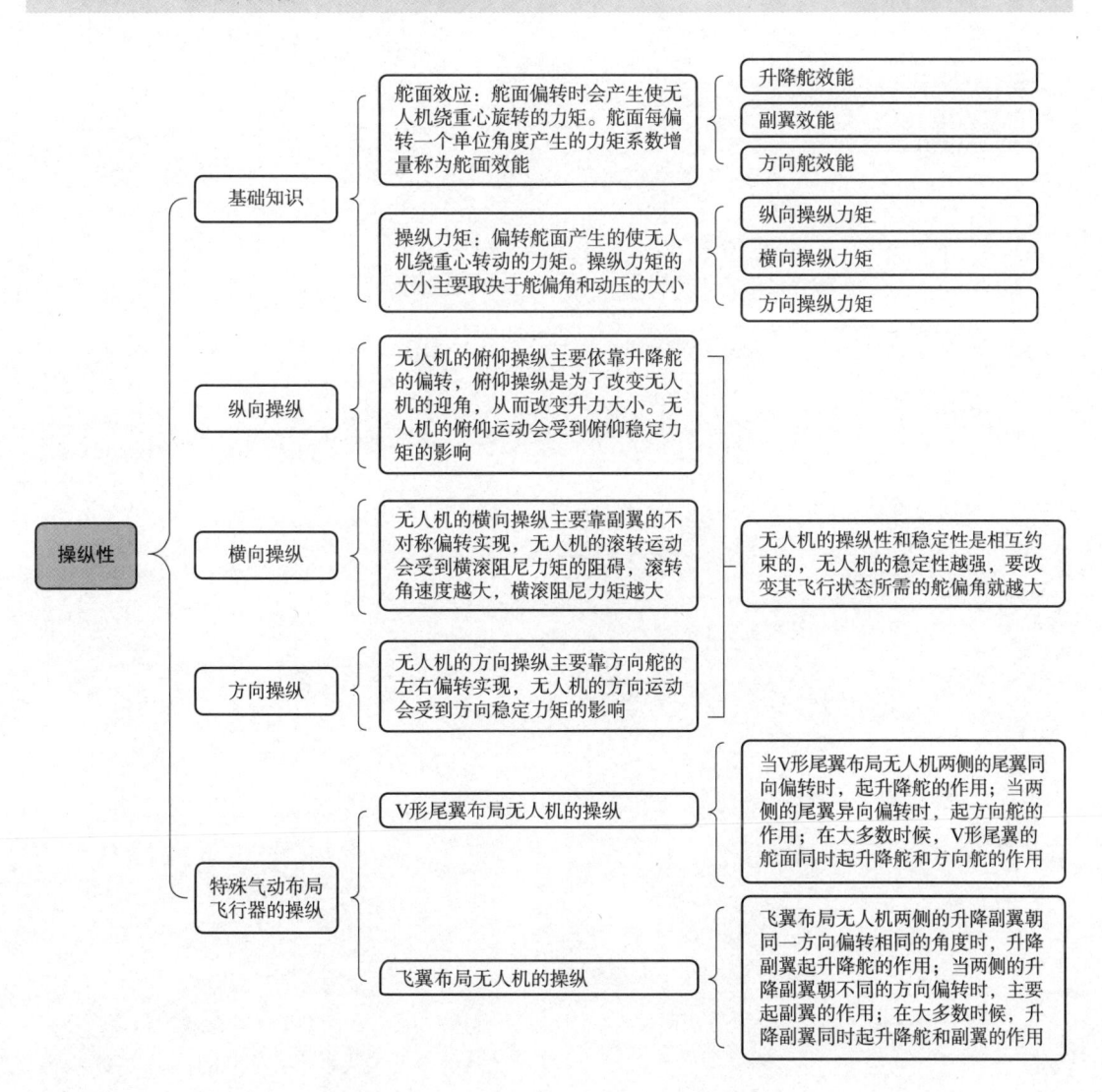

Part 4 知识小结

操纵性
- 基础知识
  - 舵面效应：舵面偏转时会产生使无人机绕重心旋转的力矩。舵面每偏转一个单位角度产生的力矩系数增量称为舵面效能
    - 升降舵效能
    - 副翼效能
    - 方向舵效能
  - 操纵力矩：偏转舵面产生的使无人机绕重心转动的力矩。操纵力矩的大小主要取决于舵偏角和动压的大小
    - 纵向操纵力矩
    - 横向操纵力矩
    - 方向操纵力矩
- 纵向操纵：无人机的俯仰操纵主要依靠升降舵的偏转，俯仰操纵是为了改变无人机的迎角，从而改变升力大小。无人机的俯仰运动会受到俯仰稳定力矩的影响
- 横向操纵：无人机的横向操纵主要靠副翼的不对称偏转实现，无人机的滚转运动会受到横滚阻尼力矩的阻碍，滚转角速度越大，横滚阻力力矩越大
  - 无人机的操纵性和稳定性是相互约束的，无人机的稳定性越强，要改变其飞行状态所需的舵偏角就越大
- 方向操纵：无人机的方向操纵主要靠方向舵的左右偏转实现，无人机的方向运动会受到方向稳定力矩的影响
- 特殊气动布局飞行器的操纵
  - V形尾翼布局无人机的操纵：当V形尾翼布局无人机两侧的尾翼同向偏转时，起升降舵的作用；当两侧的尾翼异向偏转时，起方向舵的作用；在大多数时候，V形尾翼的舵面同时起升降舵和方向舵的作用
  - 飞翼布局无人机的操纵：飞翼布局无人机两侧的升降副翼朝同一方向偏转相同的角度时，升降副翼起升降舵的作用；当两侧的升降副翼朝不同的方向偏转时，主要起副翼的作用；在大多数时候，升降副翼同时起升降舵和副翼的作用

Part 5　课后思考

思考并回答下列问题：

1. 常规三舵面尾翼与V形尾翼布局的固定翼无人机，在方向、横向和俯仰操纵上存在什么差别？

2. 你是否认可"操纵性越好的飞行器，其稳定性越差"这一观点，请简单表述你的观点。

GL13　无人机任务规划

【学习目标】

1. 了解无人机任务规划的基本概念与功能。
2. 掌握无人机任务规划的约束条件，任务规划的不同分类、规划流程，以及规划方法。
3. 根据不同任务输入条件，结合环节态势评估与无人机资源，完成任务航线的规划方法。
4. 在地面站软件中完成简单的任务规划。
5. 遵守相关法律、法规和行业规范，保护无人机数据链的安全和隐私。
6. 具备个人独立思考和解决问题的能力，提高团队合作能力。

Part 1　问题导入

第二模块的内容中已经详细介绍了大型固定翼无人机的基本结构和空气动力学知识，请结合已学知识回答下列问题，并将答案写在空白处。

1. 飞机在空中沿哪几个轴运动？沿这些轴的运动分别叫作什么？

2. 控制这些运动的舵面分别是什么？飞行员是怎样控制这些舵面的？

Part 2　情境导入

2022年1月13日，国家能源集团神宝能源露天煤矿巡查监测管理平台项目顺利验收。该项目采用了中国矿业大学煤炭资源与安全开采国家重点实验室周伟教授领衔的矿大露天开采团队联合纵横大鹏无人机共同研发的矿业解决方案，使用无人机对露天煤矿全生命周期进行监测管理应用，推动了智慧矿山发展。

中国矿业大学煤炭资源与安全开采国家重点实验室的周伟教授表示，这是国内露天煤矿首次引入垂直起降固定翼无人机激光雷达系统。该项目采用的无人机矿业解决方案集无人机低空多源遥感系统、露天煤矿可视化生产交互系统于一体，实现对矿山系统信息的在线及时掌控，达到及时、全面、准确掌握矿山安全与生产经营状况的管理目标，解决联动和信息共享较慢等问题。

该方案根据神宝能源露天煤矿区不同作业需求，令无人机搭配激光雷达、五拼相机、多光谱传感器等多种传感器,完成矿区地形测绘、矿区资源储量动态监测、矿山地质灾害调查、矿区恢复治理、矿区日常巡检等领域的应用工作(图2.11.1~图2.11.3)。

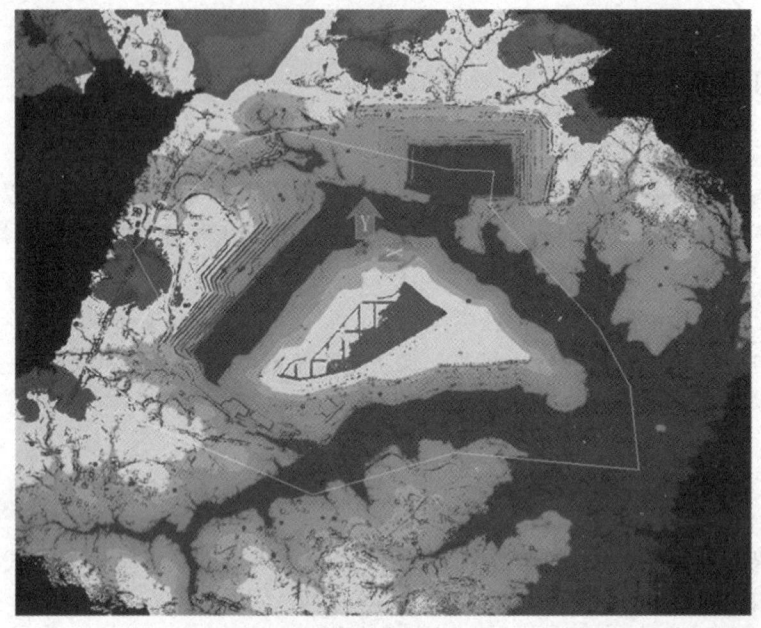

图 2.11.1　利用激光雷达获取作业区的高精度高程数据,完成矿山实景三维模型建立

图 2.11.2　利用无人机持续监测作业过程,收集不同阶段测绘数据,完成土方量自动算量

图 2.11.3　设置飞行的电子围栏,在爆破警戒区外进行飞行作业

> **小知识**
>
> ### "黑飞"威胁公共安全存在极大隐患
>
> 近年来,无人机不仅在巡查交通、测绘地形、农田水利等领域大显身手,也在个人爱好者中掀起飞行热、航拍热。然而,随之而来的问题也日渐凸显:不明飞行器闯入要害敏感区域、干扰民航飞机正常飞行、航拍泄露国防机密等事件不断增多。
>
> "黑飞"是指一些没有取得私人飞行驾照,或者飞机没有取得合法身份的飞行,这种没有飞行计划的"黑飞"存在极大安全隐患。
>
> (1)威胁军事安全。低空飞行的航空器种类日益增多,无人机小、快、灵特点突出,通过传统手段很难发现。还有一些简易航空器,比如动力伞、热气球等,自主导航和通信能力都很弱,容易出现偏离预定航线和空域的情况,一旦闯入重要目标上空,很有可能危及目标安全,甚至造成严重影响。
>
> (2)潜在暴恐威胁。无人机本身具有一定载荷,稍加改装就可以成为攻击性武器,如果监管不力,会对国家空防安全、重要目标安全、保密安全等构成直接或潜在威胁。
>
> (3)侵害地面安全。无人机飞行容易受复杂电磁环境干扰影响,在飞行过程中极有可能失控坠落,造成安全事故,甚至严重影响公共安全。
>
> (4)扰乱航空秩序。民用无人机大多由非金属材料制成,尺寸小、高度低、速度慢,民航飞机发现、避让难度大,对民航航线存在较大干扰。
>
> 对于个体而言,飞行爱好者及无人机飞行从业人员首先要考取相关资格证书,在飞行前要向相关部门申请报备。通用航空任务(航空摄影和遥感物探)飞行实施前,要按照国家飞行管制规定,向所在地区飞行管制部门提交飞行计划申请,由任务所在地航管相关部门批准飞行范围,得到批准后再按计划实施飞行活动,远离"黑飞"。
>
> (文章来源:http://www.legaldaily.com.cn/army/content/2021-05/20/content_8510354.html)

小作业:

1. 在无人机飞行与执行任务过程中,无人机的飞行作业区域应该如何确定?
2. 同一型号的无人机面对不同任务时,其飞行轨迹会受哪些因素的影响?

Part 3 知识储备

一、任务规划的概念和功能

无人机任务规划(Mission Planning)是指根据无人机需要完成的任务、无人机的数量,以及携带任务载荷的类型,对无人机制定飞行路线,并进行任务分配。

任务规划的主要目标是依据地形信息和执行任务的环境条件信息,综合考虑无人机的性能、到达时间、耗能、威胁，以及飞行区域等约束条件，为无人机规划出一条或多条自出发点到目标点的最优或次优航迹，保证无人机高效、圆满地完成飞行任务，并安全返回基地。

由于无人驾驶，无人机对任务规划的要求更为严格，需要更为详细的飞行航迹信息、任务目标和任务执行信息。无人机的任务规划是实现自主导航与飞行控制的有效途径，它在很大程度上决定了无人机执行任务的效率。无人机任务规划需要实现以下功能：

1. 任务分配功能

充分考虑无人机自身性能和携带载荷的类型，可在多任务、多目标情况下，协调无人机及其载荷资源之间的配合，以最短时间和最小代价完成既定任务。

2. 航迹规划功能

在无人机避开限制风险区域，以及油耗最小的原则上，制定无人机的起飞、着陆、接近监测点、监测区域、离开监测点、返航及应急飞行等任务过程的飞行航迹。

3. 仿真演示功能

能够实现飞行仿真演示、环境威胁演示、检测效果演示（图 2.11.4）。可在数字地图上添加飞行路线，仿真飞行过程，检验飞行高度、油耗等飞行指标的可行性；可在数字地图上标志飞行禁区，使无人机在执行任务过程中，尽可能避开这些区域；可进行基于数字地图的合成图像计算，显示不同坐标与海拔位置上的地景图像，以便地面操作人员为执行任务选取最佳方案。

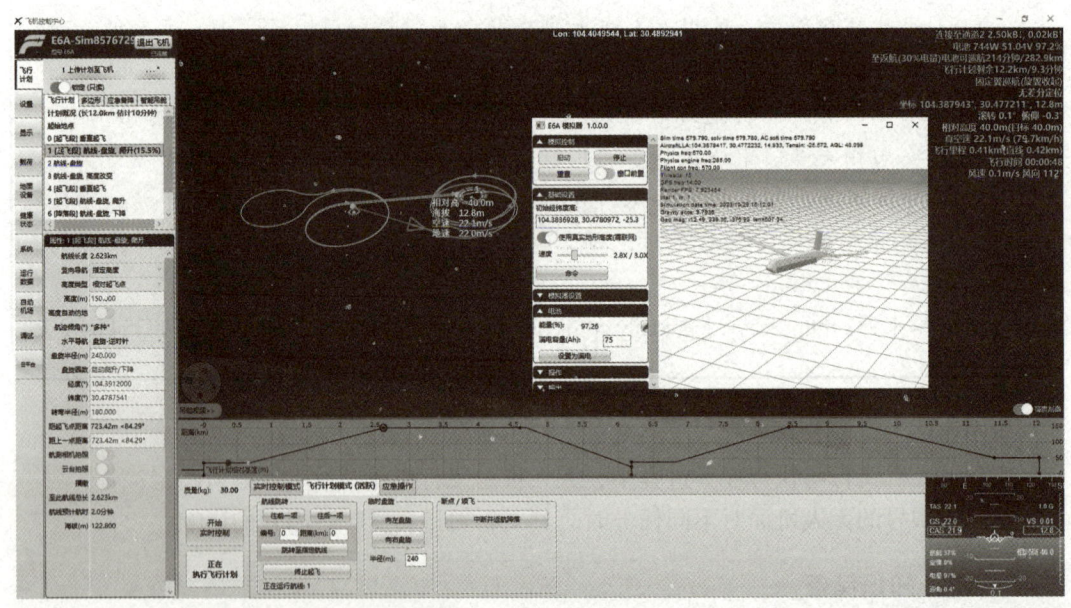

图 2.11.4　仿真演示功能演示图

二、任务规划约束条件与原则

无人机任务规划需考虑以下约束条件：

（1）飞行环境限制。无人机在执行任务时，会受到如禁飞区、障碍物、险恶地形等复杂地理环境的限制,因此在飞行过程中,应尽量避开这些区域,可将这些区域在地图上标示为禁飞区域,以提升无人机的工作效率。此外,飞行区域内的气象因素也将影响任务效率,应充分考虑大风、雨雪等复杂气象下的气象预测与应对机制。

(2)无人机物理限制。

①最小转弯半径。由于无人机飞行转弯形成的弧度受到自身飞行性能限制,无人机只能在特定的转弯半径范围内转弯。

②最大俯仰角。这限制航迹在垂直平面内上升和下滑的最大角度。

③最小航迹段长度。无人机飞行航迹由若干个航点与相邻航点之间的航迹段组成,在航迹段飞行途中沿直线飞行,而到达某些航点时,有可能根据任务的要求而改变飞行姿态。最小航迹段长度是指限制无人机在开始改变飞行姿态前必须直飞的最短距离。

④最低安全飞行高度。这限制通过任务区域时无人机的最低飞行高度,防止飞行高度过低而撞击地面,导致坠毁。

(3)飞行任务要求。无人机具体执行的飞行任务主要包括到达时间和目标进入方向等,需要满足如下要求:

①航迹距离约束。这限制航迹长度不大于预先设定的最大距离。

②固定的目标进入方向。这确保无人机从特定角度接近目标。

(4)实时性要求。当预先具备完整精确的环境信息时,可一次性规划自起点到终点的最优航迹。而实际情况一方面是难以保证获得的环境信息不发生改变;另一方面是由于任务的不确定性,无人机常常需要临时改变飞行任务。在环境变化区域不大的情况下,可通过局部更新的方法进行航迹的在线重规划;而当环境变化区域较大时,无人机任务规划系统则必须具备在线重规划功能。

无人机任务规划原则:任务规划一般从接受任务开始,根据任务人工选择几个航迹点。对这些点进行检验和调整,使之满足各种约束条件的需求。选用优化准则(如最短路径分析)由计算机辅助生成飞行航线。用检验准则检验航线上的每个点,如全部通过,则找到了一条可用的航线。

三、任务规划分类

从实施时间上划分,任务规划可分为预先规划(预规划)和实时规划(重规划)。就任务规划系统具备的功能而言,任务规划可包含航迹规划、任务分配规划、数据链路规划,以及系统保障和应急预案规划等,其中航迹规划是任务规划的主体和核心。

预先规划是在无人机执行任务前,由地面控制站制定,主要是综合任务要求、地理环境和无人机任务载荷等因素进行规划,其特点是约束和飞行环境给定,目的是通过选用合适的算法,谋求全局最优飞行航迹。

实时规划是在无人机飞行过程中,根据实际的飞行情况和环境的变化制定出一条可飞航迹,包括对预先规划的修改及选择应急的方案。其特点是约束和飞行环境实时变化。任务规划系统需综合考量威胁、航程、约束等多种条件,采用快速航迹规划算法,生成飞行器的安全飞行航迹。任务规划系统须具备较强的信息处理能力,并具有一定的辅助决策能力。

四、任务描述与分解

任务规划的处理流程由接收任务、任务理解、环境评估、任务分配、航迹规划、航迹优化、生成计划等步骤组成，如图2.11.5所示。

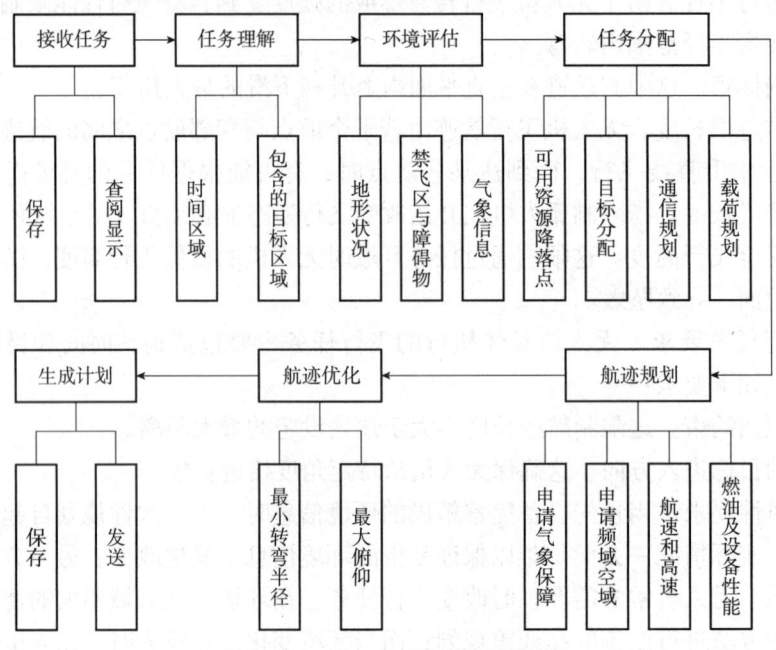

图 2.11.5　无人机任务规划流程图

五、航迹规划

无人机航迹规划是任务规划的核心内容，是指对无人机从起飞点到任务区域的航线进行优化，并对规划好的航线进行检查核实；需要综合应用导航技术、地理信息技术，以及远程感知技术，以获得全面详细的无人机飞行现状及环境信息，结合无人机自身技术指标特点，按照一定的航迹规划方法，制定最优或次优路径。因此，航迹规划需要充分考虑电子地图的选取、标绘，航线预先规划，以及在线调整时机。

1. 电子地图

电子地图在无人机任务规划中的作用是显示无人机的飞行位置、绘制出飞行航迹、标注规划点，以及显示规划航迹等。一般情况下，电子地图可直接安装于无人机地面控制站，选取合适的地图插件，可与地面站软件进行较好的集成。

2. 航线规划

航线规划一般分为两步：首先是飞行前预规划，即根据既定任务，结合环境限制与飞行约束条件，从整体上制定最优参考路径；其次是飞行过程中的重规划，即根据飞行过程中遇到的突发状况，如地形、气象变化，未知限飞禁飞因素等，局部动态地调整飞行路径，或改变动作任务（图2.11.6）。

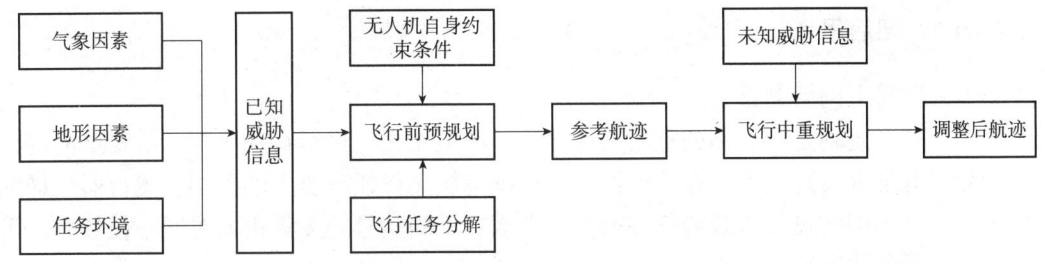

图 2.11.6 无人机航线规划流程图

航线规划的内容包括出发地点、途经地点、目的地点的位置信息、飞行高度和速度，以及需要到达的时间段。

3. 应急航线

制定任务规划时还要考虑异常应急措施，即应急航线。其主要目的是规划一条安全返航通道和应急迫降点及航线转移策略，确保安全返航无人机。

Part 4　任务实施

任务规划的主要目标是什么？

解答指导：

依据地形信息和执行任务环境条件信息，综合考虑无人机的性能、到达时间、耗能、威胁，以及飞行区域等约束条件，为无人机规划出一条或多条自出发点到目标点的最优或次优航迹，保证无人机高效、圆满地完成飞行任务，并安全返回基地。

Part 5　任务小结

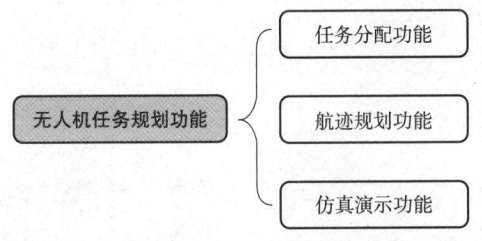

Part 6　任务拓展

航迹优化要考虑哪些因素？

Part 7　课后思考

思考并回答下列问题：

1. 飞行任务规划是地面站的重要功能之一。小型无人机进行自动飞行，需要提前进行任务规划，并加载飞行任务。在地面站端，根据每次飞行任务要求的不同，飞行器选择的不同，要设计不同的飞行航线与任务操作。那么，不同型号的无人机面对同一任务时，飞行的轨迹会受哪些因素的影响？

2. 在进行无人机飞行作业时有可能遇到哪些意外情况？

模块三 03 大型固定翼无人机的基础飞行操纵

学习目标

通过本模块的学习,掌握固定翼无人机平飞、上升、下降、盘旋等基本空域动作的原理及操纵方法。

典型工作任务

大型固定翼无人机的基础飞行操纵(平飞、上升与下降)。

学习成果

完成阶段考核,通过模拟机科目测试。

本模块重难点

1. 平飞、上升、下降、盘旋等阶段的空气动力学知识。
2. 平飞、上升、下降、盘旋的进入和改出操纵方法。
3. 侧滑和螺旋桨副作用的影响及修正的相关操纵方法。
4. 掌握克服侧滑、保持坡度、杆舵协调转弯的相关操纵方法。

完成标准

1. 通过模拟飞行测试,确保学生能够理解本课内容。
2. 学生完成问题的回答至少取得 90 分,并且教员应让学生回顾每个不正确答案,以确保在进入下一模块前完全掌握所学知识。

技术技能

分数	评分标准
1	学生在完成该课训练后，能够描述该科目实施过程中的主要特点，在实际操作方面不作要求，以教员示范为主
2	学生在完成该课训练后，能够正确描述具体的操作程序，理解相应的概念、原理等理论知识，并能够在教员的提示和帮助下完成该科目
3	学生在完成该课训练后，能够自己主动计划并完成该科目，但仍有部分错误和偏差的发现与修正需要教员的提示
4	学生在完成该课训练后，能够完全独立计划并执行该科目，快速发现并修正错误和偏差，完成水平达到实践考试标准的要求
5	学生在完成该课训练后，熟练掌握该科目的相关知识、程序、操作技术和技巧，独立计划并完成该科目，在执行的过程中不产生任何错误和明显偏差，完成水平高于实践考试标准的要求

非技术技能

分数	评分标准
1	学生在完成该课训练后，对该科目涉及的原理和方法缺乏相应的了解，在执行过程中基本依赖教员的讲解和示范
2	学生在完成该课训练后，能够对该科目涉及的部分原理和方法进行简单的描述和解释，但在讲解和执行过程中有较多的错误和不足，在教员的帮助下能够做出相应的处置并完成该科目
3	学生在完成该课训练后，能够对该科目涉及的原理和方法进行较正确的描述和解释，在运用过程中出现的错误，需要在教员的提示下进行修正，能够在不出现任何特殊情况时，按照正常的工作程序完成该科目
4	学生在完成该课训练后，在对该科目涉及的原理和方法进行正确的描述和解释的基础上，能够不借助教员任何帮助，处置较常见的特殊情况，完成该科目，且水平达到实践考试标准的要求
5	学生在完成该课训练后，能够完全正确理解并综合运用与该科目相关的所有知识，独立管理好各项工作，对出现的各种情况进行快速准确的分析和评估，在执行的过程中不产生任何错误，完成水平高于实践考试标准的要求

专题——飞行模拟软件的使用

■ 一、飞行模拟软件简介

模块三和模块四的学习更加注重理论与实际相结合,如果能在此阶段同步学习实际的飞行操纵方法,往往能够加深对飞行理论知识的理解。在理论学习阶段,飞行操纵只能以飞行模拟的方式进行。对于有条件接触专业飞行模拟设备的学生,建议使用经专业认证的飞行模拟机、飞行训练器进行实操练习。对于没有条件接触专业飞行模拟设备的学生,推荐使用 X-Plane、DCS World、Microsoft Flight Simulator、Prepar3D 等高拟真度 PC 端飞行模拟软件学习飞机的操纵方法。这类飞行模拟软件目前已具有非常高的拟真度,可广泛用作飞行技术、航空工程、交通运输等航空类专业的辅助教学工具。

X-Plane、Microsoft Flight Simulator、Prepar3D 三款飞行模拟软件主要模拟民用航空飞行。这些软件几乎囊括了全球的机场、地景、导航数据,能够模拟复杂的天气条件,实现高仿真度飞行环境的模拟。而且这些软件对空气动力学、飞行力学等物理模型进行了较为精确的建模,如图 3.1.1 所示,部分高质量的飞机模组甚至能够模拟驾驶舱内几乎所有的操作,如图 3.1.2 所示,这使普通人也能通过飞行模拟软件了解真正的飞行操作程序。

图 3.1.1　X-Plane 中的 B747-200 型客机

图 3.1.2　模拟驾驶舱内操作

DCS World 主要模拟军用航空器，现有机型主要包括欧美、俄罗斯、中国的各类战斗机、攻击机、教练机、直升机等。DCS World 不仅模拟了航空器的驾驶，如图 3.1.3 所示，还模拟了各类机载武器和传感器的操作，如各类空空导弹、空地导弹、空舰导弹、精确制导炸弹、瞄准吊舱、数据链吊舱、电子干扰吊舱等。因此，DCS World 能够模拟各类军事飞行活动，如护航、拦截、反舰、反跑道、防空压制、近距离空中支援、空中加油、运输等。

图 3.1.3　DCS World 中的苏 -27SK 型战斗机座舱

■ 二、飞行仪表的使用

基本的飞行仪表包括姿态指示器、空速表、气压高度表、垂直速度表、航向指示器、转弯侧滑仪等。

1. 姿态指示器（ADI）

一种基本的陀螺式姿态指示器如图 3.1.4 所示，用于指示飞机的滚转角、俯仰角，可直观地了解飞机在空间中的姿态。姿态指示器的内部有一个陀螺，以及一个与陀螺联动的"姿态球"。

姿态指示器经校准后，陀螺的旋转轴会垂直于水平面。由于陀螺具有定轴性，在飞行过程中，陀螺旋转轴在惯性空间中的指向并不会随着飞机的滚转和俯仰发生变化，陀螺转子的旋转平面会始终与水平面平行。"姿态球"表面标有白色的假想水平线和俯仰角刻度线，假想水平线上方为蓝色，代表"天空"，下方为咖啡色，代表"地面"。

陀螺与姿态球在俯仰方向上是反向联动的。当飞机上仰时，陀螺转子相对于飞机向前翻转，姿态球同步向后翻转，假想水平线向下移动；当飞机下俯时，陀螺转子相对于飞机向后翻转，姿态球同步向前翻转，假想水平线向上移动。

陀螺与姿态球在横滚方向上是正向联动的。当飞机向左滚转时，陀螺转子相对于飞机向右滚转，姿态球同步向右滚转，假想水平线向右旋转；当飞机向右滚转时，陀螺转子相对于飞机向左滚转，姿态球同步向左滚转，假想水平线向左旋转。

在姿态指示器中，有一个固定在表座上的黄色"小飞机"，其两侧的横杆表示机翼，中间的小圆点表示飞机纵轴指向。姿态球因俯仰运动前后翻转时，小圆点会在姿态球上指出飞机的俯仰角。姿态球上的假想水平线因滚转运动左右旋转时，可根据"小飞机"相对于假想水平线的倾斜方向和倾斜程度判断飞机的横滚姿态。

在姿态指示器中，有一个用于指示滚转角的刻度框，刻度框上标记有 0°、10°、20°、30°、45°、60°、90° 刻度线。陀螺与刻度框在横滚方向上是正向联动的，飞机做滚转运动时，刻度框的旋转始终与姿态球的滚转保持同步。在"小飞机"正上方的表盘玻璃上，标有一个指向朝上的黄色空心三角形，当飞机滚转时，表盘玻璃与刻度框会相对旋转。所以，表盘玻璃上的黄色空心三角形会在刻度框上，指出飞机的倾斜方向和滚转角。

2. 空速表

空速表与飞机的全静压系统相连，可以测出动压的大小并给出飞机的指示空速。如图 3.1.5 所示的空速表以"KNOTS"（节）为单位，即海里每小时；白色指针在刻度盘上指出飞机的指示空速。在刻度盘上，标记有白色、绿色、黄色三条弧形带。如果指针指在白色弧形带标记的速度范围内，飞机可以放襟翼飞行，这个速度区间的下限速度（55 kn[①]）为襟翼放下时的失速速度，上限速度（130 kn）为允许放襟翼的最大速度。绿色弧形带标记的是襟翼收上时的正常速度范围，这个速度区间的下限速度（约 57 kn）为襟翼收上时飞机的失速速度，上限速度（145 kn）为飞机在乱流中允许达到的最大速度。黄色弧形带标记的是速度警示区（145～200 kn），当飞机在该速度区间飞行时，乱流可能会导致瞬时载荷过大，造成飞机的结构损伤，因此，飞机只能在平稳的气流中进入这个速度区间，且速度指针最大不能超过黄色弧形带标记的上限速度（200 kn）。

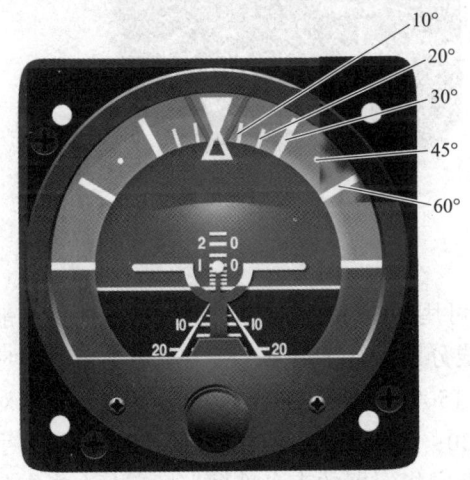

图 3.1.4　陀螺式姿态指示器

图 3.1.5　空速表

3. 气压高度表

气压高度表与静压管相连，可测出大气静压，并给出飞机的气压高度。如图 3.1.6 所示的气压高度表以"FEET"（英尺）为单位，表盘面上标有带数字的大刻度和不带数字的

---

① 1 kn = 1.852 km/h。

小刻度。细长指针每顺时针旋转一个大刻度，表示气压高度上升 10 ft[①]；长指针每顺时针旋转一个大刻度，表示气压高度上升 100 ft；短指针每顺时针旋转一个大刻度，表示气压高度上升 1 000 ft。当短指针顺时针转过一圈后，出现黑白条纹指示旗，表示气压高度超过了 10 000 ft。该气压高度表的最大指示高度为 20 000 ft。在大刻度 2、3 之间的小窗口内有一个刻度盘，右侧的小箭头会在刻度盘上指出当前基准海平面气压所对应的英寸水银柱高度。如图 3.1.6 所示的气压高度表将基准气压设置为标准海平面气压（29.92 inHg[②]），给出的气压高度为 16 501 ft。

4. 垂直速度表

垂直速度表用于指示飞行器的气压高度变化率。如图 3.1.7 所示的垂直速度表以"THOUSAND FT PER MIN"（千英尺每分钟）为单位。表盘的最左边有一条零刻度线，零刻度线上下方标有数字 1、2、3、4 的刻度线，分别对应 1 000 ft/min、2 000 ft/min、3 000 ft/min、4 000 ft/min 的垂直速度，其他刻度线对这些标有数字的刻度线进行了等分，以对应更精确的垂直速度值。当指针指在零刻度线以上时，表示飞机正在爬升；当指针指在零刻度线以下时，表示飞机正在下降。

图 3.1.6　气压高度表

图 3.1.7　垂直速度表

5. 航向指示器

航向指示器主要用于指示磁航向，有时也可用于指示真航向。如图 3.1.8 所示，航向指示器上有 1 个刻度盘：刻度盘上有 4 条刻度线分别标有字母 E、S、W、N，分别对应正东、正南、正西、正北方向；标有 3、6、12、15、21、24、30、33 的刻度线，分别对应航向 030、060、120、150、210、240、300、330；其他刻度线对这些标有字母和数字的刻度线进行等分，以便更加精确地标记航向。航向指示器的表盘玻璃上标有一个指向朝上的"小飞机"，"小飞机"所指的航向会随着刻度盘的转动发生改变。

如图 3.1.8 所示的航向指示器内部有一个陀螺，这种航向指示器也叫作方位陀螺仪，利用陀螺的定轴性测量方位。航向指示器经校准后，陀螺的旋转轴会平行于水平面，随后驾驶员须对照磁罗盘，按压并旋转航向指示器左下角的旋钮，将航向指示器所指的航向调整为飞机的实际磁航向。由于陀螺具有定轴性，当飞机向左偏航时，陀螺转子相对飞机纵

---

① 1 ft=0.305 m。

② 1 inHg=3.386 kPa。

轴向右偏转；当飞机向右偏航时，陀螺转子相对飞机纵轴向左偏转，陀螺转子偏转时带动刻度盘向同一方向同步转动，由此实现航向指示器所指的航向与飞机的实际航向同步。

6. 转弯侧滑仪

转弯侧滑仪由转弯仪和侧滑指示器组成（图3.1.9）。

（1）转弯仪。转弯仪也是一种陀螺式仪表，用于指示飞机的转弯方向和转弯率。当指针正好对齐左（右）两侧的标准转弯刻度时，表明飞机正在以3°/s的标准转弯率向左（右）转弯。需要注意的是，转弯仪并不指示飞机的倾斜程度。

（2）侧滑指示器。侧滑指示器由弧形玻璃管、阻尼液、小球构成。当飞机的侧滑角为零时，横向过载也为零，小球会处于弧形玻璃管两条标线之间的正中央。飞机侧滑时，由于存在横向过载，小球会在惯性的作用下越过标线，向侧滑方向移动。

图 3.1.8　航向指示器

图 3.1.9　转弯侧滑仪

7. 主飞行显示器（PFD）

主飞行显示器的集成化较高，可综合显示飞机的姿态、航向、空速、高度、垂直速度、侧滑指示等信息，如图3.1.10所示。

图 3.1.10　主飞行显示器

115

三、CESSNA 172SP G1000 座舱面板识别

初学者可以首先在飞行模拟软件中尝试驾驶 CESSNA 172 机型，这也是现实中大多数飞行学员驾驶的第一种飞机。CESSNA 172 飞机可搭载 4 人，采用了上单翼设计，机体结构采用全金属材料，起落架为前三点式布局，飞机选用的发动机为莱康明 IO-360 系列风冷式水平对置四缸活塞发动机。在 CESSNA 172 系列飞机中，CESSNA 172SP G1000 的座舱面板布局最为简洁，具有较高的集成化，非常适合初学者学习，如图 3.1.11 所示。

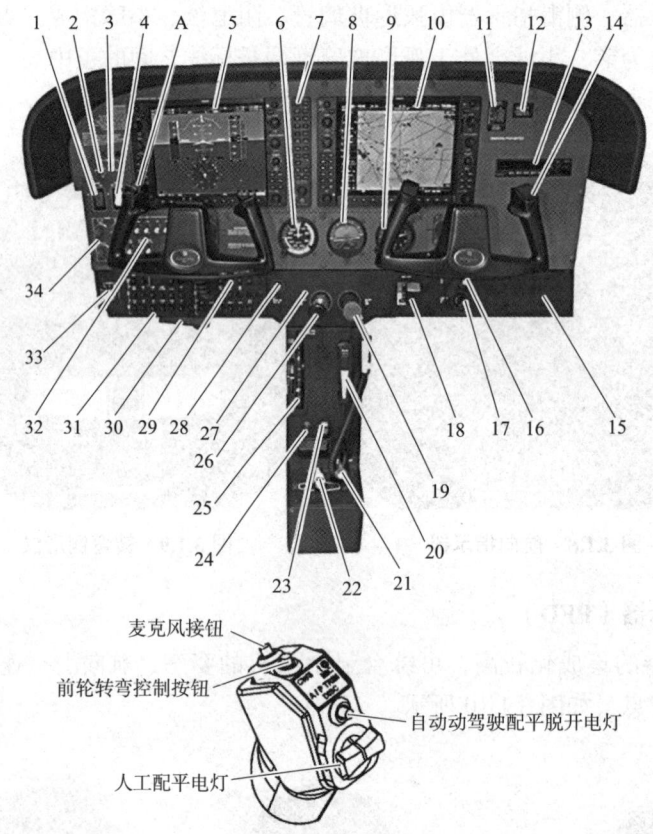

图 3.1.11　CESSNA 172SP G1000 座舱面板

1—发电机主电门、蓄电池主电门（ALT、BAT）；2—备用蓄电池电门；3—备用蓄电池测试指示灯；
4—电子设备开关（BUS1、BUS2）；5—主飞行显示器；6—备用空速表；7—音频控制面板；
8—备用姿态指示器；9—备用高度表；10—多功能显示器；11—应急定位发射机开关/指示器；
12—飞行小时记录器；13—自动定向机（选装）；14—麦克风按钮；15—手套盒；16—座舱加温控制；
17—座舱通气控制；18—襟翼控制手柄和襟翼位置指示器；19—混合比控制杆；20—手持麦克风；
21—燃油关断阀；22—燃油选择阀；23—电源接口（12 V/10 A）；24—辅助音频输入接口；
25—升降舵配平控制手轮和配平位置指示器；26—油门杆；27—复飞按钮；28—备用静压源拉杆；
29—操纵盘固定地图灯；30—停留刹车手柄；31—断路器面板；32—电气设备开关面板；
33—磁电机/起动机钥匙孔；34—亮度调节面板；A—杆头开关示意

四、CESSNA 172SP G1000 开车程序

在学习飞行操纵之前，熟悉飞机的开车程序是十分必要的。以下程序省略了飞行前检

查的详细流程，以便读者快速了解 CESSNA 172SP G1000 飞机的开车操作步骤。

1. 发动机起动前程序

（1）飞行前检查（机下、机上）——完成。

（2）乘客简报——完成。

（3）座椅/安全带——调节/扣好。

（4）停留刹车——测试并设置。

（5）断路器——检查全部闭合。

（6）电气设备开关——检查全部处于关断位。

（7）电子设备开关（BUS1、BUS2）——检查处于关断位。发动机起动时也必须处于关断位，防止瞬时电压过高，损坏电子设备。

（8）燃油选择阀——检查处于 BOTH 位。左右大翼油箱同时给发动机供油。

（9）燃油关断阀——检查处于打开位。全部推入。

2. 发动机起动程序（通过蓄电池起动）

（1）油门杆——前推 1/4 in（大约 6.4 mm）。

（2）混合比控制杆——怠速关断位（完全拉出）。

（3）备用蓄电池电门——按压在"TEST"位保持 20 s，确认绿色的 TEST 指示灯没有熄灭；将电门拨至"ARM"位，确认主飞行显示器开机。

（4）发动机指示（显示在主飞行显示器左侧的中上部分）——检查发动机指示正常，没有红色"×"。

（5）备用蓄电池汇流条电压（BUS E VOLTS，显示在主飞行显示器左侧最底部）——检查不低于 24 V。

（6）主蓄电池汇流条电压（M BUS VOLTS，显示在 BUS E VOLTS 左侧）——检查小于等于 1.5 V。

（7）备用蓄电池负载电流（BAT S AMPS，显示在 BUS E VOLTS 下方）——检查电流值为负（放电）。

（8）备用蓄电池指示框——检查已出现在主飞行显示器右侧（出现 OIL PRESSURE、STBY BATT、LOW VOLTS、LOW VACUUM 字样）。

（9）螺旋桨区域——检查清空无障碍。

（10）发电机主电门、蓄电池主电门——打开。

（11）防撞灯电门（BEACON 电门，位于电气设备开关面板 LIGHTS 区域）——打开。

（12）燃油泵电门（FUEL PUMP 电门，位于电气设备开关面板）——打开。

（13）混合比控制杆——推到全富油位置（推到底）并保持，直到显示稳定的燃油流量（FFLOW GPH，显示在发动机指示区）3~5 s，然后收回至怠速关断位（完全拉出）。

（14）燃油泵电门——关断。

（15）磁电机/起动机钥匙——向右拧至起动位并保持（须保持至起动完成，如果提前松开，钥匙会回弹至 BOTH 位，导致发动机起动失败）。

（16）混合比控制杆——在起动过程中，平稳地前推至富油位。

（17）滑油压力——检查滑油压力在 30 ～ 60 s 增加到 OIL PRES 的绿区（OIL PRES，显示在发动机指示区）。

（18）主蓄电池、备用蓄电池负载电流——检查电流值为正（充电）。

（19）低电压指示（LOW VOLTS，显示在备用蓄电池指示框）——检查未显示。

（20）航行灯电门（NAV 电门，位于电气设备开关面板 LIGHTS 区域）——按需打开。

（21）电子设备开关（BUS1、BUS2）——打开。

GL14　航前准备（一）：转场飞行最小平飞速度测试

🛩 【学习目标】

1. 学习飞机平飞时的作用力及相互关系。
2. 掌握飞机最小平飞速度的概念与计算方法。
3. 掌握不同空速的定义及应用场合。
4. 学习不同高度所对应的空气密度的查询方法。
5. 养成严慎细实的职业素养。
6. 培养航空报国、航空强国的精神。

GL14 航前准备（一）转场飞行最小平飞速度测试

Part 1　问题导入

第二模块的内容中已经详细介绍了大型固定翼无人机的基本结构和空气动力学的知识，结合已学习内容，回答下列问题，并将答案写在空白处。

1. 飞机在空中沿哪几个轴运动？沿这些轴的运动分别叫作什么？

2. 控制这些运动的舵面分别是什么？飞行员是怎样控制这些舵面的？

Part 2　任务描述

【典型工作任务】

某大型固定翼无人机需要按照实验试飞科目要求，完成从自贡通用机场，到广汉机场的转场飞行测试。根据航路管制要求，途中需要在某融合空域 4 000 ft 的高度，以最小平飞速度运行测试其飞行包线，请根据相关参数计算出其平飞速度。

小知识

广汉机场位于四川省广汉市，是中国民航飞行学院广汉分院训练专用机场，也是世界上规模最大、等级最高的训练专用机场。ICAO 代码为 ZUGH。广汉机场始建于抗日战争后期，由当时的国民政府征召四川百姓修筑完成。由于缺乏铺筑跑道道面的大型工程机械，广大百姓不等不靠，发挥愚公移山精神，不怕苦、不怕累，用人力拖动花岗石凿出的巨大石碾，碾平场地（图 3.2.1），仅凭血肉之躯就在短时间内建成了一座可供大型轰炸机起降的机场,为夺取抗日战争的最终胜利,做出了巨大贡献,后世称为"石碾精神"。

图 3.2.1　中国人民用石碾铺筑四川广汉机场跑道

2015 年 9 月 2 日上午,中国民航飞行学院隆重举行纪念中国人民抗日战争暨世界反法西斯胜利 70 周年暨石碾广场揭幕仪式,并将国家一级文物——当年使用的石碾,捐赠给中国人民抗日战争纪念馆。石碾中所凝聚的中华民族不畏强敌、不怕牺牲的精神,必将永远激励中国人民奋勇前行。

石碾铸魂,丰碑永存!

小作业:谈谈你对石碾精神的理解。

Part 3　知识储备

■ 一、平飞的概念

固定翼无人机做等高、等速的直线飞行称为平飞,平飞是固定翼无人机一种主要的飞行状态。判断平飞状态,除了基本的目视观察,还要参考各个飞行仪表的指示和参数。

请思考:如何通过飞行仪表,判断飞机是否处于平飞状态?

飞机平飞时,应满足等高、等速两个条件。要判断飞机是否处于平飞状态,首先要观察垂直速度表的指针有没有指在零刻度位,如果指针上偏或下偏,说明飞机的气压高度正在发生变化;与此同时,还要观察空速表,确保指示空速不变,如果指示空速在不断变化,就需要操纵升降舵或调节俯仰配平,才能保持高度不变。飞机平飞时的仪表指示如图 3.2.2 所示。

120

图 3.2.2 飞机平飞时的仪表指示

■ 二、平飞的作用力

如图 3.2.3 所示,当无人机平飞时,会受到 4 个力的作用,即升力 L、重力 W、拉力 P 和阻力 D。由于飞机平飞时各作用力对重心的合力矩为零,可看作升力、重力、拉力、阻力都通过重心。如果要保持等速平飞,须满足平飞运动方程

$$\begin{cases} L = W \\ P = D \end{cases} \quad (3.2.1)$$

根据平飞运动方程,当升力等于重力时,无人机的高度不变;如果升力大于重力,则飞行轨迹会向上弯曲;如果升力小于重力,则飞行轨迹会向下弯曲。在无人机飞行形态不发生改变的情况下,升力的变化通常是迎角或空速发生变化导致的,所以在等速平飞时,飞行姿态和发动机转速要保持稳定。拉力等于阻力,是飞行速度保持不变的前提,如果拉力大于阻力,飞行速度增加,升力增大,飞行轨迹会向上弯曲;如果拉力小于阻力,飞行速度降低,升力减小,飞行轨迹会向下弯曲。

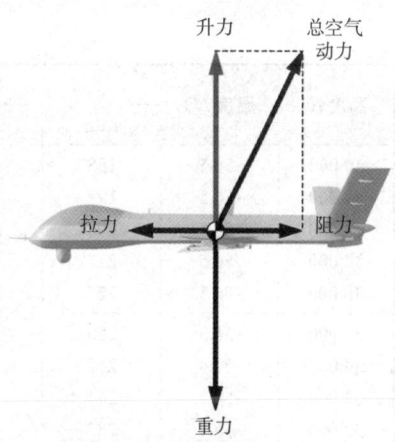

图 3.2.3 无人机平飞时的受力

■ 三、平飞所需速度

无人机在某一质量、形态、迎角、飞行高度下,维持平飞所对应的速度,称为平飞所需速度,用 V_{LVL} 表示,其表达式为

$$V_{\text{LVL}} = \sqrt{\frac{2W}{C_L \rho S}} \qquad (3.2.2)$$

（1）影响平飞所需速度的主要因素是什么？

根据平飞所需速度表达式，在给定高度下，无人机的质量和升力系数 C_L 是影响平飞所需速度的主要因素。无人机质量越大，平飞所需速度越大；升力系数越大，平飞所需速度越小。其中，升力系数与无人机的形态和迎角大小有关。在给定形态下，如果不超过临界失速迎角，那么迎角越大，升力系数就越大。在正常的飞行速度范围内，不同的速度对应着不同的平飞所需迎角，通常速度越小，平飞所需迎角越大，如图 3.2.4 所示。

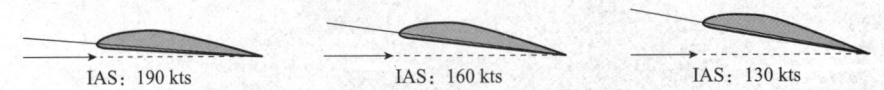

图 3.2.4 不同速度对应的不同飞机迎角

（2）飞行高度与平飞所需速度的关系是什么？

根据平飞所需速度表达式，空气密度越小，平飞所需速度越大。由于空气密度的大小会随着海拔的上升而减小，因此平飞所需速度会随着海拔的上升而增大。

Part 4　任务实施

已知某大型固定翼飞机目前处于 4 000 ft 高度（ISA0），已知其质量为 2 450 lb（1 lb=0.454 kg），机翼面积为 174 平方英尺（1 平方英尺 =0.092 9 m²），请计算其平飞所需速度。

解答指导：

已知 1 lb = 0.454 kg，1 ft² = 0.09 m²，该型无人机升力系数 C_L=1.23，由前序知识可知 ρ_0 = 1.225 kg/m³。根据表 3.2.1 查询可知，飞行高度 4 000 ft 的空气密度是 ISA0 时的 0.888 1 倍，由此可得其为 1.087 9 kg/m³，代入式（3.2.2）即可得出结果。

表 3.2.1　资料表

高度 /ft	温度 /℃	压力 hPa	压力 PSI	压力 InHg	压力比值 $\delta=P/P_0$	密度比值 $\sigma=\rho/P_0$	声速 / 节	高度 /m
40 000	-56.5	188	2.72	5.54	0.185 1	0.246 2	573	12 192
39 000	-56.5	197	2.58	5.81	0.194 2	0.258 3	573	11 887
38 000	-56.5	206	2.99	6.10	0.203 8	0.271 0	573	11 582
37 000	-56.5	217	3.14	6.40	0.213 8	0.284 4	573	11 278
36 000	-56.3	227	3.30	6.71	0.224 3	0.298 1	573	10 973
35 000	-54.3	250	3.63	7.38	0.235 3	0.309 9	576	10 668
34 000	-52.4	262	3.80	7.74	0.246 7	0.322 0	579	10 363
33 000	-50.4	274	3.98	8.11	0.258 6	0.334 5	581	10 058
32 000	-48.4	287	4.17	8.49	0.270 9	0.347 3	584	9 754
31 000	-46.4	238	3.46	7.04	0.283 7	0.360 5	586	9 449
30 000	-44.4	301	4.36	8.89	0.297 0	0.374 1	589	9 144
29 000	-42.5	315	4.57	9.30	0.310 7	0.388 1	591	8 839
28 000	-40.5	329	4.78	9.73	0.325 0	0.402 5	594	8 534
27 000	-38.5	344	4.99	10.17	0.339 8	0.417 3	597	8 230
26 000	-36.5	360	5.22	10.63	0.355 2	0.432 5	599	7 925

续表

高度 /ft	温度 /℃	压力 hPa	压力 PSI	压力 InHg	压力比值 $\delta=P/P_0$	密度比值 $\sigma=\rho/P_0$	声速 / 节	高度 /m
25 000	-34.5	393	5.70	11.60	0.371 1	0.448 1	602	7 620
24 000	-32.5	410	5.95	12.11	0.387 6	0.464 2	604	7 315
23 000	-30.6	428	6.21	12.64	0.404 6	0.480 6	607	7 010
22 000	-28.6	446	6.47	13.18	0.422 3	0.497 6	609	6 706
21 000	-26.6	376	5.45	11.10	0.440 6	0.515 0	611	6 401
20 000	-24.6	466	6.75	13.75	0.459 5	0.532 8	614	6 096
19 000	-22.6	485	7.04	14.34	0.479 1	0.551 1	616	5 791
18 000	-20.7	506	7.34	14.94	0.499 4	0.569 9	619	5 406
17 000	-18.7	527	7.65	15.57	0.520 3	0.589 2	621	5 182
16 000	-16.7	549	7.97	16.22	0.542 0	0.609 0	624	4 877
15 000	-14.7	595	8.63	16.89	0.564 3	0.629 2	626	4 572
14 000	-12.7	619	8.99	17.58	0.587 5	0.650 0	628	4 267
13 000	-10.8	644	9.35	18.29	0.611 3	0.671 3	631	3 962
12 000	-8.8	670	9.27	19.03	0.636 0	0.693 2	633	3 658
11 000	-6.8	572	8.29	19.79	0.661 4	0.715 6	636	3 353
10 000	-4.8	697	10.10	20.58	0.687 7	0.738 5	638	3 048
9 000	-2.8	724	10.51	21.39	0.714 8	0.762 0	640	2 743
8 000	-0.8	753	10.92	22.22	0.742 8	0.786 0	643	2 438
7 000	+1.1	782	11.34	23.09	0.771 6	0.810 6	645	2 134
6 000	+3.1	812	11.78	23.98	0.801 4	0.835 9	647	1 829
5 000	+5.1	843	12.23	24.90	0.832 0	0.861 7	650	1 524
4 000	+7.1	875	12.69	25.84	0.863 7	0.888 1	652	1 219
3 000	+9.1	908	13.17	26.82	0.896 2	0.915 1	654	914
2 000	+11.0	942	13.67	27.82	0.929 8	0.942 8	656	610
1 000	+13.0	977	14.17	28.86	0.964 4	0.971 1	659	305
0	+15.0	1 013	14.70	29.92	1.000 0	1.000 0	661	0
-1 000	+17.0	1 050	15.23	31.02	1.036 6	1.029 5	664	-305

Part 5 任务小结

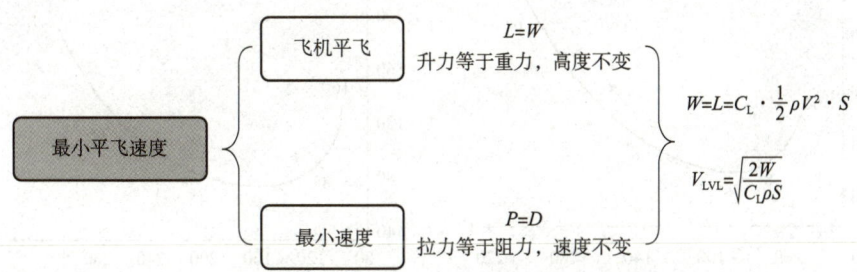

Part 6 任务拓展

在本次任务中计算得出了某大型固定翼无人机在指定空域、指定高度的最小平飞速度，根据第二模块学习的相关理论知识，飞机的速度分为真空速（TAS）、指示表速（IAS）、校正空速（CAS）和当量空速（EAS）。请思考并回答下列问题：

123

1. 此次计算得出的最小平飞速度属于上述速度中的哪种？

2. 这四种速度分别用于飞行中的哪些环节？它们的计算依据是什么？有哪些区别？

Part 7　课后思考

思考并回答下列问题。

1. 无人机平飞时的舵面空气动力学效应是什么？

2. 无人机地面站中的操纵盘（杆）和舵面的位置对应关系是什么？

3. 预习：平飞拉力曲线和平飞功率曲线（图 3.2.5、图 3.2.6）。

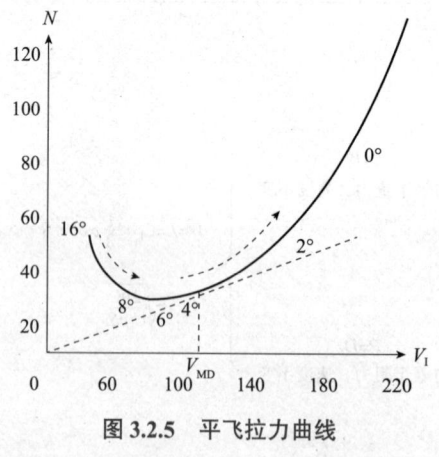

图 3.2.5　平飞拉力曲线

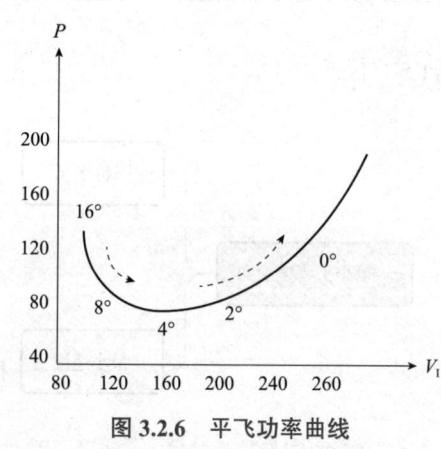

图 3.2.6　平飞功率曲线

GL15　航前准备（二）：任务规划——最大航时／航程规划

【学习目标】

1. 学习并了解巡航的概念。
2. 掌握久航高度与长航高度的定义。
3. 学习飞机质量、飞行高度，以及所处风向对于航程的影响。
4. 学会计算平飞所需功率。
5. 养成严慎细实的职业素养。
6. 培养航空报国、航空强国的精神。

Part 1　问题导入

在上一个学习单元中已经详细介绍了计算大型固定翼无人机最小平飞速度的知识，结合已学习内容回答下列问题，并将答案写在空白处。

1. 影响平飞所需速度的主要因素是什么？

2. 飞行高度与平飞所需速度的关系是什么？

Part 2　任务描述

某外贸用户计划使用我国出口的察打一体大型无人机遂行一次远程奔袭作战，因对装备参数性能不熟悉，特向我方技术人员求助如何通过任务规划，使装备发挥其最大航程。

装备简介：

某大型固定翼无人机系统是航空工业研制的一型国产涡桨动力大型无人机系统，具备全天时、全天候、全疆域作战能力（图 3.3.1）。

某大型固定翼无人机系统于 2012 年开

图 3.3.1　某大型固定翼无人机

始研制，2017年2月27日首飞成功。某大型固定翼无人机具有先进的气动布局、机体结构、机载系统，选用大功率动力系统，大幅度提高了无人机平台飞行性能、载荷装载能力、多传感器综合能力、武器挂载能力和数据传输与控制能力，具备多样的任务拓展能力，可满足复杂使用环境下的多种任务需求，经历了高强度、复杂环境、强对抗实战考验。

某大型固定翼无人机系统最大飞行时速370 km/h，最大起飞重量4.2 t，外挂能力480 kg，最大续航时间20 h，可搭载多种任务载荷，包括光电探测吊舱、合成孔径雷达、通信侦察设备、电子战设备等，还可挂载多种空地精确打击武器，包括AG-300M和AG-300L两种反坦克导弹。

Part 3 知识储备

一、巡航的相关概念

巡航性能主要与无人机的航程和航时有关。
航程是指无人机耗尽其可用燃油，沿预定方向所飞过的水平距离。
航时是指无人机耗尽其可用燃油，在空中所能持续飞行的时间。

二、远航速度

能够获得最长平飞航程的速度称为远航速度。
平飞航程与海里耗油量有关，海里耗油量越少，则平飞航程越远。
如果不考虑速度对燃油消耗率和螺旋桨效率的影响，远航速度等于平飞最小阻力速度V_{MD}。平飞最小阻力速度V_{MD}是无人机在有利迎角（即最大升阻比迎角）下对应的平飞所需速度，平飞时无人机保持该速度飞行产生的阻力D_{LVL}最小，由于平飞时无人机的拉力P_{LVL}与阻力D_{LVL}满足关系$P_{LVL} = D_{LVL}$，因此阻力最小时，所需的拉力最小，做同样的功经过的距离最远。如图3.3.2所示，当速度低于V_{MD}时，无人机受到的阻力以诱导阻力D_i为主，速度越小，平飞所需迎角越大，诱导阻力越大；当速度高于V_{MD}时，无人机受到的阻力以零升阻力D_0为主，速度越大，空气动压越大，零升阻力越大。

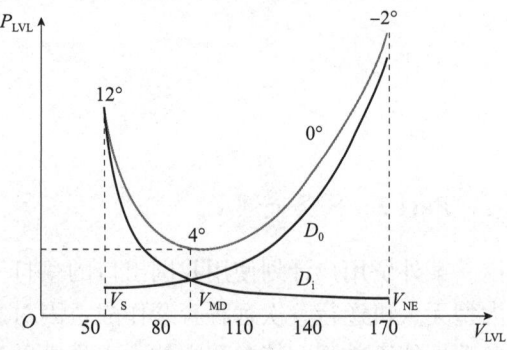

图3.3.2 平飞所需拉力、零升阻力、诱导阻力随速度变化的规律

三、远航高度

能够获得最远平飞航程的高度称为远航高度。螺旋桨无人机的远航高度一般在低空获

得；喷气式无人机的远航高度一般在高空获得。在给定油量下，无人机的载重越大，航程越短；在给定载重下，无人机的油量越多，航程越长。

在给定空速下，顺风飞行，地速增大，海里燃油消耗量减小，平飞航程增长；逆风飞行则相反。

■ 四、久航速度

想一想：获得最长平飞航时的方法是什么？

平飞航时与小时耗油量有关，小时耗油量越小，平飞航时就越长。能够获得最长平飞航时的平飞速度称为久航速度，如果不考虑速度对燃油消耗率和螺旋桨效率的影响，久航速度等于平飞最小功率速度 V_{MP}。

在零升迎角和最大升力系数迎角（临界失速迎角）之间，每一个迎角都有一个对应的平飞所需速度。迎角越小，平飞所需速度越大，但最大不能超过无人机的最大限速 V_{NE}；迎角越大，平飞所需速度越小，无人机在最大升力系数迎角下对应的平飞所需速度最小（为失速速度 V_S）。无人机以不同的速度平飞会受到不同的阻力，克服这个阻力所需的拉力，就是平飞所需拉力 P_{LVL}。

根据功率的定义，平飞所需功率 N_{LVL} 的大小就是平飞所需拉力 P_{LVL} 与平飞所需速度 V_{LVL} 的乘积，即

$$N_{LVL} = P_{LVL} \cdot V_{LVL} \quad (3.3.1)$$

如图 3.3.3 所示，平飞所需功率从失速速度 V_S 到最大限速 V_{NE} 的变化通常为先减小后增大，平飞所需功率最小时对应的速度为平飞最小功率速度 V_{MP}，飞机以这个速度飞行燃油消耗得最慢，可获得较长的航时，这个速度一般通过试飞获得。

平飞所需拉力的大小为平飞所需功率和平飞所需速度的比值。当平飞所需拉力最小时，其大小可以用平飞所需功率曲线过点 O 的切线 Oa 的斜率表示，切点 a 对应的速度刚好是平飞最小阻力速度 V_{MD}，如图 3.3.4 所示。

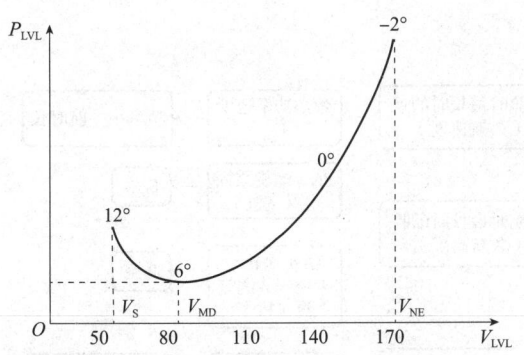

图 3.3.3 平飞所需功率随速度变化的规律

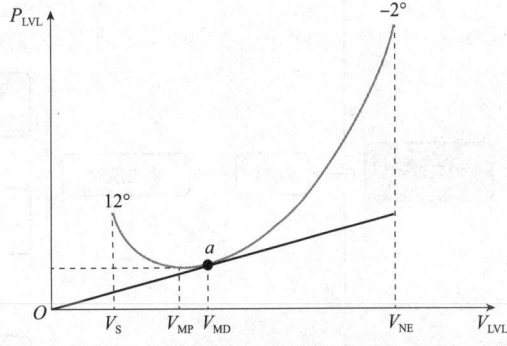

图 3.3.4 平飞所需最小拉力

如图 3.3.5 所示，平飞最小功率速度 V_{MP} 小于平飞最小阻力速度 V_{MD}。V_{MP} 与平飞所需功率曲线上的点 b 对应，过点 b 作直线 Ob，其斜率的大小为无人机保持速度 V_{MP} 平飞时所需的拉力。直线 Ob 的斜率要大于切线 Oa 的斜率，因此，无人机的平飞所需拉力从速

度 V_{MP} 到速度 V_{MD} 不断减小，尽管在这个过程中，平飞所需功率不断增大。

综上所述，当无人机的速度小于 V_{MP} 时，速度越小，所需功率越大；当无人机的速度从 V_{MP} 增加到 V_{MD} 时，虽然所需功率会增大，但是阻力会继续减小；当无人机的速度大于 V_{MD} 时，速度越大，所需功率越大，阻力也越大。

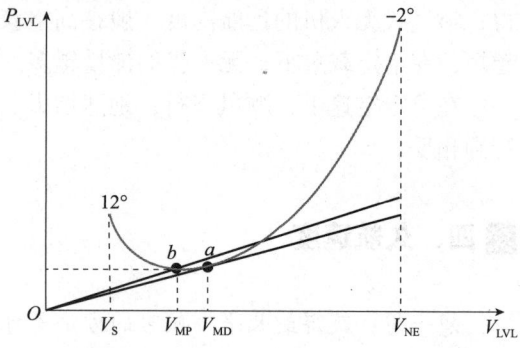

图 3.3.5　平飞最小功率拉力与平飞最小拉力

■ 五、久航高度

能够获得最长平飞航时的飞行高度称为久航高度。螺旋桨无人机的久航高度一般在低空获得；喷气式无人机的久航高度一般在高空获得。在给定油量下，无人机的载重越大，航时越短；在给定载重下，无人机的油量越多，航时越长。

Part 4　任务实施

应该如何选择飞行速度，从而获得我外贸机型的最大航时或最大航程？

解答指导：

平飞航时最长的速度被称为久航速度，通常久航速度等于最小功率速度 V_{MP}；平飞航程最长的速度被称为远航速度，通常远航速度等于 V_{MD}。这两个参数可在机型随机手册及电子飞行包（EFB）中获取，结合修正海压、飞行高度等参数，即可确定飞行速度。

Part 5　任务小结

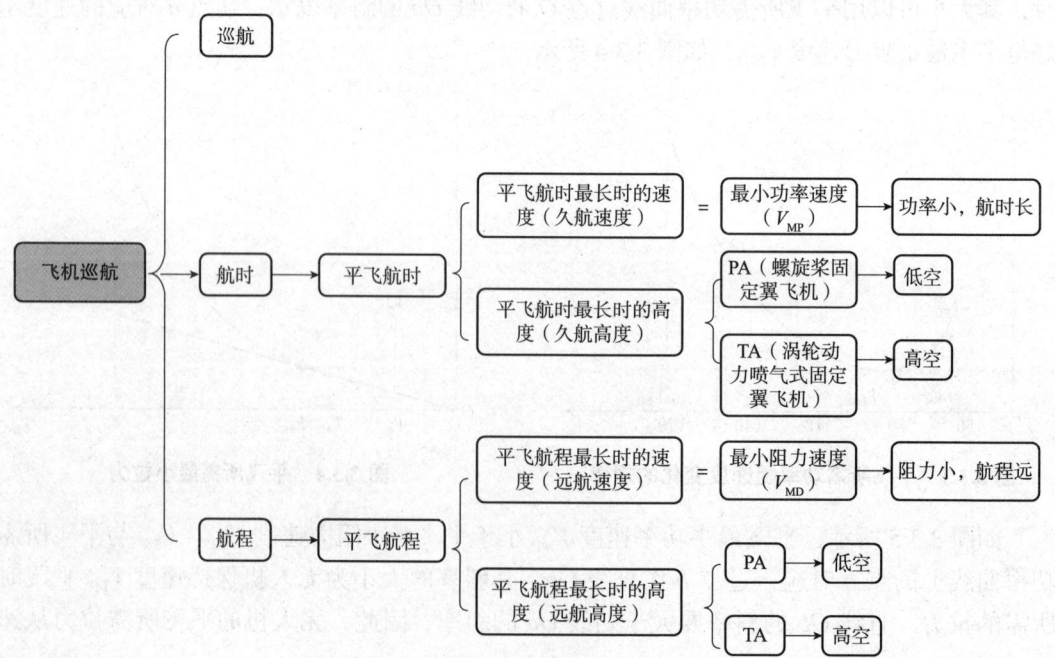

Part 6　任务拓展

高空长航时无人机通常采用怎样的气动布局？

Part 7　课后思考

思考并回答下列问题：
1. 巡航时某大型固定翼无人机地面站 PFD 和 ND 主要显示哪些信息？状态如何？

2. 大型固定翼飞机的巡航性能主要关注什么？

GL16　航前准备（三）：计算无人机起飞时上升梯度

✈ 【学习目标】

1. 掌握无人机上升时的作用力。
2. 了解上升运动方程。
3. 掌握上升梯度的计算方法。
4. 掌握陡升速度与快升速度的选择方法。
5. 养成严慎细实的职业素养。
6. 培养航空报国、航空强国的精神。

GL16 航前准备
（三）计算飞机起飞
时上升梯度

Part 1　问题导入

结合已学习内容，回答下列问题，并将答案写在空白处。
请问无人机平飞时的作用力及所需速度的表达式是什么？

Part 2　任务描述

某型固定翼察打一体大型无人机从某机场 32 跑道起飞。根据管制要求，无人机需要以 50 kn 在 40 s 内到达距机场 1 000 ft 高度，请计算出其上升梯度（图 3.4.1）。

图 3.4.1　上升梯度

> 小 知 识
>
> 1950 年 10 月开始的抗美援朝战争，是中华人民共和国成立之初，帝国主义侵

略者强加给中国人民的一场战争，是中国人民为了支援朝鲜人民，反抗美国武装侵略、保卫中国国家安全、维护东方与世界和平，进行的一场反侵略的正义战争。

在这场战争中，志愿军空军指战员坚决听从党的指挥，胸怀保家卫国的坚定信念，发扬"空中拼刺刀"精神，边打边建，边打边练，不畏强敌，奋勇作战，沉重打击了不可一世的美国空军。在掩护重要目标安全、保障后方交通运输线、配合停战谈判，以及支援地面部队作战等方面，作出了重大贡献，涌现出一批功勋卓著的战斗英雄，书写了以弱胜强、可歌可泣的英雄史诗（图3.4.2）。

抗美援朝空中作战是世界历史上第一次大规模喷气式飞机作战，经过现代战争锻炼，人民空军不断发展壮大，技术和战术水平显著提高，为后来人民空军的建设发展奠定了坚实基础。

图3.4.2 中国人民志愿军空军在朝鲜战场陌生机场前执行空中掩护任务

Part 3　知识储备

一、上升的概念

无人机沿倾斜向上的轨迹飞行叫作上升，上升是无人机获得高度的基本方法。

想一想：飞机做等速直线上升时，仪表如何指示？

如图3.4.3所示，飞机做等速直线上升时，各仪表的指示如下：

（1）垂直速度表的指针稳定地指在零刻度上方的某一位置。

（2）气压高度表上的各个指针均顺时针旋转，单位越小的指针，旋转得越快。

（3）姿态指示器上的"小飞机"指在一个正的俯仰角，且无倾斜。

（4）转弯侧滑仪显示飞机转弯率为零，且无侧滑。

（5）空速表指针所指数值，稳定不变。

（6）航向指示器的刻度盘无旋转。

综上，要判断飞机是否处在等速直线上升状态，必须确定：

（1）飞机做等速直线飞行。

（2）飞行轨迹倾斜向上。

（3）飞机不带坡度和侧滑。

图 3.4.3　飞机做等速直线上升时的仪表指示

二、上升时的作用力

无人机做等速直线上升时，受到升力 L、重力 W、拉力 P、阻力 D 四个力的作用。由于无人机保持姿态不变，各作用力对重心的合力矩为零，因此可看作这四个力都通过重心。

如图 3.4.4 所示，当无人机上升时，拉力（P）须克服阻力（D）与重力在纵轴方向上的分力（W_x）之和；升力（L）须克服重力在立轴方向上的分力（W_y）。要保持等速直线上升状态，无人机的运动必须满足下列运动方程：

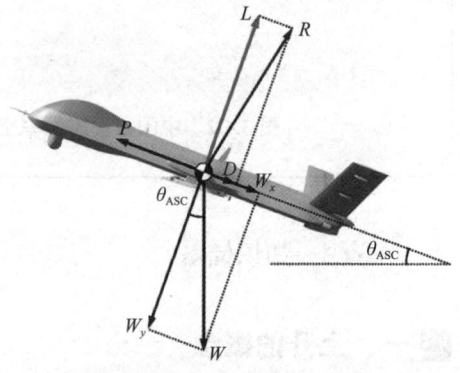

图 3.4.4　无人机上升时的受力分解示意

$$\begin{cases} L = W_y = W \cdot \cos\theta_{\text{ASC}} \\ P = W_x + D = W \cdot \sin\theta_{\text{ASC}} + D \end{cases} \quad (3.4.1)$$

根据上述运动方程，无人机做等速直线上升时，拉力比平飞时大，升力比平飞时小。

三、上升所需速度

无人机做等速直线上升的所需速度为

$$V_{ASC} = \sqrt{\frac{2W \cdot \cos\theta_{ASC}}{C_L \rho S}} = V_{LVL} \cdot \sqrt{\cos\theta_{ASC}} \quad (3.4.2)$$

注：上升角较小时，V_{ASC} 与 V_{LVL} 近似相等，可用平飞拉力曲线分析上升性能。

四、上升性能

描述上升性能的主要参数有上升梯度、上升角、上升率、理论升限、陡升速度、快升速度。相关概念说明如下。

（1）上升梯度。无人机上升的高度与前进的水平距离之比，即 $\tan\theta_{ASC}$。

（2）上升角。无人机上升轨迹与水平面的夹角，用 θ_{ASC} 表示，如图 3.4.4 所示。

根据图 3.4.4，可得

$$\sin\theta_{ASC} = \frac{W_x}{W} = \frac{P-D}{W} = \frac{\Delta P}{W} \quad (3.4.3)$$

式中 ΔP——剩余拉力。

在给定质量下，剩余拉力越大，上升角越大；在给定剩余拉力下，无人机质量越轻，上升角越大。

在坐标系内同时绘制出平飞所需拉力曲线和可用拉力曲线，可以表示出无人机以不同速度平飞时的最大剩余拉力，如图 3.4.5 所示。

给定质量、形态、迎角，高度越大，空气密度越小，保持平飞所需的真空速越大，但所需的指示空速是不随高度发生改变的，这是因为无人机保持平飞所需的空气动力不随高度发生变化，而指示空速反映的就是空气动力（动压）的大小。综上所述，无人机平飞所需拉力曲线并不会随高度发生变化，但是高度上升时，空气密度减小会导致可用拉力减小，造成可用拉力曲线下移，因此，最大剩余拉力会随着高度的上升而减小。剩余拉力减小时，最大上升角会减小，最大上升梯度也会减小。

（3）上升率。无人机在单位时间内上升的高度，用 V_{yASC} 表示，单位为英尺/分钟（ft/min）或米/秒（m/s）。结合图 3.4.4，可得无人机的上升率为

$$V_{yASC} = V_{ASC} \cdot \sin\theta_{ASC} = V_{ASC} \cdot \frac{\Delta P}{W} = \frac{\Delta N}{W} \quad (3.4.4)$$

式中 ΔN——剩余功率。

根据式（3.4.4），当无人机质量一定时，剩余功率越大，上升率越大；如果给定剩余功率，无人机质量越轻，上升率越大。

在坐标系内，同时画出平飞所需功率曲线和可用功率曲线，可以表示出无人机以不同速度平飞时的最大剩余功率，如图 3.4.6 所示。

给定质量、形态、迎角，由于高度上升时保持平飞所需的真空速会增大，使得平飞所需功率增大，因此，平飞所需功率曲线会随着高度的上升而上移。随着高度的上升，可用功率减小，可用功率曲线下移。综上所述，当无人机高度上升时，最大剩余功率减小，导致最大上升率减小，如图 3.4.7 所示。

（4）理论升限。无人机获得上升角的条件是存在剩余拉力。当高度上升至可用拉力曲线与平飞所需拉力曲线相切时，最大剩余拉力为零，无人机的动力最多只能维持平飞，如

果高度继续上升，则无人机将无法维持平飞状态。这个最大剩余拉力为零的高度就是无人机的理论升限，如图 3.4.8 所示。

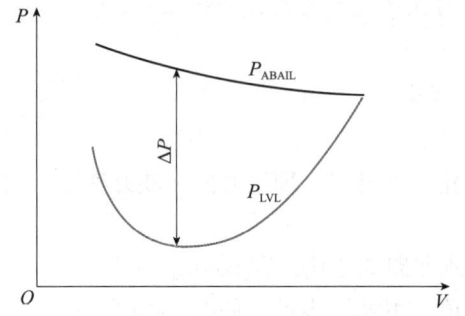

图 3.4.5　无人机以不同速度平飞时的最大剩余拉力

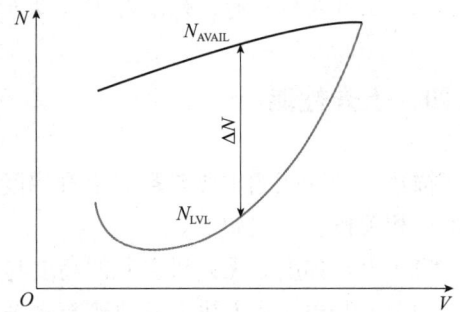

图 3.4.6　无人机以不同速度平飞时的最大剩余功率

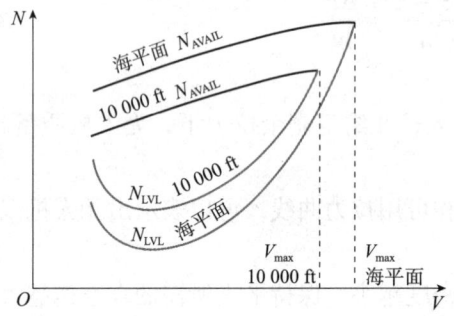

图 3.4.7　不同高度下的平飞所需功率曲线和可用功率曲线

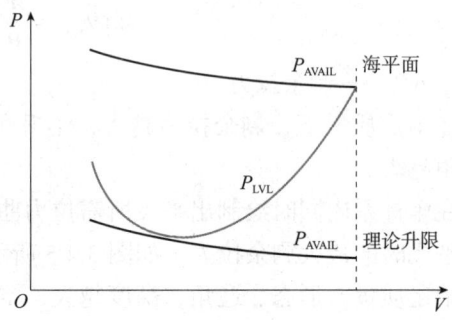

图 3.4.8　不同高度下的平飞所需拉力曲线和可用拉力曲线

如果增大无人机的重量，则需要更大的空气动力才能产生足够的升力保持平飞，因此当重量增大时，平飞所需拉力曲线上移，理论升限降低。

（5）陡升速度 V_X：能够使无人机获得最大上升角的速度，所以也称为最大爬升角速度，这个速度一般通过试飞获得。当剩余拉力达到最大时，无人机的上升角最大。要操纵无人机获得最大的上升角，应将油门推到最大，然后控制无人机的俯仰姿态，将爬升速度保持在 V_X，这个速度通常可以在机型操作手册中查得。

（6）快升速度 V_Y：能够使无人机获得最大上升率的速度，所以也称为最大爬升率速度，这个速度一般通过试飞获得。当剩余功率 ΔN 达到最大时，无人机的上升率最大。要操纵无人机获得最大上升率，应将油门推到最大，然后控制无人机的俯仰姿态，将爬升速度保持在 V_Y，这个速度通常可以在机型操作手册中查得。

Part 4　任务实施

由于前方有障碍物（土丘），为保证飞行安全，空管要求飞机以 50 kn 在 40 s 内到达距机场 1 000 ft 高度，请计算出其上升梯度。

解答指导：

已知公制单位与英制单位的换算关系为：1 ft = 0.305 m，1 kn = 1.852 km/h，上升梯度是指上升高度与前进水平距离的比值，因此由简单三角函数计算可得上升梯度。

Part 5 任务小结

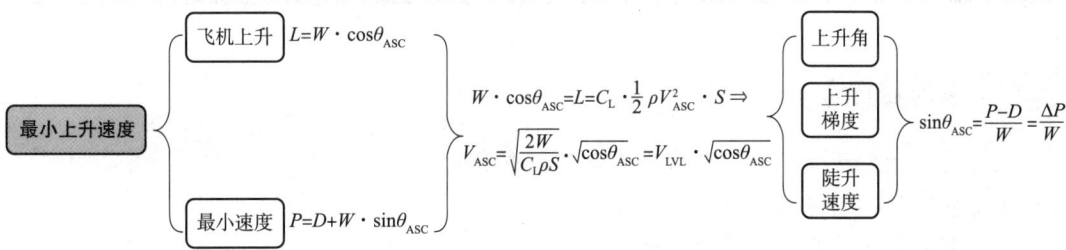

Part 6 任务拓展

1. 无人机上升时受到哪些力的作用？

2. 无人机做等速直线上升时，哪几组力相互平衡？

Part 7 课后思考

通过识读图 3.4.9 所示曲线，找出影响上升角和上升梯度的主要因素。

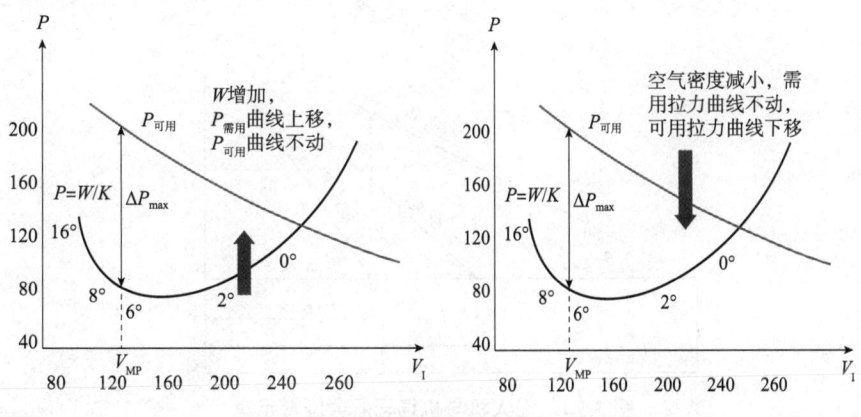

图 3.4.9 课后思考题图

GL17　航前准备（四）：无人机五边进近空停特情处置

:::【学习目标】:::

1. 学习并掌握无人机下降时作用力及其分布情况。
2. 掌握下降运动方程及其运用范围。
3. 掌握计算下降性能参数的方法。
4. 养成严慎细实的职业素养。
5. 培养航空报国、航空强国的精神。

Part 1　问题导入

结合已学习内容，回答下列问题，并将答案写在空白处。

请问无人机做等速直线上升时，各仪表的指示情况是什么？以及判断飞机是否处于等速上升状态的依据是什么？

Part 2　任务描述

某大型固定翼无人机进入长五边后突发空中停车特情，目前可以维持50节的空速，距离地面1 500 ft，静风。前方与机场导航台距离已知（图3.5.1），请计算下降率确保成功备降。

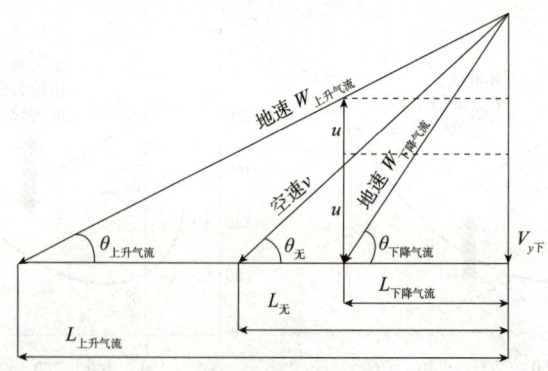

图3.5.1　无人机与机场导航台位置示意

名词解释：

空中停车是指飞机发动机在空中运行过程中，因自身故障或外来物体撞击（鸟、其他飞行器、导弹等）停止工作，导致飞机部分或全部丧失动力来源的情况。这是一种严重的事故征候，如果处置不当，将造成极其惨重的飞行事故。因此，应该在飞机全生命周期加强对发动机的维护与维修,确保发动机在整个生命周期内都处于适航状态。同时,也要加强对于飞行人员空中停车科目的训练,以提升空勤人员对于相关特情处置的能力和水平。

Part 3　知识储备

■ 一、下降的概念

无人机沿倾斜向下的轨迹飞行称为下降,下降是无人机降低高度的基本方法。

想一想:飞机做等速直线下降时,仪表如何指示?

如图 3.5.2 所示,飞机做等速直线下降时,各仪表的指示如下:

(1)垂直速度表的指针稳定地指向零刻度下方的某一位置。

(2)气压高度表上的各个指针均逆时针旋转,单位越小的指针,旋转越快。

(3)姿态指示器上的"小飞机"无倾斜,但是飞机下降时,俯仰角不一定为负,当飞机的迎角较大时,俯仰角可能大于等于零。

(4)转弯侧滑仪显示飞机转弯率为零,且无侧滑。

(5)空速表指针所指的数值稳定不变。

(6)航向指示器的刻度盘无旋转。

综上所述,要判断飞机是否处在等速直线下降状态,必须确定:

(1)飞机在做等速直线飞行。

(2)飞行轨迹倾斜向下。

(3)飞机不带坡度和侧滑。

图 3.5.2　飞机做等速直线下降时的仪表指示

■ 二、下降时的作用力

请讨论:无人机做等速直线下降时,会受到哪些力的作用?

无人机做等速直线下降时,会受到升力 L、重力 W、拉力 P、阻力 D 四个力的作用,由于无人机保持姿态不变,各作用力对重心的合力矩为零,因此可看作这四个力都通过重心。

想一想:根据拉力大小,可将下降分为几种类型?

根据拉力大小,可将下降分为零拉力下降、正拉力下降和负拉力下降三种类型。

1. 零拉力下降

如图 3.5.3 所示,无人机以零拉力做等速直线下降时,阻力(D)由重力(W)在纵轴方向上的分力(W_x)来平衡,重力在立轴方向上的分力(W_y)由升力(L)来平衡,无人机的运动满足下列运动方程:

$$\begin{cases} L = W_y = W \cdot \cos\theta_{DES} \\ D = W_x + D = W \cdot \sin\theta_{DES} + D \end{cases} \quad (3.5.1)$$

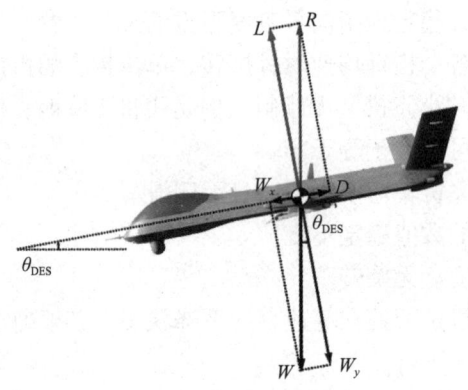

图 3.5.3　无人机以零拉力下降时的受力分解示意

2. 正拉力下降

如图 3.5.4 所示,下降角较小时,重力在纵轴方向上的分力(W_x)不足以克服阻力(D),因此,无人机需要带有一定的正拉力,才能保持等速直线下降状态。无人机带正拉力做等速直线下降时,阻力(D)由重力在纵轴方向上的分力(W_x)与拉力(P)的合力来平衡,重力在立轴方向上的分力(W_y)由升力(L)来平衡,无人机的运动满足下列运动方程:

$$\begin{cases} L = W_y = W \cdot \cos\theta_{DES} \\ D = W_x + P = W \cdot \sin\theta_{DES} + P \end{cases} \quad (3.5.2)$$

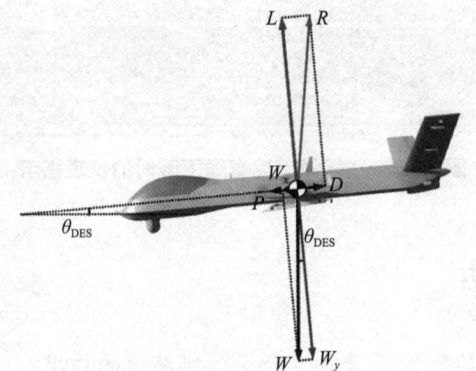

图 3.5.4　无人机带正拉力下降时的受力分解示意

3. 负拉力下降

如果要使无人机以更大的下降角下降，需要让螺旋桨反桨产生负拉力，因为下降角较大时，重力在纵轴方向上的分力（W_x）可能会大于阻力（D），带负拉力下降可以防止速度增加。如图 3.5.5 所示，无人机带负拉力做等速直线下降时，重力在纵轴方向上的分力（W_x）由阻力（D）与负拉力（P）的合力来平衡，重力在立轴方向上的分力（W_y）由升力（L）来平衡，无人机的运动满足下列运动方程：

$$\begin{cases} L = W_y = W \cdot \cos\theta_{\text{DES}} \\ D + P = W_x = W \cdot \sin\theta_{\text{DES}} \end{cases} \quad (3.5.3)$$

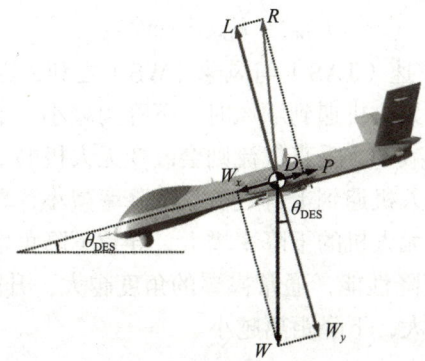

图 3.5.5　无人机带负拉力下降时的受力分解示意

无论是哪种下降类型，要保持直线下降都要满足：

$$L = W_y = W \cdot \cos\theta_{\text{DES}} \quad (3.5.4)$$

因此，保持直线下降所需的速度 V_{DES} 为

$$V_{\text{DES}} = \sqrt{\frac{2W \cdot \cos\theta_{\text{DES}}}{C_L \rho S}} = V_{\text{LVL}} \sqrt{\cos\theta_{\text{DES}}} \quad (3.5.5)$$

三、下降性能

表征无人机下降性能的主要参数有下降角、下降距离、高距比、滑翔比和下降率。

（1）下降角。无人机下降轨迹与水平面的夹角，用 θ_{DES} 表示。

（2）下降距离。无人机从一个高度下降到另一个高度所经过的水平距离，用 l_{DES} 表示。结合下降距离与下降高度，可得出高距比和滑翔比。

（3）高距比。即 $\tan\theta_{\text{DES}}$，无人机下降的高度 ΔH 与下降距离 l_{DES} 的比值，其表达式为

$$\tan\theta_{\text{DES}} = \frac{\Delta H}{l_{\text{DES}}} \quad (3.5.6)$$

（4）滑翔比。滑翔比是一个重要的下降性能参数，直接反映了无人机在无动力状态下的飞行性能，其大小为下降距离 l_{DES} 与下降高度 ΔH 的比值，即 $\cot\theta_{\text{DES}}$，表达式为

$$\cot\theta_{\text{DES}} = \frac{l_{\text{DES}}}{\Delta H} \quad (3.5.7)$$

如图 3.5.3 所示，无人机在无风条件下以零拉力下降时，滑翔比的大小刚好等于升阻比，即

$$\cot\theta_{\text{DES}} = \frac{W_y}{W_x} = \frac{L}{D} = K \quad (3.5.8)$$

因此，在无动力状态下，升阻比越大，下降距离越远。机型操作手册会给出最佳滑翔速度，当无动力下滑时，只要通过俯仰控制将无人机保持在指定速度，就可以使无人机处于有利迎角附近，以获得较高的升阻比。

（5）下降率。无人机在单位时间内下降的高度，用 $V_{y\text{DES}}$ 表示，单位为英尺/分钟（ft/min）或米/秒（m/s）。如图 3.5.2～图 3.5.4 所示，可得无人机的下降率为

$$V_{y\text{DES}} = V_{\text{DES}} \cdot \sin\theta_{\text{DES}} \quad (3.5.9)$$

由于地速（GS）是真空速（TAS）与风速（WS）之和，因此，水平气流会改变无人机的下降角和下降距离。当无人机遇到顺风时，下降角减小，下降距离增大；当遇到逆风时，下降角增大，下降距离减小。垂直气流则会改变无人机的下降率，从而改变无人机的下降角和下降距离。如果无人机遇到上升气流，下降率减小，导致下降角减小，下降距离增大；如果遇到下降气流，无人机的下降率增大，导致下降角增大，下降距离减小。襟翼的位置也会影响无人机的下降性能，通常襟翼的角度越大，升阻比越小，在给定功率下，要保持等速下滑的下降角越大，下降距离越小。

Part 4　任务实施

已知该无人机的空速为 50 kn，高度为 1 500 ft，距离为 20 n mile，求确保安全着陆的下降率。

解答指导：

（1）查一查，公/英制单位的转换。

1 kn = 1.852 km/h

1 ft = 0.305 m

1 n mile = 1.852 km

（2）画一画，下滑道的高距比示意如图 3.5.6 所示。

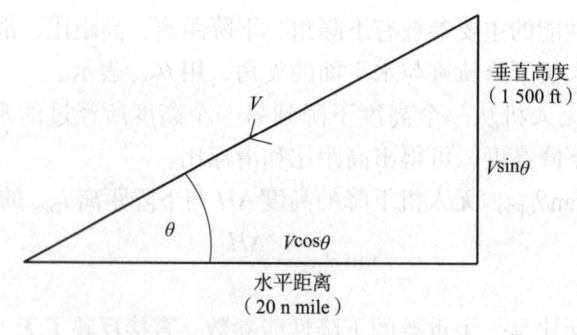

图 3.5.6　高距比示意

（3）算一算，下降率的数值是多少。

Part 5　任务小结

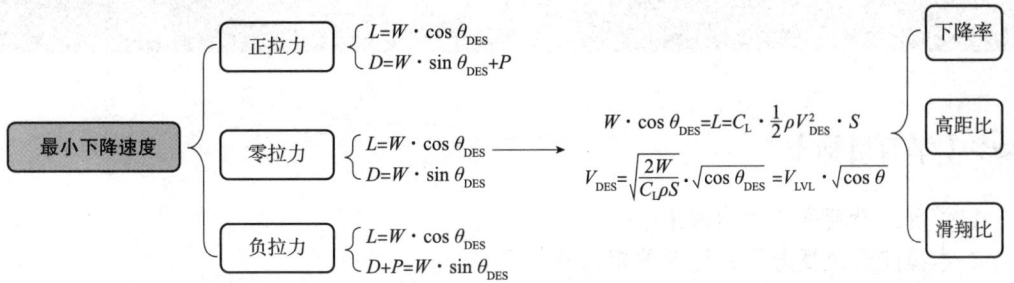

Part 6　任务拓展

影响飞机下降性能的主要因素有哪些？其中风对于下降性能的影响主要体现在哪些场合？

Part 7　课后思考

思考并回答下列问题：

1. 什么是飞机的下降角？影响下降角大小的因素有哪些？

2. 什么是飞机的下降率？影响下降率大小的因素有哪些？

GL18　航前准备（五）：融合空域切换飞行高度层所需参数计算

【学习目标】

1. 了解上升速率的影响因素。
2. 掌握陡升速度与快升速度的定义与区别。
3. 掌握飞行高度层的概念及空中交会基本飞行规则。
4. 掌握查询机型操作手册，确定陡升速度和快升速度范围的方法。
5. 养成严慎细实的职业素养。
6. 培养航空报国、航空强国的精神。

【知识回顾】

如图 3.6.1 所示，找出无人机下降时作用力及下降性能的关系。

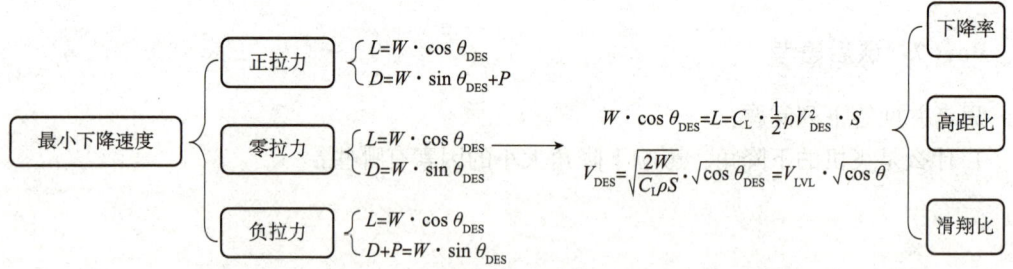

图 3.6.1　下降作用力及下降性能的关系

Part 1　任务描述

如图 3.6.2 所示，为避免大型无人机在融合空域中与民航运输机空中交汇，请遵守空管指令，提前改变飞行高度层，试确定并计算其上升速度。

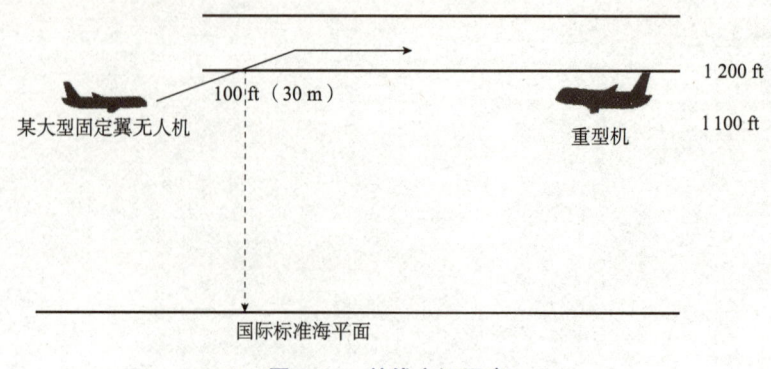

图 3.6.2　航线交汇示意

【场景】

塔台：空域其他用户（代指某大型固定翼无人机），前方有重型机，航线交叉点位于前方 25 n mile 处，请提前 5 nm 上升到 1 200 ft 保持。

空域其他用户（某大型固定翼无人机）：前方有重型机，航线交叉点前方 25 n mile，提前 5 n mile 上升到 1 200 ft 保持，谢谢。

请分析此时某大型固定翼无人机应该选择陡升速度还是快升速度，并计算其速度。

事故案例之致命的交汇点

俄罗斯巴士基尔航空第 2937 次班机（BTC2937），是一架图-154M 型客机，原计划由俄罗斯首都莫斯科飞往西班牙的巴塞罗那。DHL 快递公司第 611 次航班（DHX611），是一架波音 757-200SF 型货机，原航线是从巴林国际机场经意大利的贝加莫国际机场（Aeroporto di Bergamo-Orio al Serio）飞往比利时的布鲁塞尔。两架飞机于（UTC+8）2002 年 7 月 1 日 21 时 35 分，在德国南部康士坦茨湖（Bodensee）畔邻瑞士的城市乌伯林根上空发生相撞。

事发当日，两架班机同在约 11 000 m 的高度，以互相冲突的航道飞行，尽管两机已经进入德国领空，但此地区空域由位于瑞士苏黎世的空管公司"瑞士航空导航服务公司"（Skyguide）负责。当晚瑞士航空导航服务公司空管中心只有空管员彼得·尼尔森一人值班，他同时在两个控制台上进行调度操作，直到空难发生前 1 分钟，他才发现两架班机的航线冲突。

随后，他首先同 BTC2937 次班机取得了联系，通知其飞行员降低高度 300 m，以避免同 DHX611 次班机相撞。

俄方机组依照指挥开始下降高度，但几秒后，飞机的空中防撞系统（TCAS）提示他们将飞机拉高。几乎在同一时刻，另一方 611 次班机上的空中防撞系统提示机组下降飞机高度。如果两架航班上的飞行员都按各自的防撞系统提示操作，即可避免这场灾难。611 次航班遵照防撞系统的提示下降了高度，由于他们将注意力都集中在了雷达屏幕上的 2937 航班，而没有及时将自身状况通知空管员。

在碰撞发生前 8 s，611 次航班的垂降速度已经低于碰撞范围，依照空管的要求达到了每分钟 730 m。而此时另一方的俄国飞行员，则是按照空管员的指示也在继续下降高度，并第二次将他们的磁方位向同一方向又更改了 10 度。

随后，尼尔森再次提示 2937 次班机下降高度，由于事发当晚空管中心的主雷达正在维修中，这意味着空管员必须在很慢的系统速度下指挥往来航班，而这也导致了尼尔森向 2937 机组提供的 611 次班机的方位信息出现错误。就这样，俄航班遵照空管员的指示而忽视了来自防撞系统的警告，继续下降高度。不过，随着机上防撞系统指示有飞机越来越接近，及不断提示要爬升，机组人员已开始质疑空管员的指示。两机在相撞前 3.8 s 终于可以互相目视对方，尽管俄方机组员已立即爬升飞行高度，但为时已晚。

最终，两架班机在 10 068 m 左右高空相撞，611 次航班的垂直尾翼从 2937 次航班机身左下方划过，图 -154M 客机随即爆炸并解体为两段；611 次班机则失去控制，并勉强飞行了 7 km，两分钟后坠毁在一个山腰附近，其一部引擎在坠机前爆炸并脱离机翼，两架航班上共计 71 名乘客及机组人员全数遇难。

Part 2　知识储备

1. 上升角与陡升速度 V_X

（1）上升角：上升轨迹与水平线的夹角。
（2）上升梯度：上升高度与前进的水平距离之比。上升角与上升梯度成正比。
（3）陡升速度：上升角最大对应的上升速度。

从上升运动方程有

$$P = D + W\sin\theta \implies \sin\theta = \frac{P-D}{W} = \frac{\Delta P}{W} \tag{3.6.1}$$

结论：
（1）上升角最大对应上升梯度最大，此时飞机剩余拉力最大，并以 V_{MP} 上升。
（2）活塞螺旋桨飞机，陡升速度 V_X 为 V_{MP}。

2. 影响上升角和上升梯度的主要因素

（1）重量［图 3.6.3（a）］：重量增加，需用拉力曲线上移，ΔP_{max} 减小，最大上升角和上升梯度减小。

（2）飞行高度与气温［图 3.6.3（b）］：飞行高度增加和气温增加，均使空气密度减小。空气密度减小，需用拉力曲线不动，可用拉力曲线下移，ΔP_{max} 减小，最大上升角和上升梯度减小，V_X（IAS）不变。

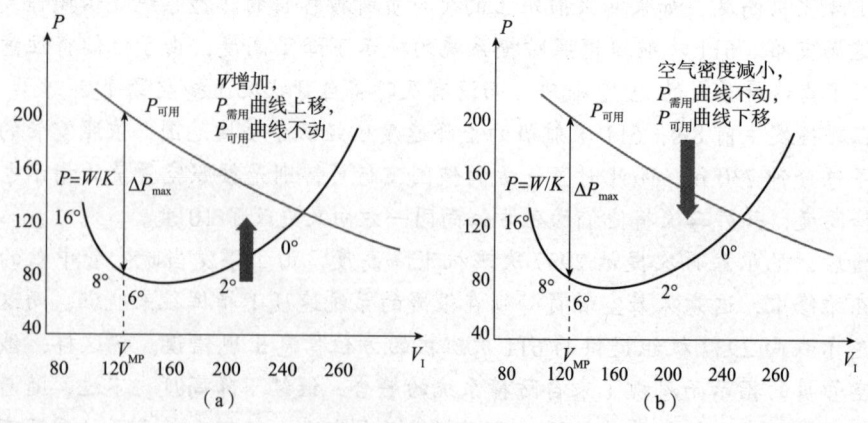

图 3.6.3　影响上升角和上升梯度的主要因素

3. 上升率与快升速度

（1）上升率：上升时的垂直分速，以 V_{yASC} 表示（图 3.6.4）。

（2）快升速度：上升率最大对应的上升速度。

$$V_{yASC} = V_{ASC} \cdot \sin\theta_{ASC} \text{ 而 } \sin\theta_{ASC} = \frac{\Delta P}{W}$$

$$V_{yASC} = V \cdot \sin\theta = V_{ASC} \cdot \frac{\Delta P}{W} = \frac{\Delta N}{W}$$

（3.6.2）

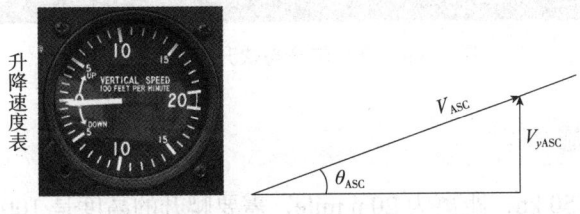

图 3.6.4 上升率示意

结论：

上升率最大对应飞机剩余功率最大，此时飞机以 V_{MD} 上升。

对于活塞螺旋桨飞机，快升速度 V_Y 为 V_{MD}。

4. 影响上升率和快升速度的主要因素

（1）重量［图 3.6.5（a）］：重量增加，需用功率曲线上移，ΔN_{max} 减小，最大上升率减小。

（2）飞行高度和气温［图 3.6.5（b）］：飞行高度增加或气温增加，空气密度减小。需用功率曲线上移，可用功率曲线下移，ΔN_{max} 减小，且位置向较小速度端移动，最大上升率减小。V_Y（IAS）减小，升限处，V_Y（IAS）减小到 V_X（IAS）。

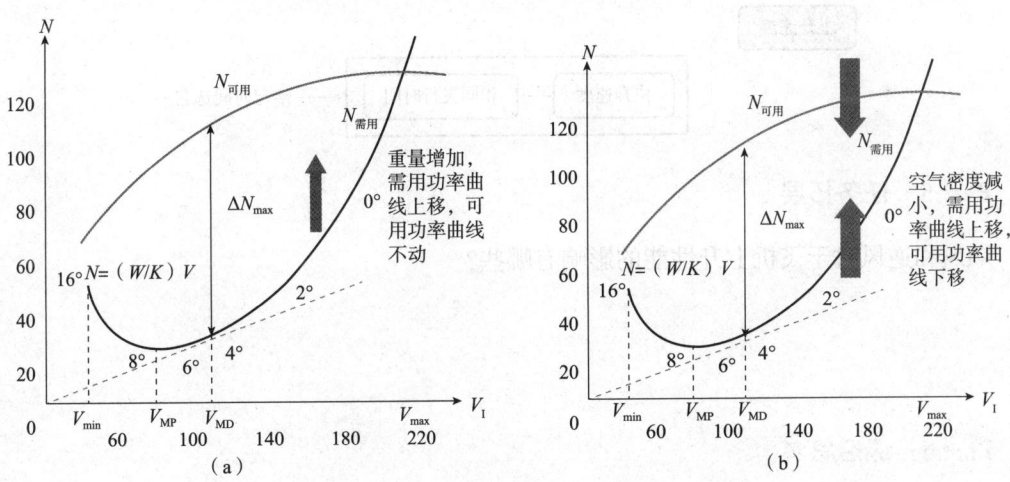

图 3.6.5 影响上升率和快升速度的主要因素

陡升速度和快升速度的比较，如图 3.6.6 所示。

想一想：要完成任务，我们需要使用哪个性能参数？

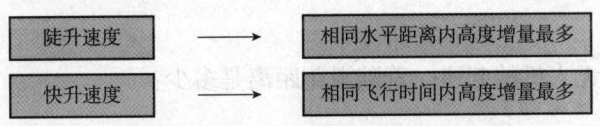

图 3.6.6 飞机陡升与快升示意

图 3.6.6　飞机陡升与快升示意（续）

Part 3　任务实施

已知当前地速为 50 kn，距离为 20 n mile，需要爬升的高度是 100 ft。
解答指导：
（1）想一想，应该选择哪个参数。
分析：要在指定距离内上升到规定高度层，对照概念，应该使用陡升速度。
（2）算一算，陡升速度是多少。
参考答案为 4.17 ft/min。

Part 4　任务小结

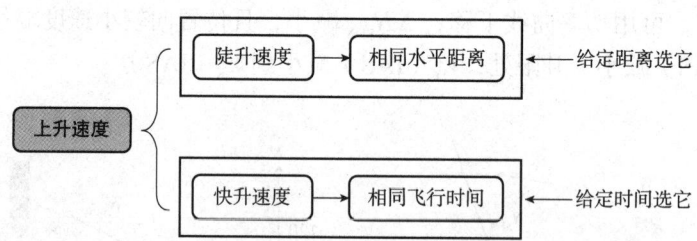

Part 5　任务拓展

顺风和逆风对于飞机上升性能的影响有哪些？

Part 6　课后思考

查阅机型操作手册，回答下列问题：
1. 某大型固定翼无人机的最大爬升率是多少？

2. 某大型固定翼无人机的起飞、着陆滑跑距离是多少？

FL1　空域飞行动作（一）：操纵无人机在指定空域上升

🚁【学习目标】

1. 理解无人机上升时的两个速度范围。
2. 掌握平飞转上升时的原理及操纵方法。
3. 掌握上升转平飞时的原理及操纵方法。
4. 养成严慎细实的职业素养。
5. 培养航空报国、航空强国的精神。

🚁【知识回顾】

阅读下图，写出飞机陡升速度和快升速度的选择依据和应用场景。

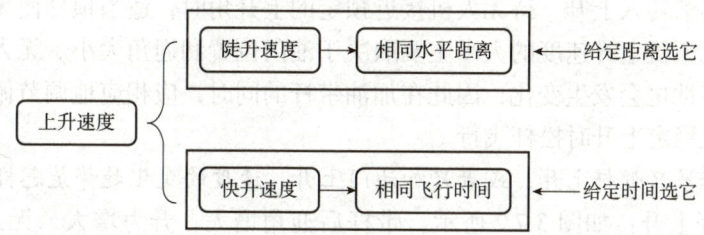

Part 1　任务描述

使用虚拟仿真软件，选定绵阳272空域，进行空域飞行动作——操纵无人机上升。
航前准备：
本机场处于丘陵区域，东北面靠近涪江，东南地势较为平坦，西北面8 km处逐渐进入丘陵地带，山势逐渐增高，50 km进入茶坪山。山势突然高起，严禁中小型机进入。

Part 2　知识储备

■ 一、无人机上升的操纵原理

想一想：当无人机上升时，速度范围如何划分？划分依据是什么？

如图3.7.1所示，以螺旋桨无人机为例，根据带杆后无人机上升角的变化特点，可以以陡升速度 V_x 为界（或是以 ΔP_{max} 对应的速度为界），将上升速度划分成两个范围。

第一范围：速度大于 V_x，带杆使无人机姿态变高，速度减小，上升角增加。

第二范围：速度小于 V_x，带杆使无人机姿态变高，速度减小，但上升角却减小。这种情况显然不符合正常的操纵习惯，因此带杆上升时，应特别注意指示空速是否小于 V_x。

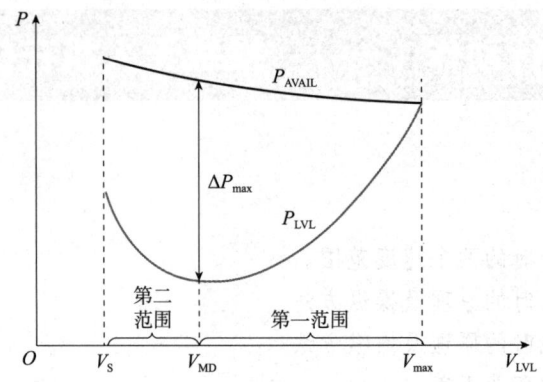

图 3.7.1　飞机上升的第一、第二速度范围

■ 二、无人机由平飞转上升的操纵

如果要使无人机由平飞转入上升，应前推油门使发动机达到预定转速，然后柔和带杆，使无人机逐渐转入上升。待无人机接近预定的上升角时，适当顶杆使无人机稳定在预定的上升角，无人机上升速度的大小主要取决于油门位置和迎角大小。无人机由平飞转入上升时，俯仰特性也会发生变化，因此在加油带杆的同时，应相应地调节俯仰配平，这样便可以在无人机稳定上升时松杆飞行。

想一想：如果只带杆上升，或者只加油门上升，速度的变化趋势是怎样的？

（1）只带杆上升：如图 3.7.2 所示，带杆后迎角增大，升力增大，无人机转入上升。当迎角增大时，阻力也增大，而且上升角形成后，重力在航迹方向上的分力是向后的，这会使无人机在上升过程中逐渐减速。综上所述，只带杆上升，无人机的速度减小。速度减小时，零升阻力减小，当阻力与拉力重新取得平衡后，速度不再改变。姿态稳定后，无人机的上升速度比原平飞速度要小，无人机最终稳定时的上升角取决于带杆量的大小。

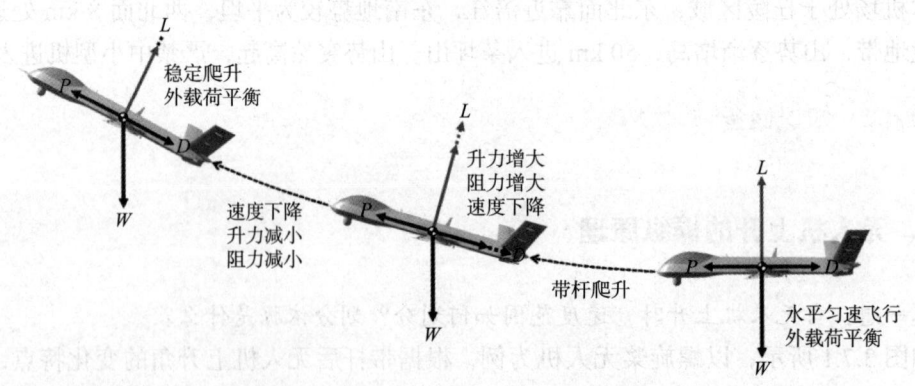

图 3.7.2　只带杆时飞机爬升受力变化示意图

（2）只加油门上升：如图 3.7.3 所示，加油门后速度会增加，升力增大，无人机转入上升。当上升角增大时，重力在航迹方向上的分力增大，且速度增大时，零升阻力也增大，当拉力不足以克服这些力的时候，无人机转为减速。当速度减小时，升力减小，零升

阻力也减小。当上升角开始减小时，重力在航迹方向上的分力也减小。随后，无人机再次转为加速，并重复上述运动过程，形成长周期模态，如果不加以干预，无人机就不能在短时间内达到稳定状态。如果通过俯仰控制使无人机快速稳定下来，无人机的上升速度略小于原平飞速度，无人机最终稳定后的上升角取决于油门增量的大小。

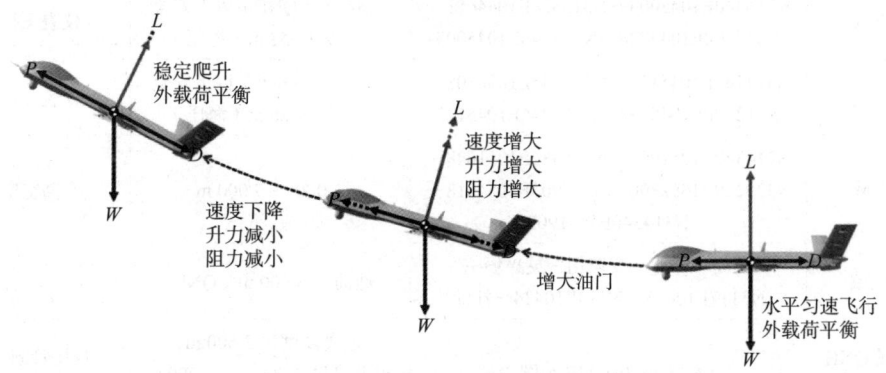

图 3.7.3 只加油门时飞机爬升受力变化示意

Part 3　任务实施

请根据绵阳 272 空域特点（表 3.7.1），使用某大型固定翼无人机，在虚拟仿真软件中开展空域飞行动作——操纵飞机上升。

飞行条件：

巡航高度	8 000 ft
机场高度	2 000 ft
襟翼	收上位
功率	满油门
气温	标准
质量	1 780 lb

要求操纵飞机由巡航高度上升到 10 000 ft。

表 3.7.1　绵阳机场附近空域情况

名称	横向界限	垂直界限	备注
271 空域	034°/9.18 mm　10 × 5 km（椭圆） 长轴方向 035°～215°	3 000 m（QNE）以下安全 高度 1 328 m（海压）	驾驶术飞行空域以机场 VOR/DME 为中心
272 空域	064°/23.22 mm　12 × 6 km（椭圆） 长轴方向 050°～230°	3 000 m（QNE）以下安全 高度 1 246 m（海压）	驾驶术飞行空域以机场 VOR/DME 为中心
273 空域	205°/11.34 mm　12 × 6 km（椭圆） 长轴方向 140°～320°	3 000 m（QNE）以下安全 高度 1 217 m（海压）	驾驶术飞行空域以机场 VOR/DME 为中心
274 空域	330°/13.5 mm　12 × 6 km（椭圆） 长轴方向 150°～330°	3 000 m（QNE）以下安全 高度 1 218 m（海压）	驾驶术飞行空域以机场 VOR/DME 为中心
275 空域	031°/24.03 mm　12 × 6 km（椭圆） 长轴方向 090°～270°	3 000 m（QNE）以下安全 高度 1 425 m（海压）	驾驶术飞行空域以机场 VOR/DME 为中心

续表

名称	横向界限	垂直界限	备注
276 空域	N313933E1043500—N313732E1044356—N313255E1043912—N313933E1043500	3 000 m（QNE）以下安全高度 1 653 m（海压）	仪表飞行空域
277 空域	N314340E1045003—N313826E1044651—N314408E1043928—N314340E1045003	3 000 m（QNE）以下安全高度 1 653 m（海压）	仪表飞行空域
278 空域	N313746E1045122—N313645E1050108—N312820E1045738—N313746E1045122	3 000 m（QNE）以下安全高度 1 328 m（海压）	仪表飞行空域
279 空域	N314340E1051900—N315332E1051648—N320220E1052800—N315903E1054518—N314340E1051900	3 000～9 000 m	高空空域
航站区域	江油—梓潼—安家场—灵兴场—N3117E10435—N314E10434—江油	地面～3 000 m（QNE）	
使用机场 QNH 区域及过渡高度层/过渡高度	以本场 VOR/DME 为圆心，半径 25 n mile 的圆	过渡高度层 3 600 m；过渡高度 3 000 m，2 700 m（QNH ≤ 979 hPa）3 300 m（QNH ≥ 1 031 hPa）	现按管制协议以 P247、P248 作为 QNH/QNE 转换点

Part 4　任务小结

上升转平飞的规律及操纵方法：

让无人机由上升转为平飞，应柔和顶杆减小迎角，从而使升力减小。当升力减小时，上升角减小，无人机逐渐转入平飞。顶杆时要适当收油，因为迎角减小时，阻力减小，而且上升角减小时，重力在航迹方向上的分力会减小，如果不减小油门，速度就会增大。当无人机的上升角接近于零时，适当带杆保持平飞。

结论：

上升转平飞的操纵方法是柔和顶杆，同时适当收小油门，使飞机逐渐转入平飞，待上升角（率）接近零时，适当带杆保持平飞。同时注意修正螺旋桨副作用。

Part 5　任务拓展

想一想：如果要让无人机由上升转为平飞，应如何操纵？对于由超音速战机改装而来的无人机或靶机（如 QF-16），由高速上升转为平飞的操纵方法是什么？

对于高速爬升的超声速无人机，为避免较大的负过载，由上升转为平飞时应首先滚转 180°，让无人机"倒扣"过来，再后拉操纵杆减小上升角，当无人机转为水平倒飞状态时，滚转 180° 改平。

Part 6　课后思考

思考并回答下列问题：

如何操纵飞机由平飞转入下降？如何操纵飞机由下降转入平飞？

FL2 空域飞行动作（二）：操纵无人机在指定空域下降

【学习目标】

1. 理解下降时的两个速度范围。
2. 掌握平飞转下降的原理及操纵方法。
3. 掌握下降转平飞的原理及操纵方法。
4. 养成严慎细实的职业素养。
5. 培养航空报国、航空强国的精神。

FL2 飞机下降

【知识回顾】

上升转平飞的规律及操纵方法：

上升转平飞，首先应前推杆，升力减小，上升角和上升率不断减小，重力沿航迹方向的分力不断减小，飞机有加速趋势，为保持预定速度，需要逐渐收油门。

上升转平飞的操纵方法是柔和顶杆，同时适当收小油门，使飞机逐渐转入平飞，待上升角（率）接近零时，适当带杆保持平飞。操作中注意修正螺旋桨副作用。

Part 1　任务描述

使用虚拟仿真软件，选定绵阳 272 空域，进行空域飞行动作之操纵飞机下降。

认真阅读机场（ZUMY）本场飞行规定，如图 3.8.1 所示。

1. 机场使用规定

1.1 B330航路通过本机场区域西部边缘，G212航路通过本机场区域东部边缘，因此过往或加入B330、G212航路的及在其附近训练的飞机要严格按ATC指令保持位置、高度并加强观察；

1.2 本机场为训、运结合机场，民航飞行学院绵阳分院使用本机场训练，飞行活动频繁，各方应加强协调，空中要注意观察和联系；

1.3 当训练飞行与航班进出港有冲突时，按"训练避让航班"的原则组织和实施，同时，有关各方要准确掌握飞行动态并注意互相通报，严禁盲目蛮干。

2. 跑道和滑行道的使用

2.1 航空器滑行（牵引），必须经过塔台空中交通管制员的许可；

2.2 需要通过机场机动区时，航空器、车辆、人员必须必须提前和塔台空中交通管制员联系，只有经过塔台空中交通管制员许可后，才能通过；

2.3 夜间滑行（牵引）时，应当打开航行灯和滑行灯或者间断地使用着陆灯，慢速滑行。

3. 机坪和机位的使用

3.1 离场飞行的航空器，在推出开车前必须联系塔台空中交通管制员申请放行许可，空中交通管制放行许可的申请不早于发动机开车前15 min进行。

3.2 发动机试车须经塔台空中交通管制员许可并在指定的地点进行，严禁在廊桥附近、客机坪和滑行道上试大车。

3.3 机位限制：

5、6号机位只能停放翼展小于38 m的飞机，当6号机位停放B757-200型飞机时，机坪机位滑行通道只能滑行翼展小于40 m的飞机。7号机位只能停放翼展小于48 m的飞机，当7号机位停放B767飞机时（其鼻轮停止线距机坪边线11.5 m），机坪机位滑行通道只能滑行翼展小于33 m的飞机。当7号机位停放B757-200型飞机时，其鼻轮停止线距机坪边线3 m。当需要停放其他飞机时，应根据飞机翼展、机长等数据临时安排。

图 3.8.1　绵阳机场使用注意事项节选

一、下降性能

下降角是指飞机的下降轨迹与水平面之间的夹角。下降距离是指飞机下降一定高度所前进的水平距离。飞机下降性能示意如图 3.8.2 所示。

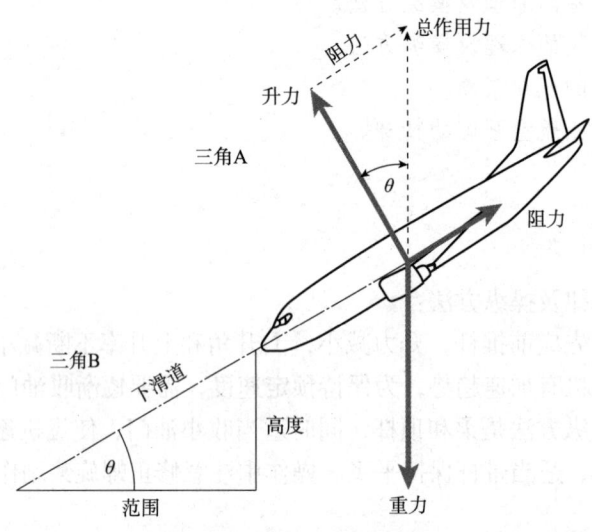

图 3.8.2　飞机下降性能示意

1. 零拉力下滑时的下滑角和下滑距离

由运动方程：$\begin{cases} L = W \cdot \cos\theta \\ D = W \cdot \sin\theta \end{cases}$，则零拉力下滑时，$\tan\theta = 1/K$。根据下滑角和下滑距离的关系：

$$Range = \frac{Height}{\tan\theta} = H \cdot K \tag{3.8.1}$$

结论：

零拉力时，飞机的下滑角仅取决于升阻比的大小（注意与重量无关），以最大升阻比下滑，即以最小阻力速度 V_{MD} 下滑，下滑角最小。

滑翔比是飞机下滑距离与下滑高度之比，在无风零拉力情况下，飞机的滑翔比等于飞机的升阻比。

根据下滑角和下滑距离的关系：

$$滑翔比\, \eta = \frac{Range}{H} = K \tag{3.8.2}$$

以最大升阻比速度下滑，下降同样高度，前进距离最长。

正拉力下降时的下降角和下降距离：

$$\tan\theta = \frac{D-P}{L} \approx \frac{D-P}{W} = \frac{-\Delta P}{W} \tag{3.8.3}$$

结论：

正拉力下降，下滑角取决于升阻比、重量和发动机拉力。拉力越大，下降角越小。

2. 负拉力下降时的下降角和下降距离

结论：

负拉力下降，负拉力越大，下降角越大。

下降率是指飞机在单位时间内下降的高度，以 $V_{y下}$ 表示（图 3.8.3）。

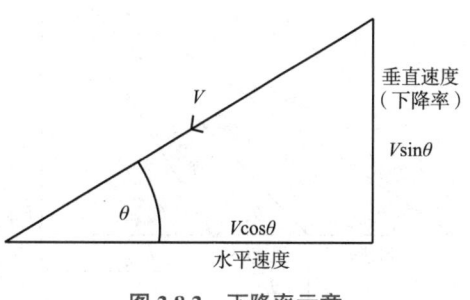

图 3.8.3 下降率示意

零拉力时，飞机的下降率取决于平飞所需功率和重量，以最小功率速度 V_{MP} 下滑，下滑率最小。

正拉力时，飞机的下降率取决于速度、重量和拉力，拉力越大，下降率越小。

二、影响下降性能的因素

1. 飞行重量

（1）零拉力。重量增加，下滑角不变，下滑距离不变，但下滑速度增加，下滑率增大。

$$V_{下}=\sqrt{\frac{2W}{C_L\rho S}}\cdot\sqrt{\cos\theta}$$
$$\tan\theta=\frac{D}{L}=\frac{1}{K}$$
$$V_{y下}=V\cdot\sin\theta$$
（3.8.4）

（2）正拉力。重量增加，下降角、下降速度、下降率都增大，下降距离缩短。

$$\tan\theta=\frac{D-P}{L}\approx\frac{1}{K}-\frac{P}{W}$$
$$V_{y下}=V\cdot\sin\theta=V\cdot\left(\frac{1}{K}-\frac{P}{W}\right)$$
（3.8.5）

2. 气温

（1）零拉力。密度减小，同一表速下滑角不变，真速增加导致下滑率增加。

（2）正拉力。密度减小，拉力减小，负的剩余拉力增大，下降角增大。

3. 风

（1）顺逆风只影响下降角，不影响下降率［图 3.8.4（a）］。顺风下降，下降角减小，下降距离增长，下降率不变。逆风下降，下降角增大，下降距离缩短，下降率不变。

（2）升降气流影响下降角和下降率［图 3.8.4（b）］。上升气流中下降，下降角和下降率都减小，下降距离增长。下降气流中下降，下降角和下降率都增大，下降距离缩短。

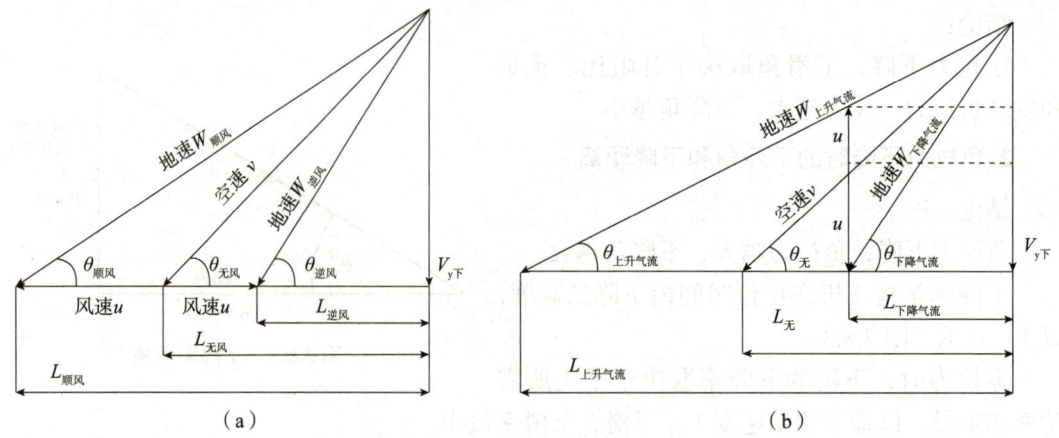

图 3.8.4 风对下降性能的影响

三、无人机下降的操纵原理

想一想：无人机下降时，速度范围如何划分？划分依据是什么？

根据带杆后无人机下降角的变化特点，可以以平飞最小阻力速度 V_{MD} 为界，将下降速度划分成两个范围，如图 3.8.5 所示。

注：无人机正常下降时，下降角通常较小，因此可以将平飞最小阻力速度 V_{MD} 近似地看作下降时保持有利迎角的所需速度。

第一范围：速度大于 V_{MD}，带杆使无人机姿态变高，速度减小，下降角减小。

第二范围：速度小于 V_{MD}，带杆使无人机姿态变高，速度减小，但下降角却增大。这种情况显然不符合正常的操纵习惯，因此在下降过程中应特别注意指示空速是否小于 V_{MD}。

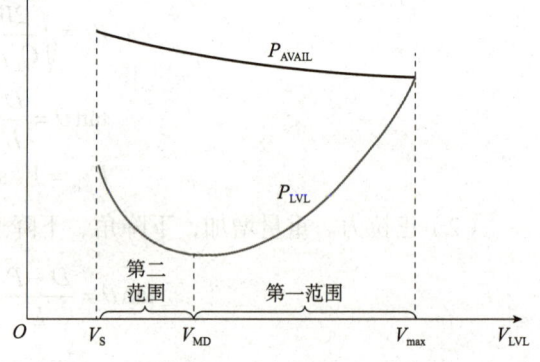

图 3.8.5 飞机下降时的两个速度范围

四、改变无人机下降角、下降速度和下降距离的方法

在下降速度第一范围，后拉操纵杆增大迎角，升力增大，下降角和下降率减小，下降距离增加。迎角增大时，阻力也增大，下降速度减小。

在下降速度第一范围，前推油门增大速度，升力增大，使得无人机的下降角减小，下降距离增加。

综上所述，下降时可用油门与操纵杆配合改变无人机的下降角、下降速度、下降率，从而改变无人机的下降距离。

五、由平飞转为下降的操纵

如果要使无人机由平飞转为下降,应柔和顶杆减小迎角,同时适当地收油,当无人机接近预定下降角或下降率时,带杆保持稳定下降。下降速度的大小主要取决于油门位置和迎角大小。为了能够在稳定下降时松杆飞行,在顶杆收油的同时,应相应地调节俯仰配平。

想一想:由平飞转下降时,不收油门只顶杆和不动杆只收油门,无人机的飞行状态有何不同?

(1)不收油门只顶杆[图3.8.6(a)]。顶杆后迎角减小,升力减小,无人机转入下降。下降角形成后,重力在航迹方向上的分力向前,使无人机速度增加,升力增大。此时如果不进一步顶杆保持,下降角就会减小;如果顶杆保持下降角不变,无人机会继续加速,直至阻力增大到能够使速度保持稳定。综上所述,如果不收油门只顶杆操纵无人机下降,无人机稳定下降时的速度比原平飞速度大。

(2)不动杆只收油门[图3.8.6(b)]。收油后速度减小,升力减小,无人机转入下降。下降角形成后,重力在航迹方向上的分力使无人机加速,造成升力增大,下降角减小。当下降角减小时,速度再次降低,升力再次减小,随后,无人机会重复上述运动过程,形成长周期模态,如果不加以干预,无人机就不能在短时间内达到稳定状态。此时,如果通过俯仰控制使无人机快速稳定下来,无人机的下降速度会略高于原平飞速度。

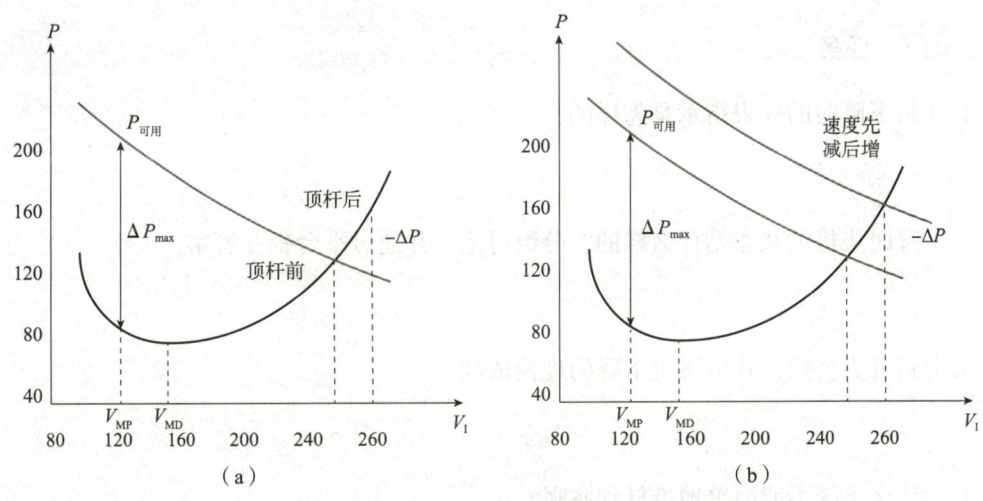

图3.8.6 由平飞转为下降的操纵
(a)不收油门只顶杆;(b)不动杆只收油门

六、由下降转为平飞

想一想:如果要让无人机由下降转为平飞,应如何操纵?

由下降转为平飞的操纵是前推油门至预定平飞功率,同时柔和带杆,待下降率接近于零时,适当顶杆保持平飞状态,随后调节俯仰配平消除杆力。

想一想:下降转平飞和平飞转下降操纵有什么不同?随后完成平飞转下降和下降转平飞的操纵,总结规律。

Part 3　任务实施

请根据绵阳 272 空域特点（表 3.7.1），使用某大型固定翼无人机，在虚拟仿真软件中开展空域飞行动作——操纵飞机下降。

飞行条件：

巡航高度	8 000 ft
机场高度	2 000 ft
襟翼	收上位
功率	满油门
气温	标准
重量	1 780 lb

要求操纵飞机由巡航高度下降到 6 000 ft。

Part 4　任务小结

由下降转入平飞的合理操纵是：加油门至预定平飞位，同时柔和带杆，待接近平飞时，适当顶杆保持平飞，注意修正螺旋桨副作用。

由平飞转入下降的操纵是：柔和顶杆转入下降，同时收油门，待接近预定下降角（率）时，带杆保持稳定下降，注意修正螺旋桨副作用。

Part 5　任务拓展

1. 飞机下降时的仪表指示是怎样的？

2. 下降时飞机的状态是什么样的？分组讨论，并通过平台提交答案。

3. 分析升力公式，找出飞机下降的理论依据。

4. 为什么下降不能简单地推杆到底呢？

Part 6　课后思考

思考并回答下列问题：
在飞机盘旋的各个阶段中，飞机所受的力和力矩是如何平衡的？

GL19 阶段讲评

【学习目标】

1. 复习中阶任务知识，讲评学生提交习得成果。
2. 掌握飞机空中振荡的原理及处置方法。
3. 养成严慎细实的职业素养。
4. 培养航空报国、航空强国的精神。

GL19 阶段讲评（一）空中放襟翼导致飞机抬头

GL19 阶段讲评（一）起飞滑跑偏离中心线

GL19 阶段讲评（一）收襟翼推杆导致飞机俯仰超限

Part 1　案例解析

1993 年 4 月 6 日，中国东方航空一架编号为 B-2171 的麦道 MD-11 型客机，执飞 MU583 号航班，自经停地上海虹桥国际机场起飞，飞往洛杉矶国际机场。北京时间当晚 7 点 10 分，飞机在阿留申群岛附近空域，美国阿拉斯加州谢米亚以南约 950 海里处巡航。飞机的巡航高度为 33 000 ft（约 10 060 m），速度为 0.82 马赫（约合 298 kn）。此时，一名机组人员不小心碰到了襟翼/缝翼控制手柄，导致飞机的前缘缝翼放下。

由于飞机的后掠翼设计，外侧缝翼放下后所产生的力矩迫使飞机抬头。自动驾驶仪对升降舵的控制不足以抵消这一抬头趋势，飞机的俯仰角进而增大至 9.5°，触发了失速警报。

此时，机长断开自动驾驶仪，手动操纵飞机。他在收回缝翼的同时，试图进行改出操作。他的操作导致飞机进入剧烈的俯仰角振荡，接下来的 13 s 内在机头向上和向下之间连续三次反复，最猛烈时俯仰角达到了向下 24.3°。经过这一系列振荡，飞机下降了约 5 000 ft 的高度，速度也骤增至 364 节，触发了超速警报。

当高度降至 28 000 ft 左右时，飞机的俯仰角在机长操控下渐趋稳定，逐渐恢复至向上 5°～8° 缓慢爬升高度。缝翼误放 94 s 后，机长重新打开自动驾驶仪。飞机在自动驾驶仪操纵下再次爬至 33 000 ft。由于乘客受伤，机组人员宣布了紧急情况，约 2 h 后在谢米亚空军基地紧急降落。

问题 1：飞行员下降转平飞时，不慎放出襟翼导致上仰，试分析原因并提出解决方案。

误放襟翼/缝翼为何会导致飞机抬头？

（1）飞机此时处于平飞状态，迎角小，缝翼打开后，如图 3.9.1 所示，升力性能变差，下洗气流增大，抬头力矩增大。

（2）此刻属于中高速巡航，舵面气动效率高，姿态对飞机形态（原来：构型）的变化较敏感。

如图 3.9.2 所示，前缘缝翼位于机翼前缘，在大迎角下打开前缘缝翼，可以延缓上表面的气流分离，从而使最大升力系数和临界迎角增大，减小失速速度，常见于起飞和着陆。

如图 3.9.3 所示，在中小迎角下打开前缘缝翼，机翼上下表面压力差减小，升力性能变差，下俯力矩减小；另一方面，放襟（缝）翼使下洗气流增大，平尾负升力增大，抬头力矩变大。缝翼在不同状态下升力系数变化曲线如图 3.9.4 所示。

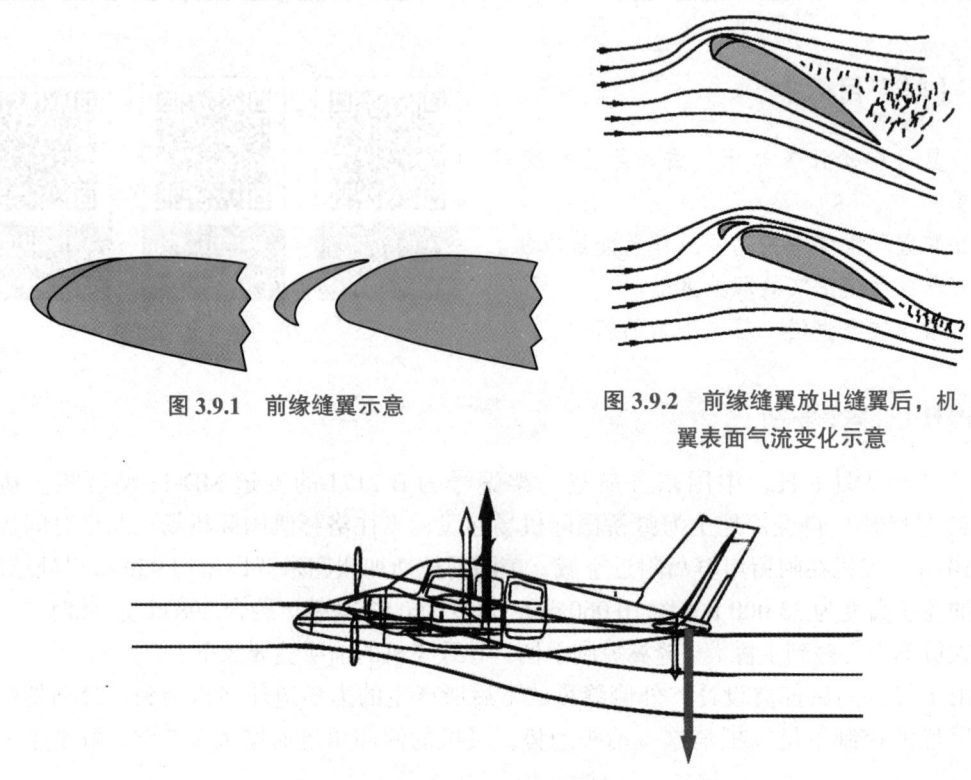

图 3.9.1 前缘缝翼示意

图 3.9.2 前缘缝翼放出缝翼后，机翼表面气流变化示意

图 3.9.3 放出缝翼后，飞机受力变化示意

问题 2：飞行员急于改出上仰状态，收起缝翼，向前推杆，却导致飞机剧烈俯仰振荡，试分析找出原因，并提出解决方案。

（1）飞行员猛推/拉（顶/稳）杆为何会导致飞机数次剧烈俯仰？

飞行员拉（稳）杆，升降舵上偏，平尾上的向下附加升力打破原有俯仰平衡，使飞机抬头，如图 3.9.5 所示。同理，飞行员推（顶）杆，升降舵下偏，使飞机低头。

在直线飞行中，驾驶盘前后的每一个位置（或升降舵偏角）对应着一个迎角。

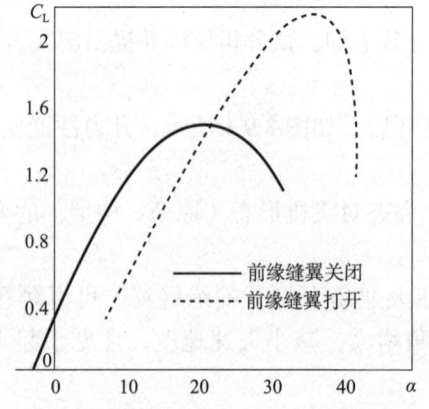

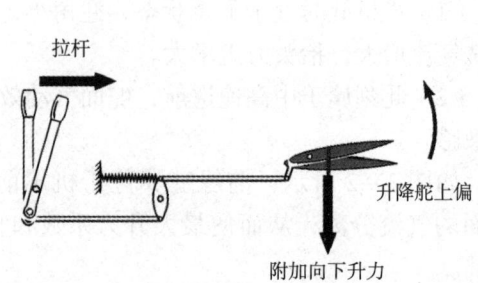

图 3.9.4 缝翼在不同状态下升力系数变化曲线　　图 3.9.5 飞行员拉杆后升降舵附加升力变化示意

158

（2）收起缝翼为何会导致飞机进入俯冲？

如图 3.9.6 所示，前缘缝翼放下，升力点前移，焦点靠前，飞机抬头。收起则相反，升力点后移，飞机下俯力矩增大。

前缘缝翼收起来后动力性能变好，加上操作失误，飞机进入大角度俯冲。

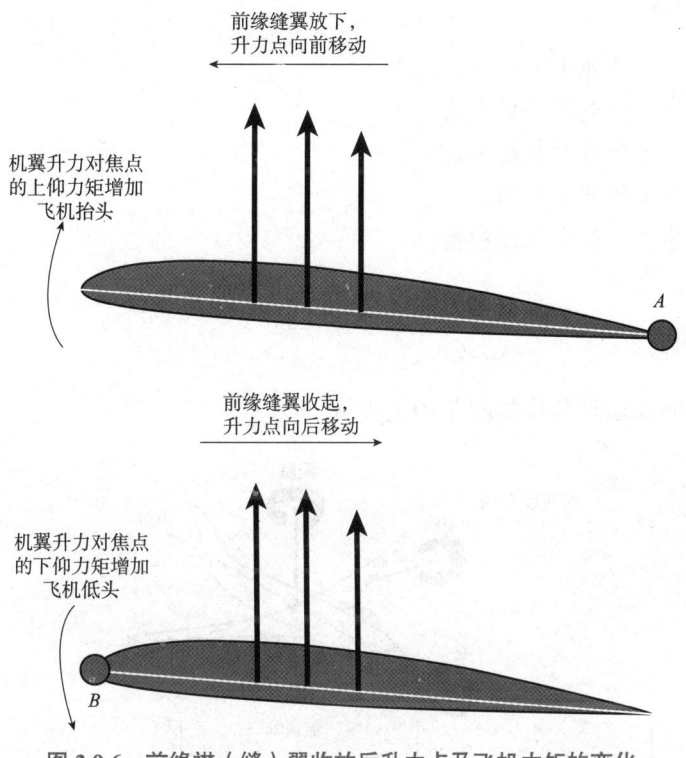

图 3.9.6　前缘襟（缝）翼收放后升力点及飞机力矩的变化

Part 2　任务小结

动作互换后保持平飞的方法。

想一想：怎样概括动作互换后保持平飞的方法？

动作互换后保持平飞的方法可概括为如图 3.9.7 所示的"三定一保一活"。

定	保	活
顶/稳杆位置	保平飞速度	活用油门
左右压盘位置		
左右蹬舵位置		

图 3.9.7　"三定一保一活"——动作互换后保持平飞的方法

Part 3　课后思考

巩固：空域飞行动作（平飞、上升和下降）操纵方法。

GL20 航前准备（六）：计算飞机盘旋技术参数

【学习目标】

1. 掌握飞机盘旋的作用力及分析方法。
2. 掌握飞机盘旋性能的分析方法。
3. 掌握标准速率转弯的判断方法。
4. 养成严慎细实的职业素养。
5. 培养航空报国、航空强国的精神。

【知识回顾】

飞机运动轴向及运动名称如图 3.10.1 所示。

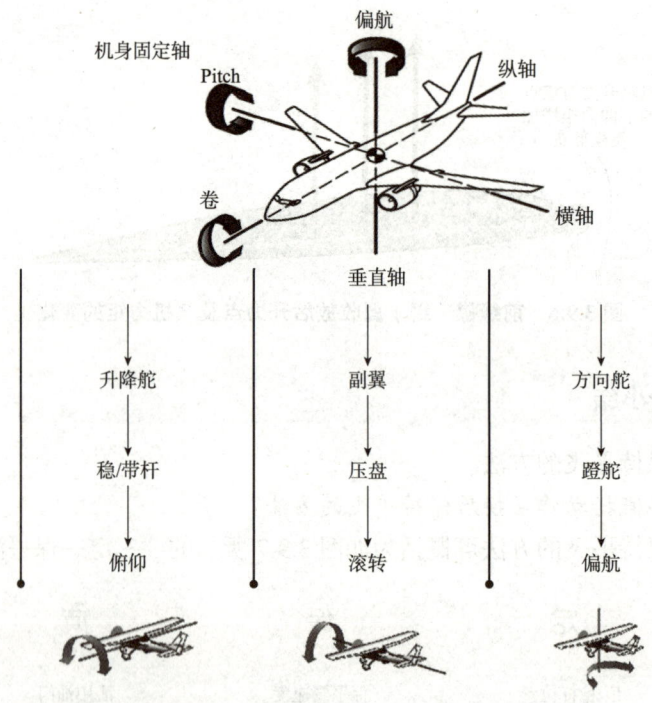

图 3.10.1　飞机运动轴向及运动名称

Part 1　任务描述

进近绵阳机场，要求以导航台为圆心，在规定时间内完成标准速率盘旋，请计算其盘旋的角速度和完成盘旋的时间。

认真阅读机场附近主要障碍物一览表（表 3.10.1），提前做好飞行计划，严禁低于安全高度进行空域飞行训练。

表 3.10.1 机场半径 15 km 内主要障碍物

序号	障碍物名称 （*代表有灯光）	位置（以跑道中心算起）		坐标	海拔/m	控制障碍物及涉及航段/起飞航径区重要障碍物	备注
		磁方位/度	距离/m				
1	高速路发射塔	013	5 354		546.3		
2	和平村烟囱	017	2 857		514.6		
3	*国防村烟囱 1	036	918		504.0		
4	山头	080	13 420		602.6		
5	*国防村烟囱 2	102	2 373		508.7		
6	山头	109	13 000		602.5		
7	*七大队烟囱 1	117	3 128		499.9		
8	七大队烟囱 2	125	4 098		502.8		
9	*航向台天线	127	1 300		469.9		
10	*南远台天线杆	127	6 400		483.6		
11	清江镇烟囱	129	5 677		506.2		
12	二大队烟囱	155	2 378		507.1		
13	*修理厂新水塔	170	790		499.1		
14	*三水邮局天线	180	2 339		514.5		
15	*修理厂老水塔	182	661		497.1		
16	*分院新水塔	229	1 089		506.9		
17	石观音村烟囱	246	1 256		505.7		
18	*模拟中心水塔	262	1 212		502.6		
19	*气象大楼天线	267	762		513.1		
20	*油库水塔	271	846		498.8		
21	四大队烟囱	273	2 137		514.5		
22	*新区水塔	283	1 996		509.3		
23	*民航寻呼天线	284	2 541		520.4		
24	*老区水塔	288	2 677		510.4		
25	174 厂烟囱	292	4 130		514.2		
26	*金泰饭店天线	292	5 518		547.2		

Part 2　知识储备

想一想：盘旋时飞机的状态如何？

■ 一、盘旋的概念

盘旋是指无人机在水平面内，连续转弯不小于 360° 的机动飞行，无人机在盘旋过程中始终保持等速、等高。

根据盘旋时的坡度，可以将盘旋分为以下三种，如图 3.10.2 所示。

（1）小坡度盘旋。坡度小于 20°；
（2）中坡度盘旋。坡度为 20° ~ 45°；
（3）大坡度盘旋。坡度大于 45°。

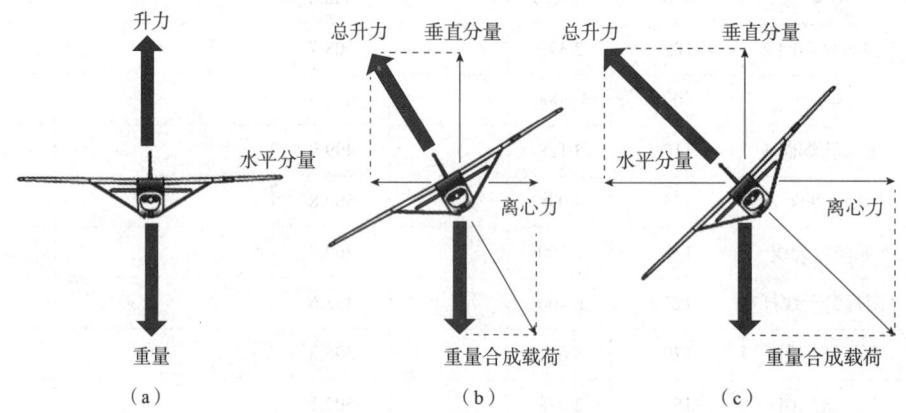

图 3.10.2 小/中/大坡度盘旋示意
（a）水平飞行；（b）中等倾斜转弯；（c）陡坡转弯

正常盘旋是指无人机不带侧滑，飞行高度、坡度、盘旋半径等参数均不随时间改变的盘旋。盘旋的原理中包含了飞行高度、速度和半径不断变化的各种转弯的共性知识。

想一想：飞机正常盘旋时仪表如何指示？

由于飞机正常盘旋时始终保持等速、等高、无侧滑，转弯半径也保持不变，因此正常盘旋时各仪表的指示如图 3.10.3 所示。

图 3.10.3 正常盘旋时仪表指示

（1）空速表指针所指的数值稳定不变。
（2）气压高度表指针所指的数值稳定不变。
（3）垂直速度表指针始终指在零刻度位。
（4）姿态指示器上的"小飞机"向盘旋方向倾斜，且倾斜角保持不变。
（5）转弯仪显示飞机向盘旋方向转弯，且转弯率保持不变。
（6）侧滑指示器中的小球始终处于中间位置。
（7）航向指示器的刻度盘以不变的速度向盘旋的反方向旋转。

综上所述，飞机正常盘旋时，6个飞行仪表只有航向指示器在不断变化。

二、盘旋中的作用力

请讨论：无人机盘旋时受到哪些力的作用？

无人机在空中正常盘旋时，受到4个力的作用，即升力 L、重力 W、拉力 P 和阻力 D。

三、盘旋的运动方程

想一想：无人机稳定盘旋时，哪几组力互相平衡？

无人机转弯时，升力的方向会向转弯一侧倾斜，现将升力分解为水平、垂直两个分力。如图 3.10.4 所示，无人机转弯时的向心力由升力的水平分力 L_2 提供，无人机的重力由升力的垂直分力 L_1 克服。要保持正常盘旋，无人机的运动须满足下列运动方程：

$$\begin{cases} W = L_1 = L \cdot \cos\gamma \leftrightarrow 高度不变 \\ L_2 = L \cdot \sin\gamma = m\dfrac{V^2}{R} = 常数 \leftrightarrow 半径不变 \\ P = D \leftrightarrow 速度不变 \end{cases} \quad (3.10.1)$$

想一想：如何保证无人机在盘旋过程中不掉高度？

当无人机倾斜时，升力作用线的方向也会倾斜，为保证升力的垂直分力 L_1 能够克服重力 W，应适当增大迎角，增加升力。但是迎角增大时，阻力也会增加，如果不适当地补油，速度就会减小，造成升力减小。因此正常盘旋时，为保持高度不变，需要协调地控制操纵杆、方向舵和油门。

当无人机正常盘旋时，$W = L \cdot \cos\gamma$，由此可以推出无人机正常盘旋时的坡度：

$$\gamma = \arccos\dfrac{W}{L} = \arccos\dfrac{2W}{C_L \cdot \rho V^2 \cdot S} \quad (3.10.2)$$

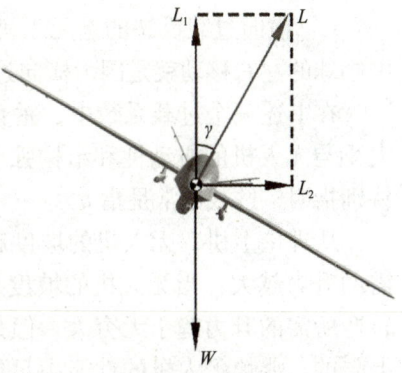

图 3.10.4 无人机盘旋时的受力示意

由式（3.10.2）可知，无人机盘旋时的坡度越大，所需升力越大。但升力越大时，诱导阻力也越大，因此大坡度盘旋对发动机性能的要求较高。

过载系数 n 是指除重力之外，无人机所受外力之和与重力的比值，即

$$n = \frac{P + D + L}{W} \tag{3.10.3}$$

过载系数 n 在机体坐标系 $Oxyz$ 各轴上的分量分别为 n_x、n_y、n_z。

n_x：轴向过载反映的是无人机在纵轴方向上的加速度，当 $n_x > 0$ 时，无人机做加速运动；当 $n_x < 0$ 时，无人机做减速运动。乘坐飞机时，飞机加速产生的"推背感"和飞机减速引起的惯性前倾，就是轴向过载的体现。

n_y：垂直过载反映的是无人机立轴方向上的加速度，其大小主要与气动升力 L 有关，因此，垂直过载可看作升力与重力的比值，即

$$n_y = \frac{L}{W} \tag{3.10.4}$$

如图 3.10.5 所示，乘坐飞机时，如果升力大于重力，如飞机离地的一瞬间，则 $n_y > 1$，此时加速度向上，机内有"超重感"；如果升力小于重力，如在飞机稳定爬升时猛地向前顶杆，使飞机迎角减小，则 $n_y < 1$，此时加速度向下，机内有"失重感"；如果顶杆使飞机达到零升迎角，则 $n_y = 0$，机内完全失重；如果飞机做等速直线平飞，则 $n_y = 1$。

（a）

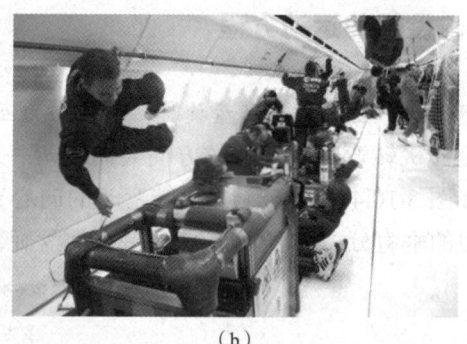
（b）

图 3.10.5 超重和失重
（a）超重；（b）失重

n_z：横向过载反映的是无人机横轴方向上的加速度，通常在侧滑时出现，侧滑指示器中小球的左右移动就是因为横向过载的作用，大多数时候无人机的横向过载 $n_z = 0$。

在上述三个过载系数中，垂直过载 n_y 最为重要，其大小与无人机的机动性和结构强度密切相关，如果没有特别指明，过载通常是指 n_y。

从理论上讲，无人机的坡度越大，保持水平转弯所需的升力越大；当无人机的坡度趋于 90° 时，保持水平转弯所需的升力趋于无穷大。但是升力系数和速度是有上限的，哪怕无人机的性能满足要求，其结构也会有最大过载限制，如果超出限制，结构可能会受损。

在模拟器中指定空域操纵飞机保持标准速率关键操纵：如图 3.10.6 所示，在盘旋中将转弯侧滑仪"小飞机"翼尖对准标准速率转弯标记即可。

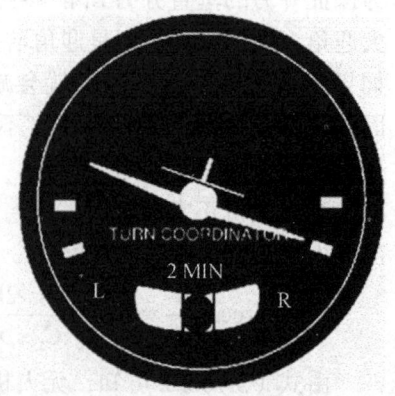

图 3.10.6 飞机协调（标准速率）转弯时转弯协调仪显示状态

Part 3　任务实施

塔台要求以导航台为圆心，完成标准速率转弯，请使用飞行模拟平台完成科目训练。

算一算：盘旋一周的时间和角速度。

盘旋一周的时间等于周长与速度之比，所以：

$$T = \frac{2\pi \cdot R}{V} = \frac{2\pi}{g} \cdot \frac{V}{\tan\gamma}$$

盘旋的角速度：

$$\omega = \frac{2\pi}{T} = \frac{\tan^2\gamma}{V}$$

想一想：什么叫作标准速率转弯？

标准速率转弯是以 3°/s 的速率进行转弯，盘旋一周所需的时间为 2 min。

Part 4　任务小结

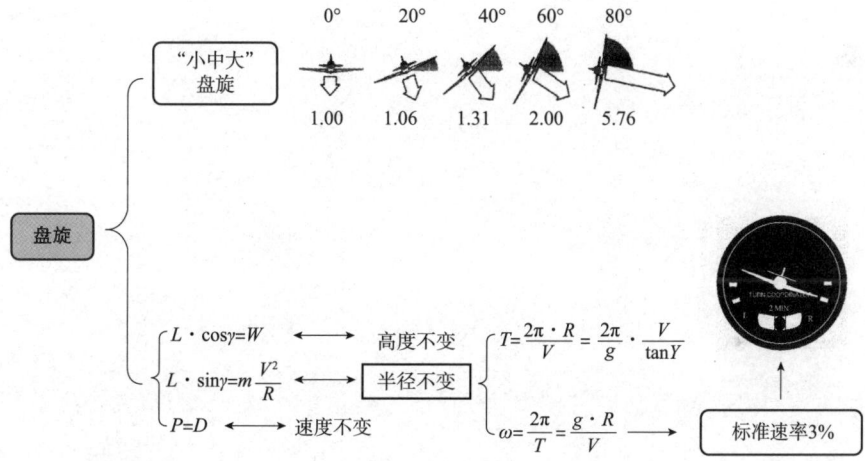

Part 5　任务拓展

想一想：某型喷气式无人机可承受的最大过载为 10 g，在性能满足的前提下，其最大盘旋坡度是多少？

结合垂直过载的定义和盘旋坡度的计算公式，可得

$$\cos\gamma = \frac{1}{n_y}$$

因此，无人机的最大盘旋坡度为

$$\gamma = \arccos\frac{1}{n_y}$$

由于无人机最大可承受 10 g 过载，将 $n_y = 10$ 代入上式，可得无人机的最大盘旋坡度：

$$\gamma = \arccos\frac{1}{10} \approx 84.3°$$

Part 6　课后思考

思考并回答下列问题：

1. 盘旋时的空气作用力是怎样产生的？

2. 盘旋时操纵盘（杆）和舵面位置的对应关系是怎样的？

3. 预习：飞机以标准姿态盘旋时的操纵方法和注意事项。

FL3　空域飞行动作（三）：操纵无人机按标准速率盘旋

【学习目标】

1. 掌握几种盘旋的定义。
2. 具备操纵无人机进行盘旋的能力。
3. 具备操纵无人机进行标准速率盘旋的能力。

FL3 标准速率盘旋视频　　FL3 飞机盘旋实景拍摄

【知识回顾】

复习无人机在恒定速度（图 3.11.1）、恒定坡度（图 3.11.2）四转弯时对应的不同路径。

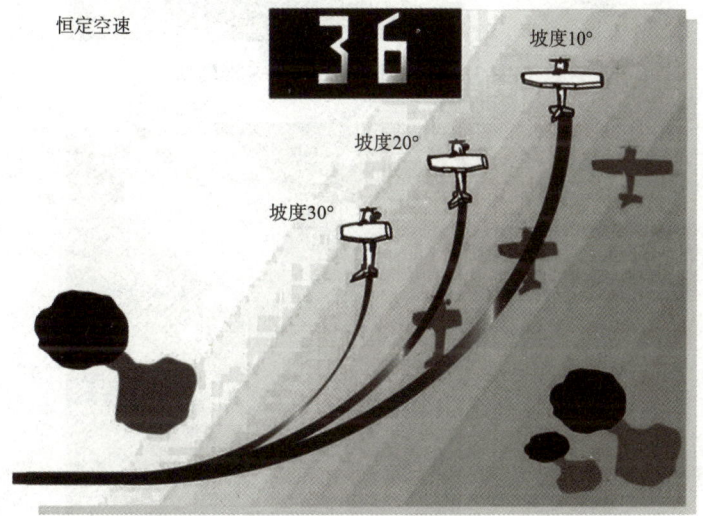

图 3.11.1　无人机恒定速度四转弯时不同坡度对应的不同路径

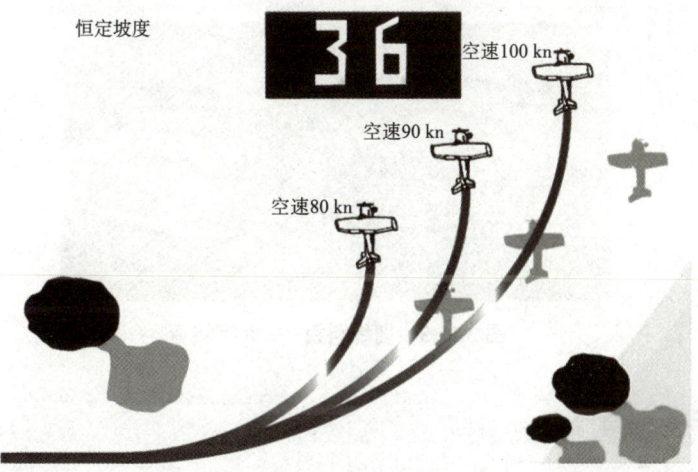

图 3.11.2　无人机恒定坡度四转弯时不同速度对应的不同路径

167

Part 1　任务描述

使用虚拟仿真软件，选定绵阳 272 空域，进行空域飞行动作之盘旋，重点练习标准速率盘旋等动作，如图 3.11.3～图 3.11.5 所示。

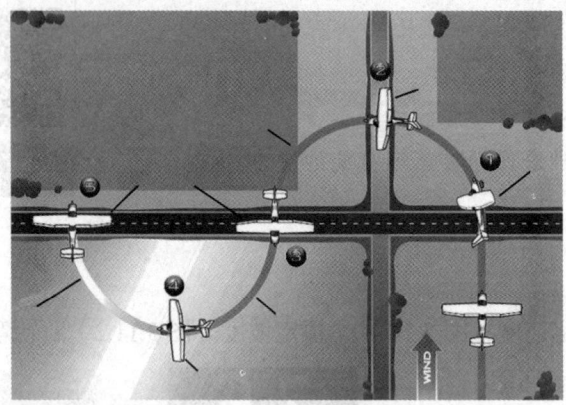

图 3.11.3　训练科目——S 形转弯

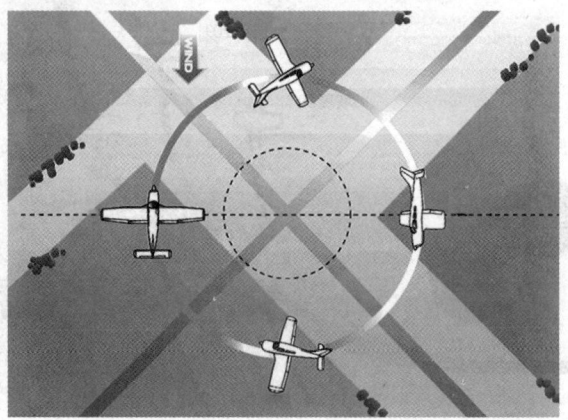

图 3.11.4　训练科目——绕固定地标 / 导航台定圆盘旋

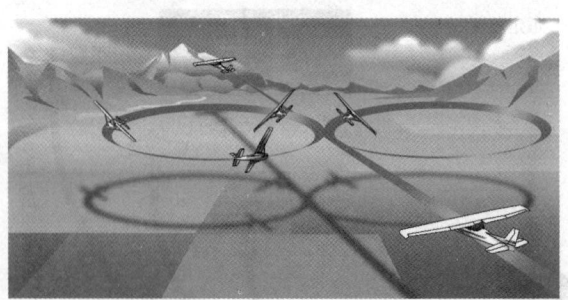

图 3.11.5　训练科目——8 字转弯

Part 2　知识储备

思考：
（1）标准速率转弯时，航向仪和转弯侧滑仪如何指示？

（2）请仔细观察航向仪与转弯侧滑仪，如图3.11.6所示，判断其是否以标准速率盘旋。

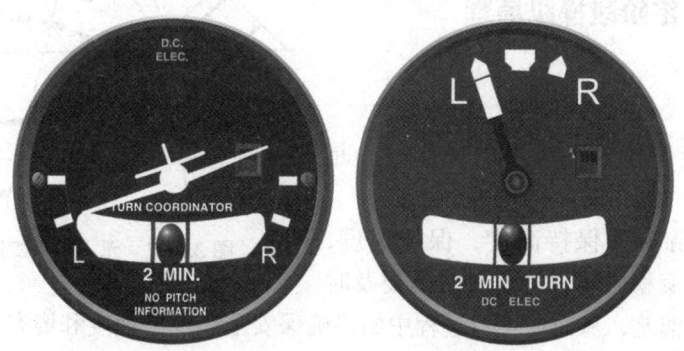

图3.11.6　标准速率转弯时飞机仪表显示

■ 一、无人机盘旋操纵原理

想一想：进入盘旋时，压杆、蹬舵、带杆分别有什么作用？

压杆可以增大坡度，使升力方向向转弯方向倾斜，利用升力的水平分力为转弯提供向心力。蹬舵可以消除侧滑，当飞行轨迹向无人机倾斜一侧弯曲时，如果不同时向飞行轨迹的弯曲方向蹬舵修正，就会导致内侧滑，这不仅会造成气动效率降低，还会打破无人机的横航向平衡，造成飞行状态偏离。适当地向后带杆可以增大迎角，从而使升力增大，以保证升力的垂直分力足以平衡重力。

■ 二、盘旋进入阶段操纵原理

加油门并适当顶杆，以增大飞行速度，当速度增大至规定值，手脚一致地向盘旋方向压盘蹬舵。压盘是为了使无人机带坡度，以升力水平分力作为向心力，使无人机做曲线运动。蹬舵是为了使无人机绕立轴偏转，避免产生侧滑。

在压盘的同时，需要向后带杆以增大升力，保持升力垂直分力不变。

当飞机快到预定坡度时，应及时提前回盘，使飞机稳定在预定坡度。回盘应至中立或过中立。同时相应回舵保持无侧滑。

想一想：盘旋进入阶段，为何要先顶杆加速，后倾斜进弯？

为保持高度不变，无人机倾斜进入盘旋时需要增大升力，如果只通过增大迎角的方式增大升力，会使无人机的迎角远远大于有利迎角，造成气动效率降低。当坡度增大时，如果只是继续增大迎角保持高度，很容易造成失速，因此在进入盘旋之前要适当地增加速度。当速度增大时，为防止因升力增大造成的高度上升，应向前顶杆减小迎角，当无人机达到所需速度后，便可以手脚一致地向盘旋方向压杆、蹬舵，同时适当地向后带杆。

当无人机接近预定坡度时，应把握好提前量，及时回杆，使无人机稳定在预定坡度，回杆位置通常为副翼的中立位或过中立位。与此同时，还要灵活地控制油门与方向舵，保持速度稳定且无侧滑。

169

无人机盘旋进入阶段示意如图 3.11.7 所示。

■ 三、盘旋稳定阶段操纵原理

1. 操作核心

在盘旋稳定阶段，飞行员的操作核心是"两保一消除"。

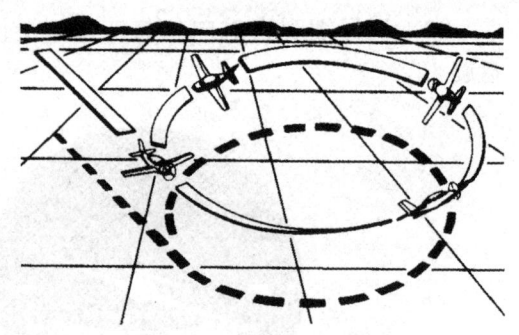

图 3.11.7 无人机盘旋进入阶段示意

"两保一消除"即保持高度，保持速度，消除侧滑。在盘旋稳定阶段，驾驶员需要及时发现并修正各种偏差，从而在飞行过程中始终确保安全高度、速度和姿态。

（1）保持高度。在保持坡度的前提下，用杆保持高度。

（2）保持速度。在保持坡度与高度的前提下，正确地使用杆和油门保持速度。

（3）随时消除侧滑。保持盘舵协调，不使飞机产生侧滑。

想一想：怎样才能做到"两保一消除"？

当盘旋转弯时，通常要保持无人机坡度不变，且最大不超过 30°。如图 3.11.8 所示，由于盘旋过程中外侧机翼的相对气流速度 V_{OUTR} 较大，内侧机翼的相对气流速度 V_{INR} 较小。因此，外侧机翼的升力比内侧机翼大，要保持坡度不变，应向盘旋的反方向适当压杆，且压杆量要随着坡度的增大而增大。

在盘旋过程中，应始终让垂直速度表的指针指在零刻度位，如果指针上偏，应适当减小向后带杆的量，如果指针下偏，应适当增大向后带杆的量。

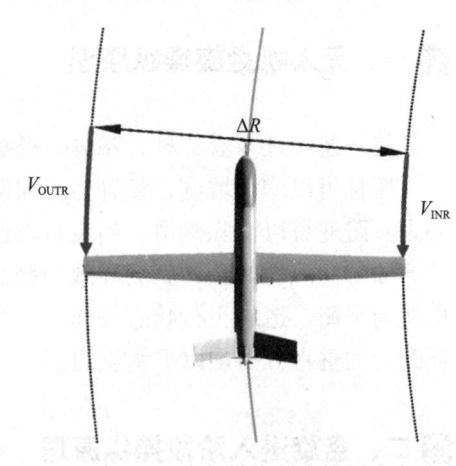

图 3.11.8 盘旋转弯时内外侧速度

与此同时，还要灵活地控制油门，以保持速度不变。为保持无人机无侧滑，应始终把侧滑指示器内的小球"踩"在弧形玻璃管中央。

2. 盘旋中的盘舵量

（1）盘量。盘旋时，两翼相对气流速度不同，外翼升力大于内翼升力，需要反方向压盘修正（图 3.11.9）。小坡度盘旋，盘一般在中立位置；大坡度盘旋，压反盘的量增大，以保持坡度为准。

（2）舵量。盘旋时，无人机绕立轴转动，产生盘旋反方向的方向阻转力矩；同时，两侧机翼阻力差也产生盘旋方向的反偏转力矩。需要蹬舵修正。

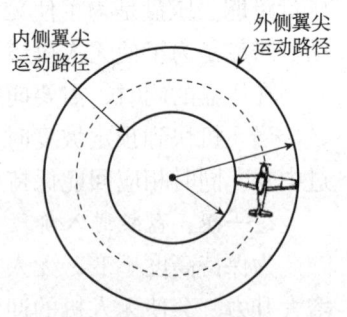

图 3.11.9 无人机盘旋时内侧与外侧翼尖不同运动路径

3. 合理地进行注意力分配

以地平仪为中心，交叉扫视其他仪表。

综上所述，要保持无人机的正常盘旋，必须随时关注姿态指示器、转弯侧滑仪、空速表、垂直速度表的指示，只要其中一个参数发生变化，杆舵和油门就要全部协调起来，而不是进行单一的操纵。由此可见，杆、舵、油门三者正确地配合是做好盘旋的关键。

■ 四、盘旋改出阶段操纵原理

向盘旋的反方向压盘，减小飞机坡度，同时向盘旋的反方向蹬舵，逐渐制止飞机偏转；飞机坡度减小，升力垂直分力逐渐增大，需要逐渐向前顶杆保持高度，同时柔和收油门，保持速度不变。当飞机接近平飞状态时，将盘和舵回到中立位置。

总结：盘旋改出阶段的正确操纵方法。

如果要改出盘旋，应在无人机到达预定的改出位置前，提前向盘旋的反方向压杆、蹬舵，以减小坡度、防止侧滑，同时协调地向前顶杆并柔和收油，以保持高度、速度不变。当无人机接近平飞状态时，提前将杆舵回中，随后按照"三定一保一活"的要求，保持平飞。

提前一定角度，向盘旋反方向手脚一致地压盘、蹬舵，逐渐减小飞机坡度，并防止侧滑。随着坡度的减小，向前顶杆，并收小油门，在飞机接近平飞状态时，将盘和舵回到中立，保持平飞。

Part 3 任务实施

使用虚拟仿真软件，选定绵阳272空域，进行空域飞行动作之盘旋，重点练习三度盘旋等动作，如图3.11.10标注所示。

科目	飞行训练手册	飞机飞行指南	仪表飞行指南
失速意识	3.04.24	1.3.3	
着陆后	3.04.24	2.8	
脱离跑道后	3.03.24	2.9	
低于巡航速度飞行	3.04.24	4.3	
完全失速—无功率	3.04.25	4.10.1	
完全失速—带功率	3.04.27	4.10.2	
起飞中的地面效应	3.04.03	5.6	
中断起飞/引擎失效	3.04.03	5.9	
以地面物体为参照的机动飞行	3.04.35	6.2	
矩形航线	3.04.33	6.4	
S形转弯	3.04.34	6.5	
围绕地标转弯	3.04.33	6.6	
有意侧滑	3.04.06	8.2	
侧风进近与着陆	3.04.04	8.5	
大坡度盘旋	3.04.28	9.1.1	

图3.11.10 训练科目

Part 4 任务小结

在盘旋中，需要及时调整的操纵如下：

（1）在压盘的同时，需要向后带杆以增大升力，保持升力垂直分力不变。

（2）当无人机快到预定坡度时，应及时提前回盘，使无人机稳定在预定坡度。回盘应至中立或过中立。同时相应回舵，保持无侧滑。

Part 5　任务拓展

在模拟器上设置气象条件为"随机阵风"，观察风对无人机盘旋的影响（图 3.11.11）。可知稳定的风会使无人机随风飘移，改变无人机的地面轨迹。

当有顺风分量时，地速增加，盘旋半径有增加趋势，坡度应该增加以保持半径不变。当顺风分量最大时，盘旋坡度最大；逆风反之。

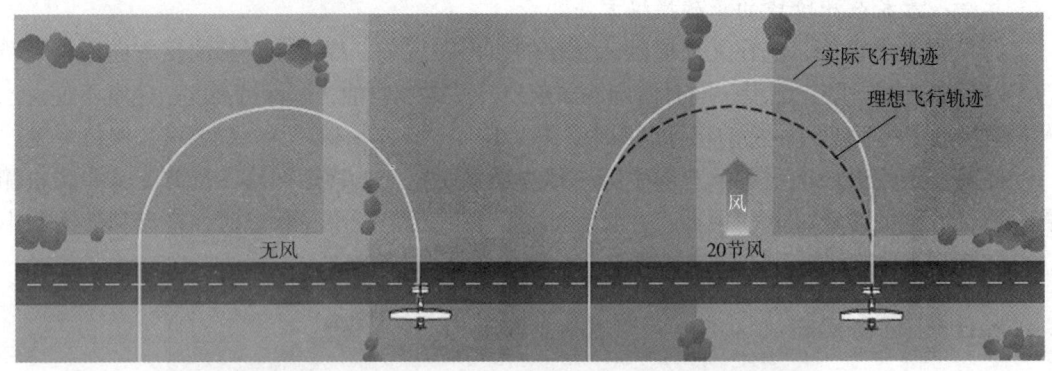

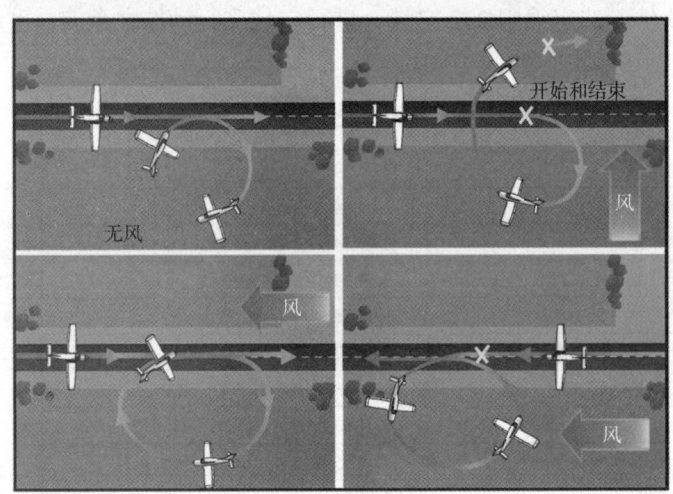

图 3.11.11　飞行科目示意

Part 6　课后思考

思考并回答下列问题：
在盘旋稳定阶段，飞行员的操作核心是什么？

GL21 无人机盘旋飞行中的侧滑及修正

🛸【学习目标】

1. 了解侧滑的概念。
2. 认识侧滑的原因。
3. 掌握修正侧滑的操纵方法。
4. 养成严慎细实的职业素养。
5. 培养航空报国、航空强国的精神。

GL21 飞机侧滑及改出

🛸【知识回顾】

机体对称面与相对气流带有夹角的飞行状态称为侧滑。

侧滑角：相对气流和飞机对称面之间的夹角。

侧滑大多是无意形成的，如倾斜转弯时，如果向转弯方向压杆的量过大，或者蹬舵的量过小，就容易造成侧滑。侧滑形成后，无人机的升阻比减小，气动效率降低。当然，有时也需要有意地让无人机侧滑，如在需要快速下高的时候，就可以有意地向任一方向蹬舵，使机体对称面与飞行轨迹形成夹角，同时向蹬舵的反方向压杆，就可以让无人机保持笔直的飞行轨迹，侧滑下高。

Part 1　任务描述

使用虚拟仿真软件，选定绵阳 272 空域，进行空域飞行动作——侧滑科目训练，如图 3.12.1 标注所示。

科目	飞行训练手册	飞机飞行指南	仪表飞行指南
失速意识	3.04.24	1.3.3	
着陆后	3.04.24	2.8	
脱离跑道后	3.03.24	2.9	
低于巡航速度飞行	3.04.24	4.3	
完全失速—无功率	3.04.25	4.10.1	
完全失速—带功率	3.04.27	4.10.2	
起飞中的地面效应	3.04.03	5.6	
中断起飞/引擎失效	3.04.03	5.9	
以地面物体为参照的机动飞行	3.04.35	6.2	
矩形航线	3.04.33	6.4	
S形转弯	3.04.34	6.5	
围绕地标转弯	3.04.33	6.6	
有意侧滑	3.04.06	8.2	
侧风进近与着陆	3.04.04	8.5	
大坡度盘旋	3.04.28	9.1.1	

图 3.12.1　训练科目

Part 2　知识储备

无人机盘旋时的侧滑

（1）飞行轨迹偏离飞机的对称面，从操纵上讲，主要是由于飞行员只压盘或压盘过多，形成内侧滑。

（2）无人机对称面偏离飞行轨迹，从操纵上讲，主要是由于飞行员只蹬舵或舵量过大，形成外侧滑。

如果盘旋时只压杆，不蹬舵，就会形成如图 3.12.2（a）所示的内侧滑。修正内侧滑的方法是向转弯方向蹬舵［图 3.12.2（b）］，如果蹬舵量不够，侧滑角就不能完全消除；如果蹬舵量过多，则会形成如图 3.12.2（c）所示的外侧滑。

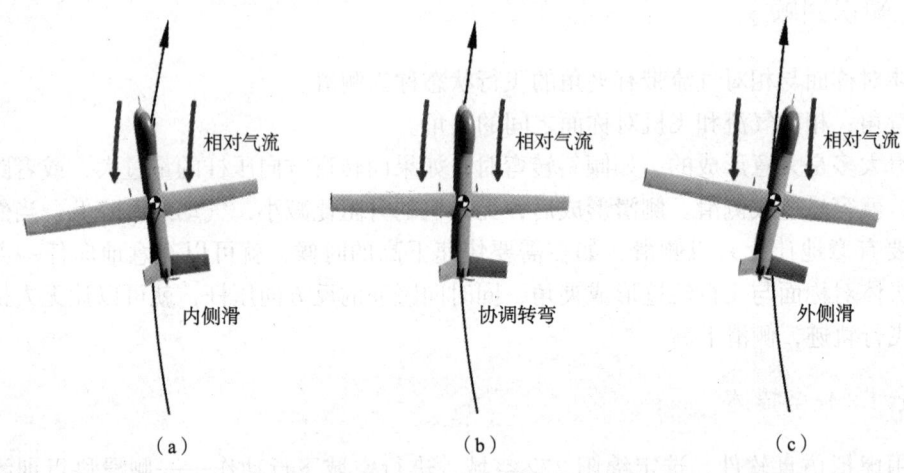

图 3.12.2　侧滑
（a）内侧滑；（b）协调转弯；（c）外侧滑

1. 无人机正常盘旋时侧滑引起的力的变化

内侧滑时，相对气流作用在无人机上会形成外侧力 $F_{\theta OUTR}$，其中外侧力的水平分力 $F_{\theta OUTR2}$ 使无人机的转弯半径增大，产生负的惯性离心力增量 ΔF_i，使侧滑指示器中的小球向内侧移动，如图 3.12.3 所示。同时，外侧力的垂直分力 $F_{\theta OUTR1}$ 还会使无人机的高度上升。

外侧滑时，相对气流作用在无人机上会形成内侧力 $F_{\theta INR}$，其中内侧力的水平分力 $F_{\theta INR2}$ 使无人机的转弯半径减小，产生正的惯性离心力增量 ΔF_i，使侧滑指示器中的小球向外侧移动，如图 3.12.4 所示。同时，内侧力的垂直分力 $F_{\theta INR1}$ 还会使无人机的高度下降。

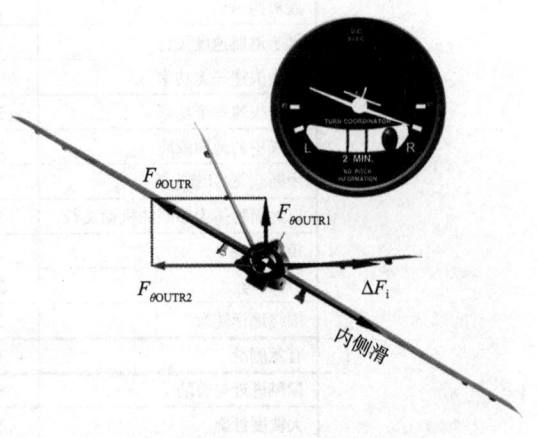

图 3.12.3　内侧滑时的受力

无侧滑时，升力 L 与重力 W 相平衡，向心力 F_c 与惯性离心力 F_i 相平衡，因此无人机的盘旋半径不变，高度不变。并且惯性离心力 F_i 与重力 W 的合力 F_R 刚好处在无人机的对称面内，故侧滑指示器中的小球会保持在弧形玻璃管中央，如图 3.12.5 所示。

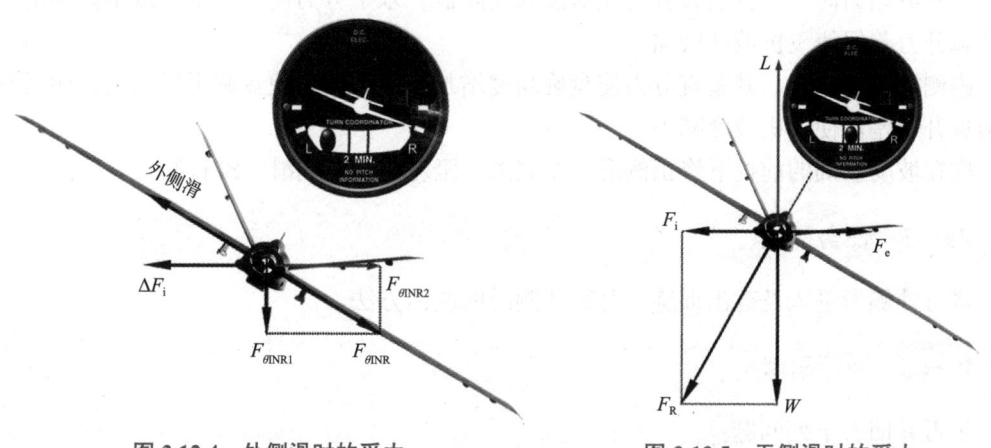

图 3.12.4　外侧滑时的受力　　　　图 3.12.5　无侧滑时的受力

综上所述，无侧滑盘旋时，侧滑指示器中的小球会保持在弧形玻璃管中央，如果小球越过中间位置标线，小球向哪边移动，就向哪边蹬舵，将小球"踩"回中间位置，这样便可以消除侧滑角。

2. 盘旋时侧滑引起的力矩变化

盘旋时，内侧滑引起的横向稳定力矩使坡度减小。坡度减小使升力的水平分力减小、垂直分力增大，造成盘旋半径增大、盘旋高度增加。而外侧滑引起的横向稳定力矩使坡度增大，坡度增大使升力的水平分力增大、垂直分力减小，造成盘旋半径减小、盘旋高度降低。

盘旋中，盘的作用是使飞机带坡度；舵的作用是使飞机不产生侧滑。

3. 内侧滑的改出方法

向机头运动的相反方向（转弯方向）蹬方向舵（蹬左舵），使机头朝左转向，水平转弯建立后，释放施加在盘和方向舵上的力，带杆保持坡度以增大升力，保持平飞。

盘舵协调，改出内侧滑。

Part 3　任务实施

使用模拟器在任意空域进行侧滑科目练习（图 3.12.6）。

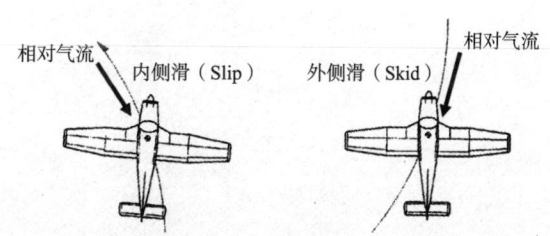

图 3.12.6　内外侧滑时，飞机前进方向与相对气流的关系

Part 4　任务小结

盘旋中，盘的作用是使无人机带坡度；舵的作用是使无人机不产生侧滑。

外侧滑侧力向内，其垂直分力使盘旋高度降低，水平分力使盘旋半径减小。侧滑导致的两翼升力差促使飞机坡度增加。

内侧滑侧力向外，其垂直分力使盘旋高度增加，水平分力使盘旋半径增大。侧滑导致的两翼升力差促使飞机坡度减小。

应在坡度正确的前提下修正侧滑。左侧滑，蹬左舵；右侧滑，蹬右舵。

Part 5　任务拓展

进行外侧滑进入及改出训练，总结外侧滑的改出方法。

Part 6　课后思考

思考并回答下列问题：

1. 什么是侧滑？

2. 应该如何修正侧滑带来的偏差？

GL22　螺旋桨副作用对无人机盘旋飞行的影响及修正方法

【学习目标】

1. 了解螺旋桨副作用产生的原理。
2. 了解螺旋桨副作用对飞行产生的影响。
3. 了解螺旋桨副作用导致飞机带坡度的原因。
4. 掌握修正坡度影响的方法。
5. 养成严慎细实的职业素养。
6. 培养航空报国、航空强国的精神。

GL22 飞机盘旋操纵

GL22 盘旋中修正坡度

【知识回顾】

请根据所学知识回答下列问题：
（1）飞机在空中分别沿哪几个轴运动？沿每个轴运动的名称是什么？
（2）飞机转弯主要是依靠副翼还是方向舵？
（3）什么是侧滑？侧滑产生的原因是什么？
（4）螺旋桨副作用的四种表现是什么？

Part 1　任务描述

使用虚拟仿真软件，选定绵阳272空域，进行空域飞行动作——大坡度盘旋科目训练，如图3.13.1所示。

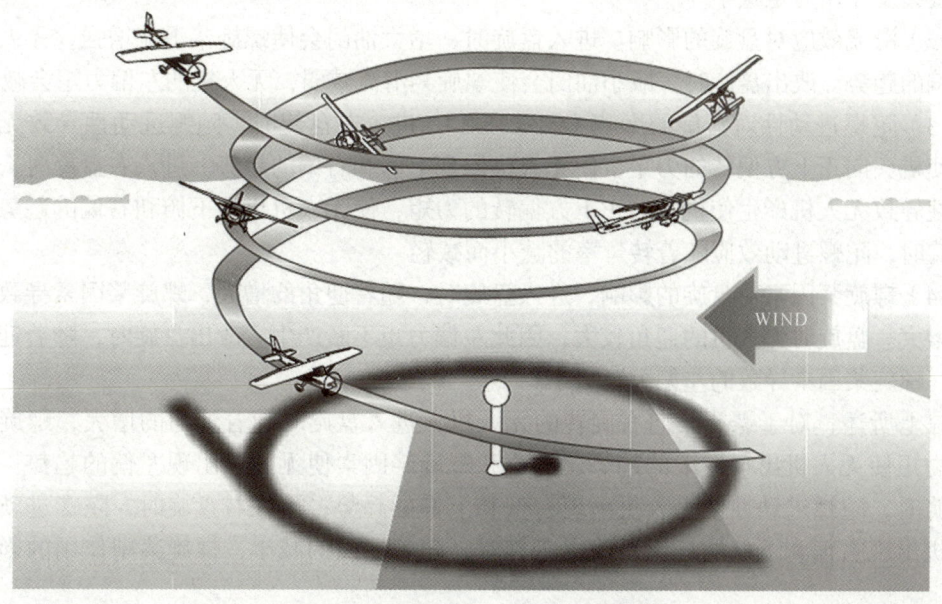

图 3.13.1　训练科目——大坡度盘旋

> **小知识**
>
> 行业首次：
>
> 2024年1月2日，XF2-T型螺旋桨成功取得由中国民航局颁发的型号合格证（TC），走完了适航审定的关键一步，意味着我国自主研制的地面可调桨距定距螺旋桨首次按照《螺旋桨适航标准》（CCAR-35）要求，完成全部适航试验。
>
> XF2-T是安徽某公司自主研发的一款3桨叶地面可调桨距定距螺旋桨，兼具高效性、灵活性等诸多优势，适用于轻型运动类飞机。该型螺旋桨由桨叶、整流罩、桨毂和紧固件组成。其中，桨叶和整流罩为复合材料；桨毂为金属材料。
>
> "适航取证是XF2-T型螺旋桨进入市场的安全性门槛，也是其国产化进程中不可逾越的重要环节。此次能够取得TC认证，对我们来说意义重大。"企业相关负责人表示，这不仅填补了国内通航螺旋桨产品在适航取证方面的空白，而且实现了多项技术"零"的突破，为通航载人飞机实现100%整机国产化，带来了更多可能。

Part 2　知识储备

当螺旋桨正常工作时，一方面会产生拉力，为无人机提供前进的动力；另一方面会产生一些对飞行不利的副作用，它们分别是：反作用力矩、陀螺进动性、滑流效应、螺旋桨因素（P-Factor）。

以右旋螺旋桨为例，螺旋桨副作用对盘旋有如下影响：

（1）反作用力矩对盘旋的影响。进入盘旋时，增大油门会使螺旋桨反作用力矩增大，无人机会有左滚的趋势。在稳定盘旋阶段，为保持坡度不变，通常要向盘旋的反方向压杆，由于反作用力矩，左盘旋时反向压杆的量会比右盘旋时大。改出盘旋时，减小油门会使螺旋桨反作用力矩减小。

（2）滑流效应对盘旋的影响。进入盘旋时，增大油门会使螺旋桨滑流增强，无人机会有左偏的趋势。改出盘旋时，减小油门会使螺旋桨滑流减弱，无人机的左偏力矩会减小。

（3）陀螺进动性对盘旋的影响（图3.13.2）。进入左盘旋时，陀螺进动性导致无人机产生使机头向正上方偏转的力矩，使无人机出现上仰和右偏的趋势。进入右盘旋时，陀螺进动性导致无人机产生使机头向正下方偏转的力矩，使无人机出现下俯和右偏的趋势。改出盘旋时，陀螺进动效应随着转弯率的减小而减轻。

（4）螺旋桨因素对盘旋的影响。进入盘旋时，随着迎角的增大，螺旋桨因素导致左偏力矩增大。盘旋时无人机的迎角较大，因此左偏力矩不断产生。改出盘旋时，随着迎角的减小，螺旋桨因素导致的左偏力矩减小。

综上所述，对于螺旋桨向右旋转的无人机，进入盘旋时随着油门的增大，螺旋桨反作用力矩使无人机出现左滚的趋势，滑流和螺旋桨因素使无人机出现左偏的趋势。进入左盘旋时，陀螺进动性使无人机出现右偏和上仰的趋势；进入右盘旋时，陀螺进动性使无人机出现右偏和下俯的趋势；改出盘旋时，随着油门的减小，螺旋桨副作用的影响会减轻。

螺旋桨副作用导致左、右盘旋的盘舵量不同，盘旋坡度越大，盘舵量差异越明显。

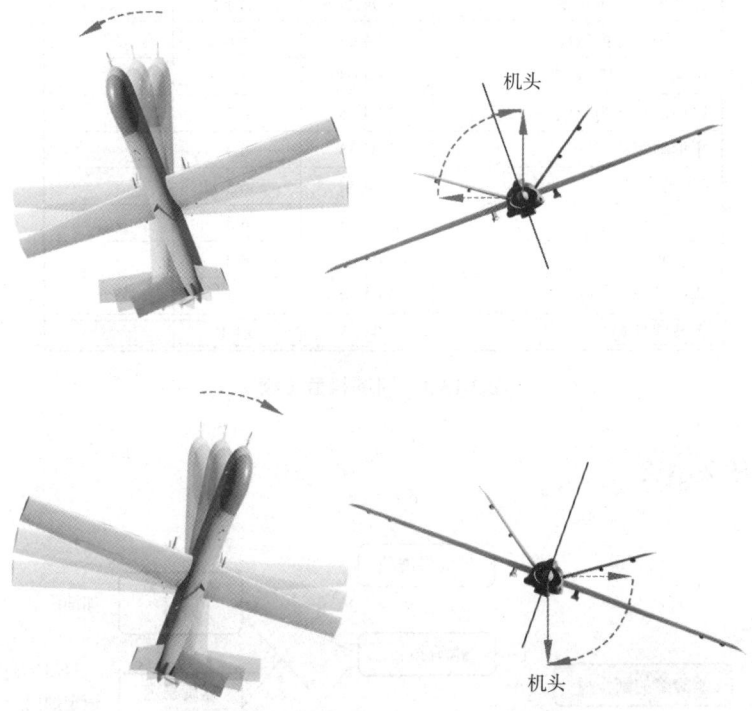

图 3.13.2　陀螺进动性对盘旋的影响

以右转桨为例：

（1）进入阶段。飞机旋转角速度较小，进动作用不大，加油门引起的反作用力矩和滑流扭转力矩较明显，此时飞机有左滚和左偏趋势，故进入右盘旋的盘舵量相对较大，进入左盘旋的盘舵量相对较小。

（2）稳定阶段。飞机保持恒定的旋转角速度，进动作用较明显。在右盘旋中，进动使机头垂直下移，产生外侧滑，导致坡度增大。因此，左右盘旋舵量不同。

（3）改出阶段。收油门使反作用力矩和滑流扭转力矩减弱，飞机有右滚和右偏趋势。因此，改出右盘旋，盘舵量稍大；而改出左盘旋，盘舵量稍小。

Part 3　任务实施

使用虚拟仿真软件，选定绵阳 272 空域，进行空域飞行动作——大坡度盘旋科目训练，如图 3.13.3 所示。

科目	飞行训练手册	飞机飞行指南	仪表飞行指南
失速意识	3.04.24	1.3.3	
着陆后	3.04.24	2.8	
脱离跑道后	3.03.24	2.9	
低于巡航速度飞行	3.04.24	4.3	
完全失速—无功率	3.04.25	4.10.1	

图 3.13.3　训练科目

科目	飞行训练手册	飞机飞行指南	仪表飞行指南
完全失速—带功率	3.04.27	4.10.2	
起飞中的地面效应	3.04.03	5.6	
中断起飞/引擎失效	3.04.03	5.9	
以地面物体为参照的机动飞行	3.04.35	6.2	
矩形航线	3.04.33	6.4	
S形转弯	3.04.34	6.5	
围绕地标转弯	3.04.33	6.6	
有意侧滑	3.04.06	8.2	
侧风进近与着陆	3.04.04	8.5	
大坡度盘旋	3.04.28	9.1.1	

图 3.13.3　训练科目（续）

Part 4　任务小结

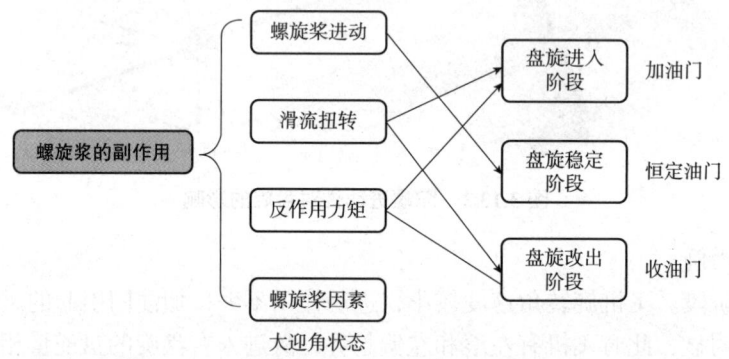

Part 5　任务拓展

归纳本次课内容，以小组为单位，绘制 4 个 "3"（三个基本舵面、三个基本操纵、三个基本动作、盘旋的三个基本操作）与完成动作的逻辑关系图。

熟记 4 个 "3" 与完成动作的关系，为模拟器实操奠定基础。

Part 6　课后思考

为了提高飞行员的基本驾驶术，训练飞行中还广泛使用各种机动飞行。这些机动飞行基本上都与盘旋有关，如 S 形转弯、懒八字（Lazy Eight）、急上升转弯（Chandelle）、大坡度螺旋下降（Steep Spiral）等。

请在模拟器上练习盘旋相关机动飞行科目。

思考并回答下列问题：

1. 螺旋桨副作用为什么会使飞机带坡度？

2. 应该如何修正螺旋桨副作用给盘旋带来的偏差？

模块四 04 固定翼无人机的操纵

学习目标

通过本模块的学习，掌握固定翼无人机在正常情况和特殊情况下的起降方法和注意事项，掌握固定翼无人机在单发失效及无动力状态下的操纵方法和注意事项，掌握起飞距离、着陆距离的计算方法，掌握飞机性能图表的使用方法，理解失速、尾旋的机理和改出原理等。

典型工作任务

地面滑行、起飞、着陆、迫降、失速改出、尾旋改出、单发失效等。

学习成果

完成阶段考核，达到模拟机上机标准。

本模块重难点

1. 起飞、着陆的操纵方法。
2. 在有风条件下起降。
3. 无动力迫降。
4. 起落架故障着陆。
5. 失速与尾旋的改出。
6. 单发失效后的操纵。

完成标准

通过教员测试，学生能够理解本课内容。

学生完成问题的回答至少取得 90 分，并且学生应回顾每个不正确答案，以确保在进入下一模块前完全掌握所学知识。

GL23　机场环境与地面滑行

【学习目标】

1. 了解机场飞行区相关指标及起落航线的基本概念。
2. 理解地面滑行的操纵原理，以及地面转弯半径与滑行速度、向心力的关系。
3. 能够识别机场飞行区内的各种常见标识，具备基本的读图能力（机场图），并操纵无人机进行地面滑行。

【课前预备】

1. 请前往"中国民用航空局官网—信息公开—民航规章"打开或扫码进入《民用航空空中交通管理规则》（CCAR-93TM-R6）。
2. 请前往"中国民用航空局官网—信息公开—标准规范"打开或扫码进入《民用机场飞行区技术标准》（MH 5001—2021）。
3. 请前往"中国民用航空局官网—信息公开—标准规范"打开或扫码进入《民用航空图编绘规范》（MH/T 4019—2012）。

Part 1　任务描述

某大型固定翼无人机准备按照试飞科目要求，完成地面滑跑测试，在获得地面管制的滑行许可后，操纵无人机沿管制要求的滑行路线滑行至跑道外正确的等待位置。滑行前可参考机场图，确定无人机的滑行路线。

Part 2　知识储备

一、起落航线

目视飞行规则通常只在起落航线上执行，根据《民用航空空中交通管理规则》（CCAR-93TM-R6），起落航线通常是左航线，即飞行中所有的转弯均是向左的。如果受到地形、建筑等其他条件的限制，也可以采用右航线。在起落航线飞行高度一般为

300～500 m，对于低空小航线，高度不得低于 120 m。

起落航线分为一边（Departure Leg）、二边（Crosswind Leg）、三边（Downwind Leg）、四边（Base Leg）、五边（Final Leg）（图 4.1.1）。一边与跑道平行，根据《民用航空空中交通管理规则》（CCAR-93TM-R6），起飞后须保持一边爬升至 100 m（夜间为 150 m）以上的高度，才能一转弯 90°进入二边，对于低空小航线，一转弯开始时的高度不得低于 50 m。二边与跑道中心线垂直，三边平行于跑道，距跑道 0.5～1 英里（1 英里 = 1 609.34 m），四边与跑道中心线的延长线垂直，是三边和五边的承接部分，所以在三转弯进入四边之前，要确保已为五边留出足够的长度。五边是进近边，在跑道中心线的延长线上，四转弯进入五边的操纵对稳定进近的建立十分关键。根据《民用航空空中交通管理规则》（CCAR-93TM-R6），四转弯结束时的高度不得低于 100 m（夜间为 150 m），对于低空小航线，四转弯结束时的高度不得低于 50 m。

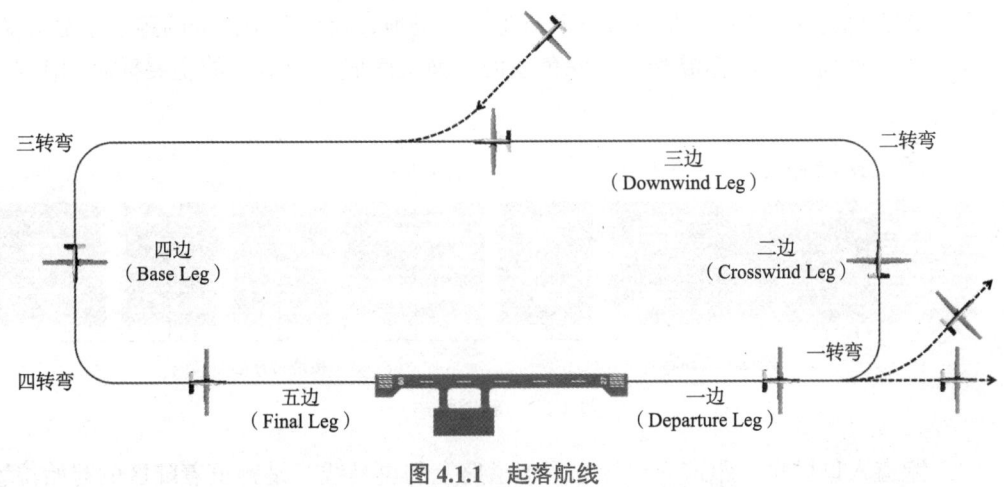

图 4.1.1　起落航线

■ 二、机场飞行区

机场飞行区是供航空器起降、滑行、停放的区域，主要包括跑道、跑道端安全区、升降带、滑行道、机坪等。根据《民用机场飞行区技术标准》（MH 5001—2021），民用机场飞行区按指标Ⅰ和指标Ⅱ进行分级，分别见表 4.1.1 和表 4.1.2。

表 4.1.1　民用机场飞行区指标Ⅰ

飞行区指标Ⅰ	飞机基准飞行场地长度 /m
1	＜ 800
2	800～1 200（不含）
3	1 200～1 800（不含）
4	≥ 1 800

表 4.1.2　民用机场飞行区指标 Ⅱ

飞行区指标 Ⅱ	翼展 /m
A	< 15
B	15 ～ 24（不含）
C	24 ～ 36（不含）
D	36 ～ 52（不含）
E	52 ～ 65（不含）
F	65 ～ 80（不含）

1. 跑道

跑道是陆地机场内供航空器起降的长条形特定场地，大型民用机场的跑道通常由水泥混凝土（浅色道面）或沥青混凝土（深色道面）铺筑而成，跑道上的主要标志如图 4.1.2 所示。

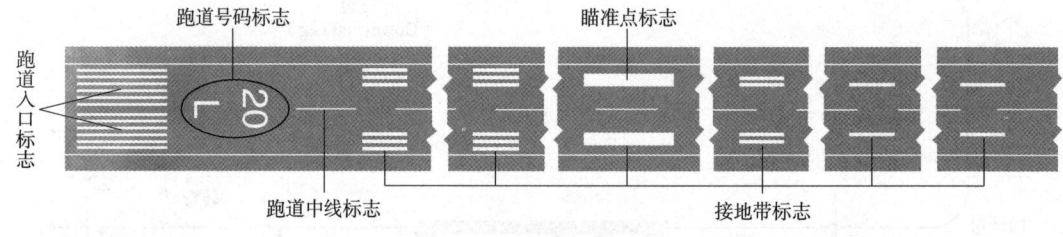

图 4.1.2　跑道标志

（1）跑道入口标志。跑道入口标志形似道路上的斑马线，是跑道着陆区的起始位置，航空器着陆时不能在跑道入口后方接地。

（2）跑道号码标志。跑道号码一般为两位数字。对于平行跑道，还要在两位数字后面加上一位字母 L/C/R，以表示左 / 中 / 右。跑道号码的数字部分是将跑道磁方位角的 1/10 四舍五入去小数点得到的，由于跑道两端的磁方位角相差 180°，两端跑道号码的数字总是相差 18。在机场设计中，跑道的方位是根据当地的净空条件、空域环境、地形地貌、噪声影响、年平均风向等因素来确定的。

（3）跑道中线标志。跑道中线标志位于跑道两端的跑道号码标志之间，由白色线段组成，用于标明跑道中心线的位置。在起飞和着陆的过程中，飞行员可以将跑道中线标志作为航迹修正的参考线。

（4）接地带标志。接地带是供航空器着陆接地的区域。接地带标志位于跑道中线两侧，由若干对平行且对称于跑道中线的长条形线段（或平行线段组）组成，如果航空器没能在接地带标志划定的区域接地，须中断着陆。

（5）瞄准点标志。瞄准点标志位于接地带的跑道中线两侧，是一对平行且对称于跑道中线的长方形条块，外形明显。进近时，飞行员可以参考瞄准点标志的位置来选择下滑点。

（6）跑道入口前标志。如果跑道入口后方的铺筑面长度超过 60 m，且不适于航空器的正常使用，应设置指向跑道的"＞"形黄色标志，即跑道入口前标志，如图 4.1.3 所示。

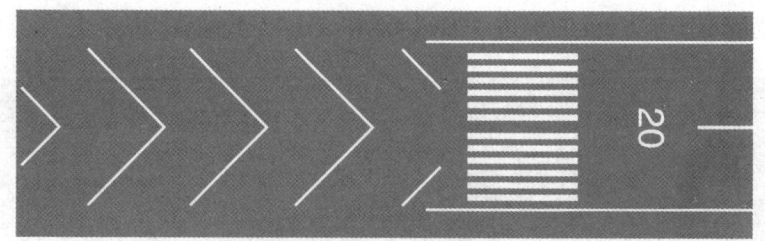

图 4.1.3 跑道入口前标志

（7）内移的跑道入口标志。如果将跑道入口标志从跑道端头向内移动，在跑道入口标志后方要喷涂一道横向线段，且横向线段后方的铺筑面要喷涂指向跑道方向的箭头标志，如图 4.1.4 所示。

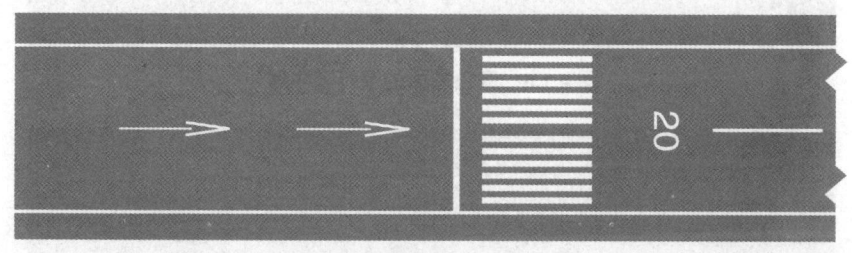

图 4.1.4　内移的跑道入口标志

对于临时内移的跑道入口，可不喷涂跑道入口标志，但内移跑道入口后方的跑道中线标志要改为箭头标志，且其余所有标志均要进行遮掩，如图 4.1.5 所示。

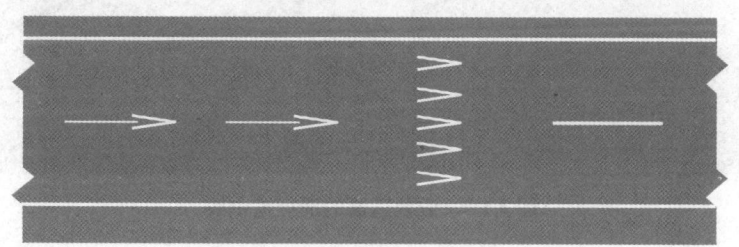

图 4.1.5　临时内移的跑道入口

需要注意的是，内移的跑道入口标志后方的那部分跑道只能用于起飞滑跑，不能用于着陆。

2. 滑行道

滑行道是将陆地机场的各个部分（如跑道、停机位、试车位等）连接在一起的，供航空器滑行的规定通道，包括机位滑行通道、机坪滑行道和快速出口滑行道。每条滑行道都有一个唯一的代号，代号可以是一位英文字母，也可以由一位英文字母和阿拉伯数字组成，在上述代号全部用完的情况下，还可以使用双字母滑行道代号。滑行道代号中不会出现"I""O""X"三个字母。在滑行过程中，飞行员可以通过机场图和机场标记牌来确定航空器所处滑行道的代号。

航空器应沿着滑行道中线滑行，对于沥青混凝土铺筑的深色滑行道，滑行道中线标志应为连续的黄色实线，对于水泥混凝土铺筑的浅色滑行道，滑行道中线标志的黄色实线两侧还应设有宽度不小于 5 cm 的黑边,如图 4.1.6、图 4.1.7 所示。

图 4.1.6 深色道面的滑行道中线

图 4.1.7 浅色道面的滑行道中线

如图 4.1.8 所示,跑道等待位置标志一般设置在滑行道与跑道的交汇处,最靠近跑道的一般是 A 型跑道等待位置标志。在 A 型跑道等待位置标志后方设置增强型滑行道中线,从而为飞行员提供明显的目视参考。B 型跑道等待位置标志主要在 ILS 运行时段发挥作用,其位置距离跑道稍远。

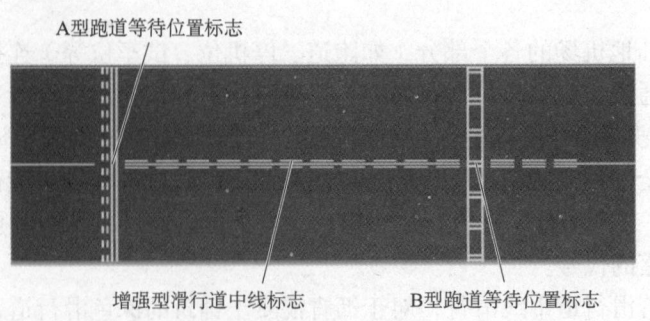

图 4.1.8 跑道等待位置标志与增强型滑行道中线

3. 机坪

机坪是机场内供航空器停放、加油、维修、装载的特定场地，航空器在机坪停放时应满足表 4.1.3 中的净距要求。

表 4.1.3　机坪停放飞机的最小净距　　　　　　　　　　　　　　单位：m

飞行区指标Ⅱ	F	E	D	C	B	A
在滑行道（除机位滑行通道外）上滑行的飞机与机坪上停放的飞机、建筑物和其他物体之间的净距	17.5	15	14.5	10.5	9.5	8.75
在机位滑行通道上滑行的飞机与停放的飞机、建筑物和其他物体之间的净距	10.5	10	10	6.5	4.5	4.5
在机位上停放的飞机与相邻机位上的飞机以及邻近的建筑物和其他物体之间的净距	7.5	7.5	7.5	4.5	3	3
停放的飞机主起落架外轮与机坪道面边缘的净距	4.5	4.5	4.5	4.5	2.25	1.5
机坪服务车道边线距停放飞机的净距	3	3	3	3	3	3

■ 三、助航灯光

助航灯光可以在夜间或低能见度条件下为飞行员提供良好的目视参考，提高机场的全天候运行能力。主要的助航灯光包括进近灯光系统、目视进近坡度指示系统、跑道灯光系统和滑行道灯光系统，如图 4.1.9 所示。本单元主要介绍进近灯光系统和目视进近坡度指示系统。

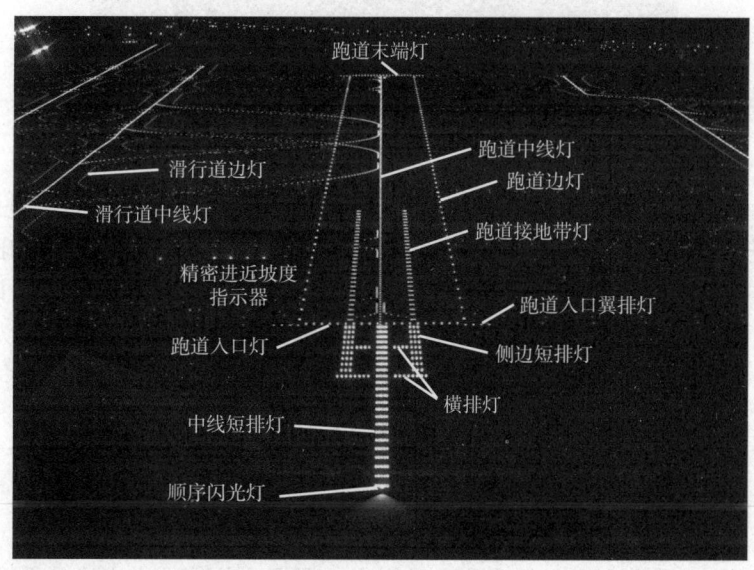

图 4.1.9　助航灯光

1. 进近灯光系统

现代大中型民用机场的跑道通常设有进近灯光系统。该灯光系统通常在夜间或低能见

度条件下工作。进近时,飞行员可以借助进近灯光系统,快速地从仪表飞行过渡到目视飞行。常见的进近灯光系统包括:

(1)简易进近灯光系统。

(2)Ⅰ类进近灯光系统。

(3)Ⅱ/Ⅲ类进近灯光系统。

简易进近灯光系统通常设在非仪表跑道或非精密进近跑道。以常见的 B 型简易进近灯光系统为例,该灯光系统由一列短排灯和一行横排灯组成,如图 4.1.10 所示。短排灯沿跑道中线延长线排列,每相邻两组短排灯之间的距离为 60 m。最里端的短排灯与跑道入口相距 60 m,最外端的短排灯最少要延伸至跑道入口外 420 m。进近时,飞行员可以参照短排灯指明的跑道中线延长线对准跑道。横排灯垂直于跑道中线延长线且被其平分,与跑道入口相距 300 m,飞机接近跑道时,飞行员可以参考横排灯改平坡度并判断飞机与跑道入口的距离。

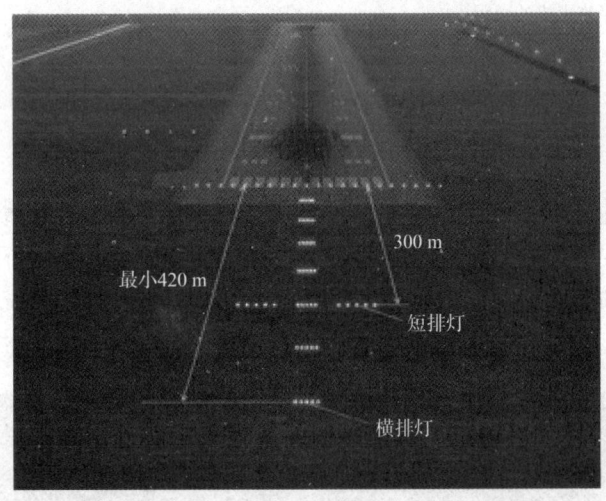

图 4.1.10　B 型简易进近灯光系统

精密进近跑道会根据其运行条件设置Ⅰ类进近灯光系统,或Ⅱ/Ⅲ类进近灯光系统。以 B 型Ⅰ类进近灯光系统为例,该灯光系统在 B 型简易进近灯光系统的基础上,增大了中线短排灯的排列密度,并将其延伸到了跑道入口外 900 m,且每组短排灯上还加装了顺序闪光灯,如图 4.1.11 所示。顺序闪光灯以 2 次/秒的频率由外向内依次闪光,呈现出白色光点一个接一个向跑道入口快速移动的效果,其作用是将飞行员的目光引向跑道中线。

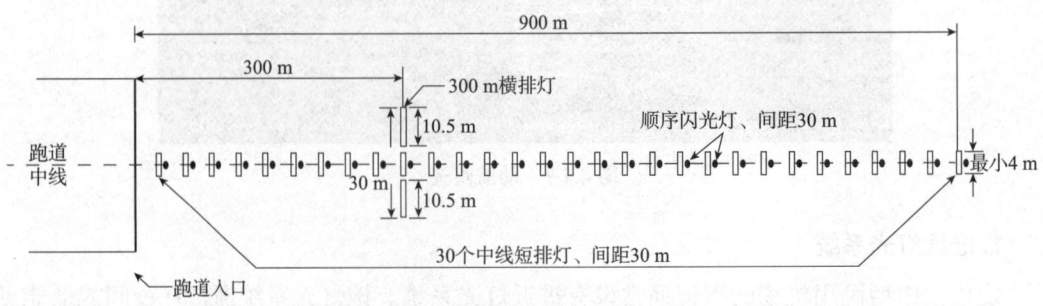

图 4.1.11　B 型Ⅰ类进近灯光系统

与Ⅰ类进近灯光系统相比，Ⅱ/Ⅲ类进近灯光系统增设了两列侧边短排灯和一行横排灯，如图4.1.12所示。侧边短排灯为红色，在中线短排灯两侧各有一列，在夜间或低能见度条件下，侧边短排灯可以标明跑道入口外300 m长的非着陆区域，警示飞行员不要在跑道外提前着陆。横排灯增设在跑道入口外150 m处，其刚好占据了中线短排灯与侧边短排灯之间的空隙。

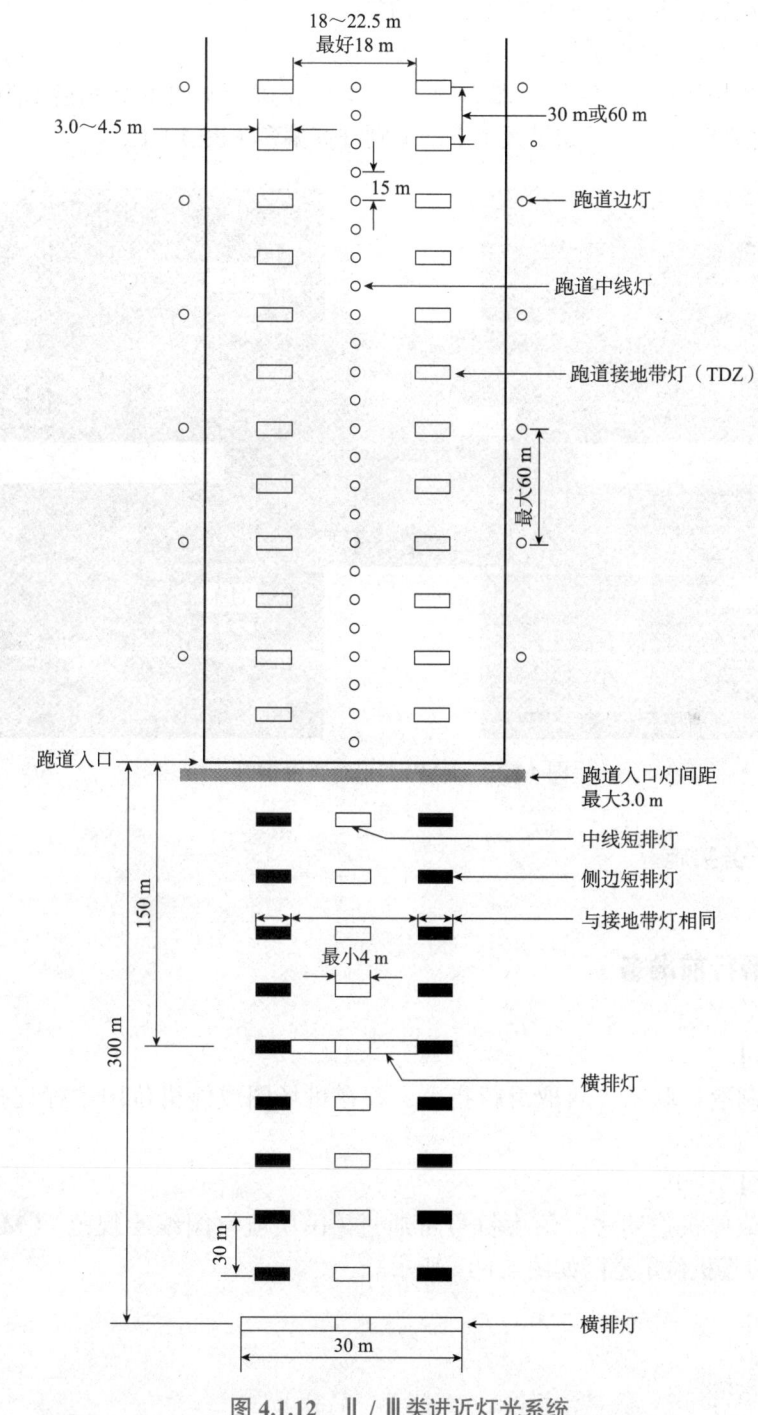

图4.1.12　Ⅱ/Ⅲ类进近灯光系统

2. 目视进近坡度指示系统

目视进近坡度指示系统是一种全天候的灯光指引系统，其作用是为飞行员提供目视进近下滑指引。目视进近坡度指示系统有以下四种。

（1）精密进近坡度指示器（PAPI）。
（2）简化精密进近坡度指示器（APAPI）。
（3）T式目视进近坡度指示系统（T-VASIS）。
（4）简化T式目视进近坡度指示系统（AT-VASIS）。

以最常见的精密进近坡度指示器为例（PAPI），正确下滑时的灯光指示为两白两红，如果高于下滑道则白灯偏多，如果低于下滑道则红灯偏多（图4.1.13）。

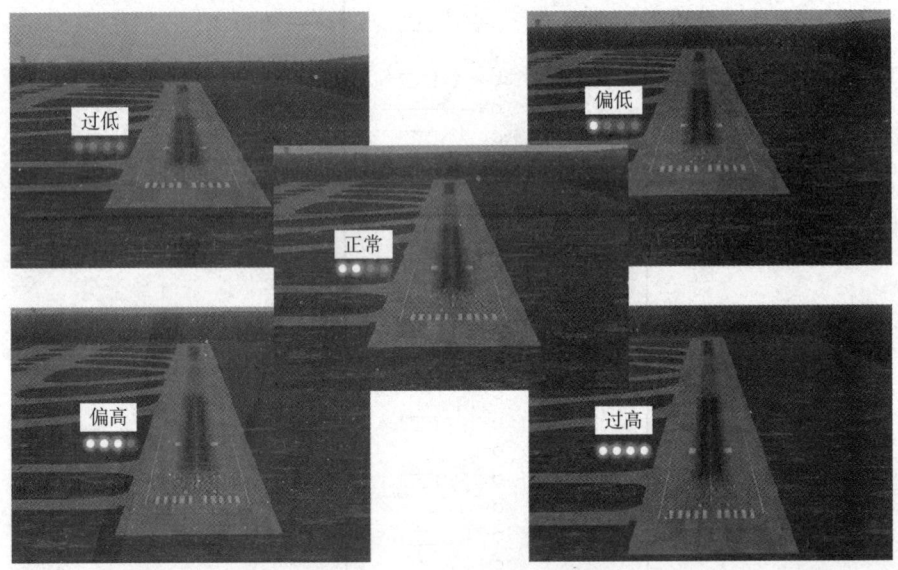

图 4.1.13　PAPI 灯进行下滑指引

Part 3　任务实施

■ 任务一　滑行前准备

【任务目标】

与地面管制取得联系，获取滑行指令，并在机场图或停机位图中标记指定的滑行路线。

【任务提示】

在机场图或停机位图中，陌生符号可通过《民用航空图编绘规范》（MH/T 4019—2012）查找。机场机位示意图如图4.1.14所示。

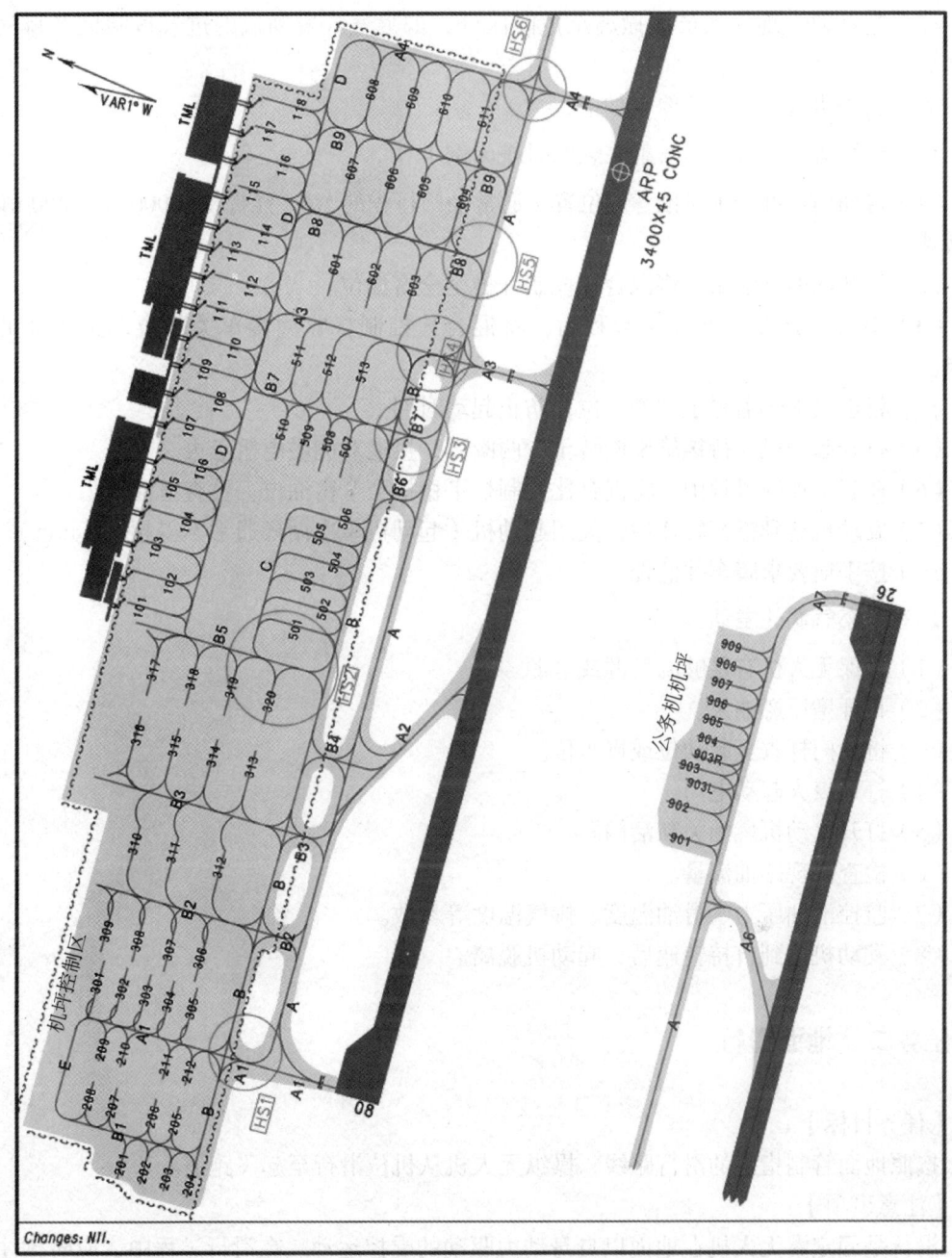

图 4.1.14 机场机位示意

【操纵要领】

发动机起动前准备：

（1）起动前须确保无人机逆风停放。

（2）起动前须确保地面已清空，无外来物，无任何人员、设备、车辆等。

（3）如使用地面电源或气源起动发动机，须确保起动后能够安全断开撤离，且符合起动顺序。

（4）起动前，地面人员应准备好灭火设备。

（5）起动时，地面人员应撤离至危险区外，如喷气式发动机的进气危险区及排气危险区。

关于发动机起动，相关要求如下：

1. 对于活塞发动机（以喷射式燃油系统为例）

（1）将油门前推至手册推荐的位置（通常油门行程的 1/4，能提供 1 000～1 200 r/min 的转速）。

（2）打开辅助燃油泵，将混合比控制杆推至全富油位。

（3）出现燃油流量并稳定数秒后，将混合比控制杆收回慢车关断位，关闭辅助燃油泵。

（4）将进气加热器置于"冷"位，防止起动时回火。

（5）打开起动机，待螺旋桨旋转至少两圈后，接通双侧磁电机点火。

（6）在起动加速过程中，将混合比控制杆平稳推至全富油位，检查滑油压力。

（7）发动机达到慢车转速后，关闭起动机（起动机单次循环通常不得超过 1 min）。

（8）按手册要求暖车并监控。

2. 对于燃气涡轮发动机

（1）确保无人机有足够的气源或电源。

（2）打开增压燃油泵。

（3）将油门杆收至起动位或慢车位。

（4）打开点火起动电门。

（5）打开发动机燃油关断活门。

（6）检查出现燃油流量。

（7）监控滑油压力、滑油温度、排气温度等参数。

（8）发动机达到自持转速后，起动机脱离。

■ 任务二 地面滑行

【任务目标】
按照地面管制指定的滑行路线，操纵无人机从机位滑行至起飞跑道。

【注意事项】
滑行是固定翼无人机在地面以自身动力驱动的受控运动。在滑行过程中，应时刻注意机场飞行区的交通状况，以防止发生跑道或滑行道入侵事件。

1. 直线滑行

【操纵要领】
做好滑行准备后，首先要松开刹车，然后缓缓地前推油门，只有当推力或拉力大于机轮摩擦时，无人机才会开始向前滑动。对于没有刹车系统自检功能的无人机，滑行前应首先对刹车功能进行测试。操作方法是稍稍前推油门，让无人机缓慢滑动，随后收光油门并平稳地施加刹车压力，若制动不良，应立即关车检查。

当无人机接近所需的滑行速度时，应适当减小油门，防止滑行速度增加过多。在滑行过程中，应通过油门控制无人机的滑行速度，避免频繁使用刹车。减速应尽量利用机轮摩擦力，当滑行速度足够缓慢时，仅需将油门收至慢车位，无人机就能很快停止滑行。因此，当滑行道的交通密度较大时，可放慢滑行速度，以减少刹车的使用。

2. 地面转弯

【操纵要领】

对于采用前轮转向系统的无人机，滑行过程中使用脚蹬控制前轮左右偏转时，前轮会受到向左或向右的侧向摩擦力，从而改变无人机的滑行方向。转向时，两点主轮也会受到向左或向右的侧向摩擦力，与前轮受到的侧向摩擦力一同形成地面转弯所需要的向心力，如图 4.1.15 所示。

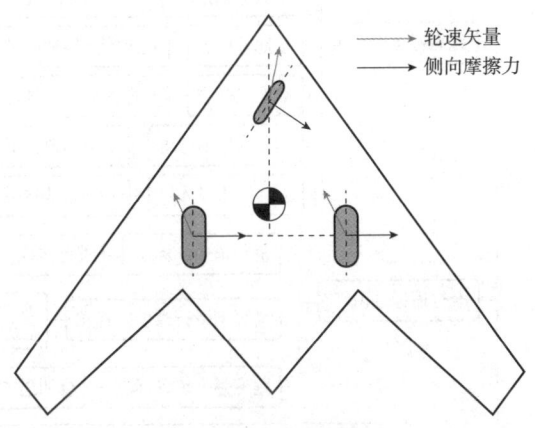

图 4.1.15　前轮转弯

如果无人机的前轮不可操纵，地面转向就要通过不对称刹车来控制。如果要向左转弯，需要对左侧主轮施加刹车压力，并保持右侧主轮刹车的释放。当左侧主轮受到的摩擦力大于右侧主轮时，就会对重心形成向左的偏转力矩，如图 4.1.16 所示。同理，如果要向右转弯，应踩下右侧主轮刹车，并保持左侧主轮刹车的释放。

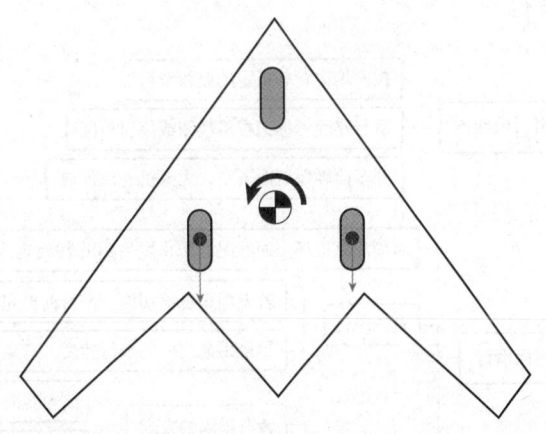

图 4.1.16　不对称刹车转弯

地面转弯半径主要取决于滑行速度和向心力。当滑行速度一定时，向心力越小，转弯半径越大；当向心力一定时，滑行速度越大，转弯半径越大。

Part 4 任务小结

1. 小结一：机场环境

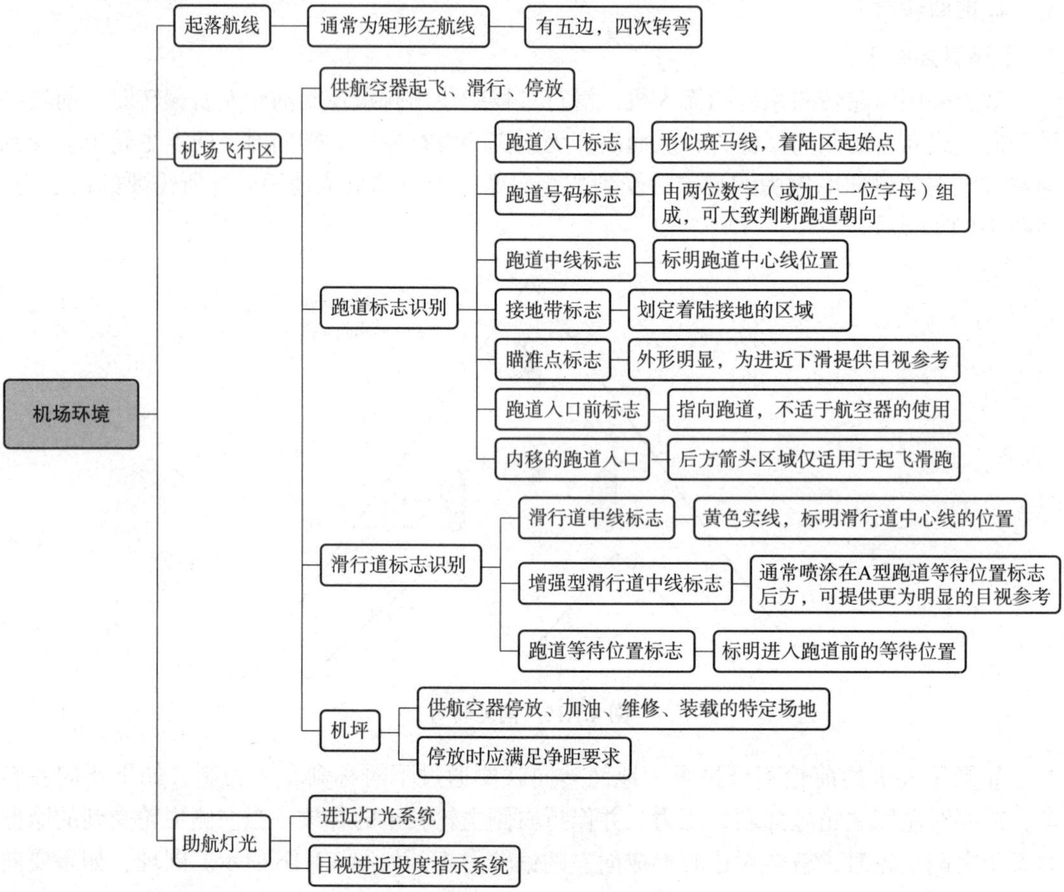

机场环境
起落航线
通常为矩形左航线
有五边，四次转弯
机场飞行区
供航空器起飞、滑行、停放
跑道标志识别
跑道入口标志
形似斑马线，着陆区起始点
跑道号码标志
由两位数字（或加上一位字母）组成，可大致判断跑道朝向
跑道中线标志
标明跑道中心线位置
接地带标志
划定着陆接地的区域
瞄准点标志
外形明显，为进近下滑提供目视参考
跑道入口前标志
指向跑道，不适于航空器的使用
内移的跑道入口
后方箭头区域仅适用于起飞滑跑
滑行道标志识别
滑行道中线标志
黄色实线，标明滑行道中心线的位置
增强型滑行道中线标志
通常喷涂在A型跑道等待位置标志后方，可提供更为明显的目视参考
跑道等待位置标志
标明进入跑道前的等待位置
机坪
供航空器停放、加油、维修、装载的特定场地
停放时应满足净距要求
助航灯光
进近灯光系统
目视进近坡度指示系统

2. 小结二：地面滑行

地面滑行
滑行前准备
按照地面管制指定的路线滑行
滑行路线可标记在机场图或停机位图
开车前确保地面清空，无人机逆风停放
地面滑行
时刻注意机场交通状况，防止发生跑道/滑行道入侵
直线滑行
若无刹车自检功能，滑行前首先要测试制动效果
尽量用油门控制滑行速度，避免频繁使用刹车
地面转弯
转弯操纵的方式
前轮转向
不对称刹车
影响转弯半径的因素
滑行速度
向心力（机轮的侧向摩擦力）

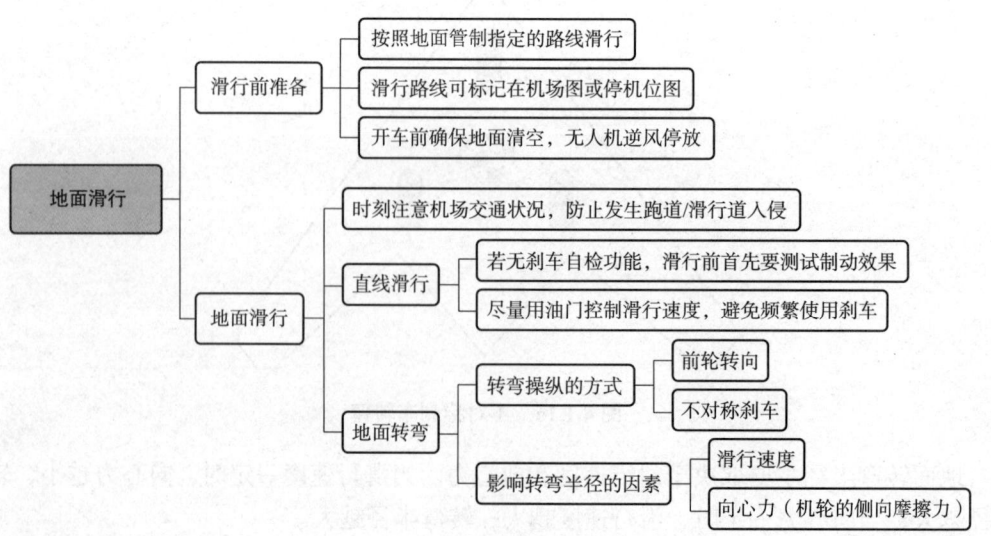

Part 5　任务拓展

从如图 4.1.17 所示的机场图中可以读出哪些信息？请参阅《民用航空图编绘规范》（MH/T 4019—2012）的标准，在空白处写出图 4.1.17 中包含的信息。

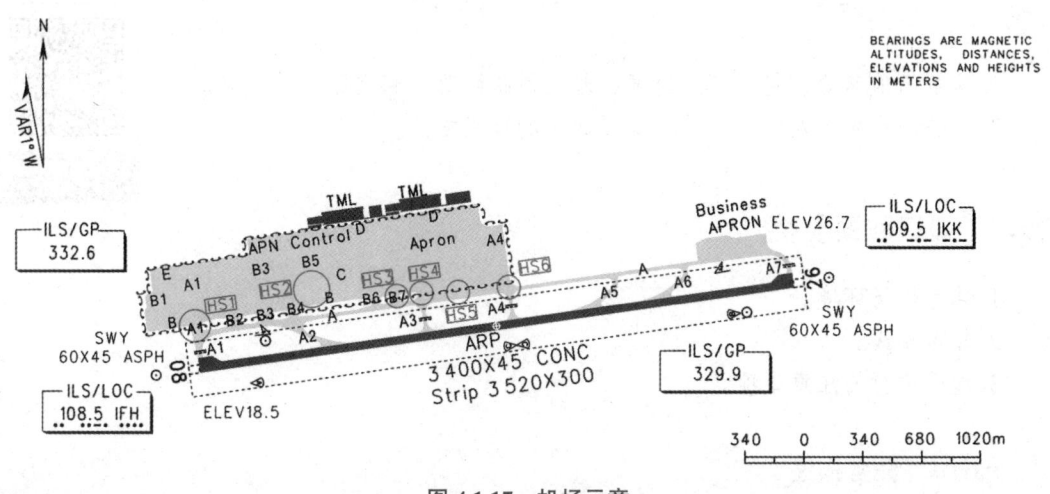

图 4.1.17　机场示意

Part 6　课后思考

思考并回答下列问题：
1. 简述助航灯光的种类及作用。

2. 如何避免跑道或滑行道入侵事件的发生？

3. 当滑行道交通密度较大时，应如何控制无人机滑行？

4. 如何操纵地面转弯？

5. 地面转弯半径与滑行速度的关系是什么？

6. 地面转弯半径与向心力的关系是什么？

GL24　起　飞

🛩 【学习目标】

1. 理解离地速度、起飞安全速度、起飞滑跑距离、起飞距离等定义。
2. 掌握固定翼无人机在各种环境下起飞的操纵方法。

GL24 地面冷舱开车视频

🛩 【知识回顾】

1. 熟悉机场环境。
2. 起落航线。
3. 地面滑行的注意事项。

Part 1　任务描述

【典型工作任务】

按照某大型固定翼无人机的初始训练要求，为掌握该机型的基本操作程序，学员需要在飞行训练器完成本场起落航线飞行训练。请根据无人机的状态，结合机场环境，使用起飞性能图表或电子飞行包，确定起飞性能参数，正确地设置起飞形态和配平，完成起飞前准备。滑行至跑道起飞位置，操纵无人机完成全过程起飞，并保持一边爬升至高度 100 m（夜间为 150 m）。

【任务条件】

1. 在不同的道面状况下完成起飞：混凝土铺筑的跑道（干燥或潮湿），或草地、雪地、沙地、泥地等软场地。
2. 在短场地完成起飞。
3. 在一边有障碍物的情况下完成起飞。
4. 在有风条件下完成起飞：逆风、侧风。

Part 2　知识储备

■ 一、概述

大型固定翼无人机的起飞方式主要为滑跑起飞，其过程可分为三个阶段，即起飞滑跑、抬轮离地和初始爬升（图 4.2.1）。起飞前，应确保襟翼及俯仰配平已置于起飞位，扰流板（如有）已收回，刹车已释放，随后推油门至起飞功率。当无人机加速至抬轮速度时，平稳地向后带杆，使无人机以推荐的抬轮速率达到起飞俯仰姿态离地，在上升至 15 m 的高度时，须达到能确保安全飞行的速度。如果起落架是可收放式的，证实上升率为正后即可收轮。

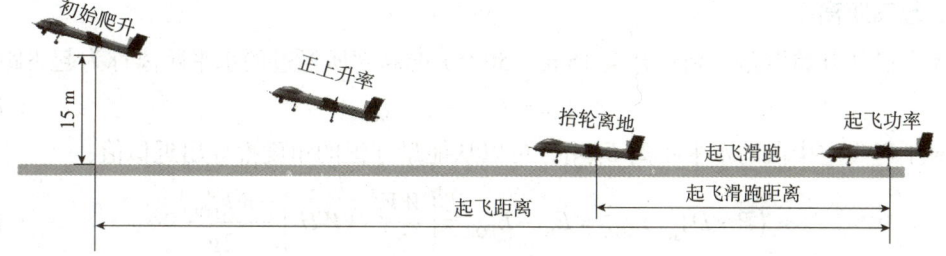

图 4.2.1 无人机起飞示意

除滑跑起飞外，固定翼无人机常见的起飞方式还有弹射起飞、车载起飞、手抛起飞、火箭助推起飞及空中投放等。

■ 二、地面效应

当无人机邻近地面时，下翼面气流的扩散会受到地面的阻碍，形成"高压气垫"，使机翼升力增大，地面同样会阻碍翼尖涡流的下洗，使诱导阻力减小，这就是地面效应，当翼地距离小于翼展长度时，地面效应会随着高度的减小愈加明显。

■ 三、起飞性能

1. 离地速度

离地速度是起飞滑跑时，升力刚好等于重力的瞬时速度。

$$V_{\text{LOF}} = \sqrt{\frac{2W}{C_{\text{LOF}} \rho S}} \quad (4.2.1)$$

2. 起飞安全速度

当无人机上升到 15 m（50 ft）的高度时，其速度不得小于起飞安全速度 V_2。对于单发固定翼无人机，起飞安全速度 V_2 不得小于 1.2 V_{S1}（起飞状态下的失速速度）；对于多发固定翼无人机，起飞安全速度 V_2 不得小于 1.1 V_{MC}（关键发动机失效后的最小操纵速度）与 1.2 V_{S1} 之间的较大值。

3. 起飞滑跑距离

可以根据固定翼无人机的滑跑时间和平均加速度对起飞滑跑距离进行近似估算。平均加速度的大小可以表示为

$$a_{\text{avg}} = \frac{P_{\text{avg}} - (D + F)}{W} g \quad (4.2.2)$$

起飞滑跑距离大约为

$$L_{\text{TOR}} = \frac{1}{2} a_{\text{avg}} t_{\text{TOR}}^2 = \frac{V_{\text{LOF}}^2}{2 a_{\text{avg}}} \quad (4.2.3)$$

根据《民用机场飞行区技术标准》（MH 5001—2021），可用起飞滑跑距离为公布的可用于并适用于飞机起飞时进行地面滑跑的跑道长度。

4. 起飞距离

无人机从开始滑跑，到爬升至 15 m（50 ft）的高度所经过的水平距离称为起飞距离。

$$L_{TO} = L_{TOR} + L_{TYOA} \qquad (4.2.4)$$

对于起飞空中段的水平距离 L_{TYOA}，可以从能量守恒的角度推导出近似值：

$$(P-D)_{avg} L_{TOA} = E_H - E_{LOF} = \left(\frac{WV_2^2}{2g} + WH\right) - \frac{WV_{LOF}^2}{2g} \qquad (4.2.5)$$

$$L_{TOA} = \frac{W}{(P-D)_{avg}}\left(\frac{V_2^2 - V_{LOF}^2}{2g} + H\right) \qquad (4.2.6)$$

根据《民用机场飞行区技术标准》（MH 5001—2021），可用起飞距离为可用起飞滑跑距离的长度，加上如设有净空道时净空道的长度。

四、风对起飞的影响

1. 顺风和逆风对起飞的影响

在同样的空速下，顺风会使无人机地速增大，造成起飞距离变长，最大爬升角减小，削弱无人机的起飞性能。而逆风可以缩短无人机的起飞距离，增大无人机的最大爬升角，这对起飞和越障爬升是有利的。飞行手册通常会注明顺风和逆风对起飞性能的影响，如下例所示：

（1）逆风。风速每增加 14 节（7.2 m/s），起飞距离缩短 10%。
（2）顺风。风速每增加 3 节（1.5 m/s），起飞距离延长 10%。

2. 侧风对起飞的影响

如果风向与跑道方向不平行，就会有垂直于跑道的风分量，这种风被称为跑道侧风。当起飞滑跑时，如果受到侧风的作用，上风侧的机翼会被抬高，机头也会偏向来流。

五、风的判断

风向与风速可以通过 ATIS 情报通播获取，也可以通过机场风锥大致判断。风锥通常设在跑道入口左侧 45～105 m 的位置，是一个由颜色相间的织物制成的截头圆锥形风向袋，通过风锥可以判断大致的风向和风速。风锥进风口的朝向为大致风向，风锥上的颜色环带鼓起的数量可以表示大致风速（图 4.2.2）。风锥上通常有五个橙色（红色）与白色相间的颜色环带，其中最两侧的环带通常为橙色（红色）。

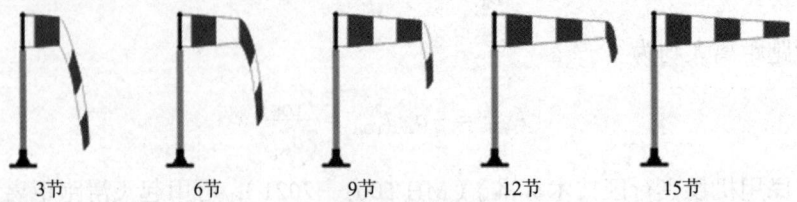

图 4.2.2　风锥在不同风速下的状态

六、风分量图

风矢量可以被分解为平行于航迹的顺风分量或逆风分量，以及垂直于航迹的侧风分量。风分量图如图 4.2.3 所示。

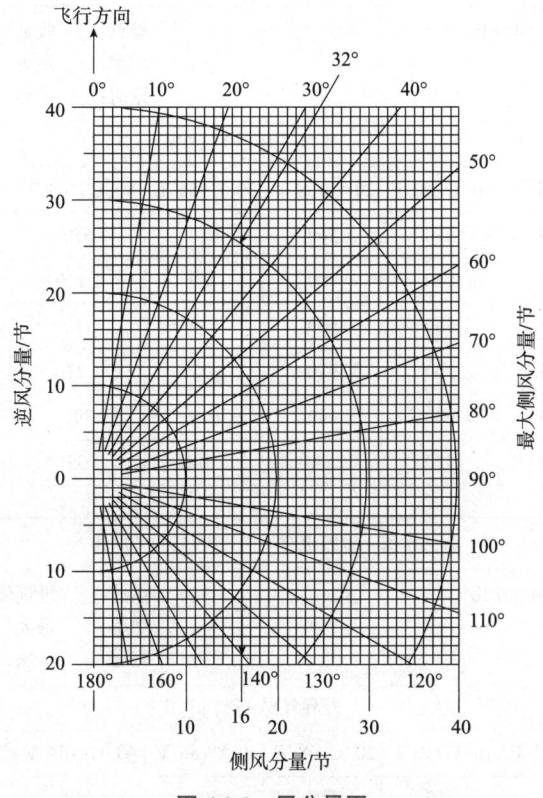

图 4.2.3　风分量图

假设航迹角为 0°，风向为 032，风速为 30 节，通过风分量图可以得出相对于航迹方向的侧风分量约为 16 节，顺风分量约为 25.5 节。

飞行手册通常会给出起飞和着陆的顺风极限和侧风极限，起降前须通过风分量图得出起降跑道的顺风／逆风分量与侧风分量，如果顺风分量过大，须更换跑道的运行方向；如果侧风分量过大，起降条件将无法得到满足。

Part 3　任务实施

任务一：起飞前准备

【任务目标】

确定起飞性能参数，将无人机设为起飞形态并完成配平。

1. 起飞性能

飞行前应根据起飞重量、海拔、气温等参数，结合跑道长度和道面状况，综合评估不同形态下的起飞性能，选择合适的起飞功率和襟翼/缝翼形态，确定无人机的抬轮速度、初始爬升速度等。飞行手册通常会提供用于查询起飞性能的图表，某型固定翼无人机在 1 999 kg（4 407 lb）重量下的起飞性能图如图 4.2.4 所示。

起飞距离 - 正常程序 - 1 999 kg/4 407 lb								
无人机总重：	1 999 kg/4 407 lb				襟翼：	收上位		
抬轮速度：	80 节				功率：	最大		
初始爬升速度：	85 节				跑道：	干燥，混凝土铺筑，水平		
气压高度 [ft]/[m]	距离 [m]	外界气温 - [℃]/[℉]						国际标准大气（15℃/59℉）
^	^	0 ℃/32 ℉	10 ℃/50 ℉	20 ℃/68 ℉	30 ℃/86 ℉	40 ℃/104 ℉	50 ℃/122 ℉	^
海平面	地面滑跑	490	530	560	600	670	780	540
^	起飞	790	840	900	980	1 110	1 310	866
1 000 ft/ 305 m	地面滑跑	530	560	600	650	730	850	570
^	起飞	840	900	970	1 060	1 210	1 440	918
2 000 ft/ 610 m	地面滑跑	560	600	640	690	790	920	602
^	起飞	900	970	1 040	1 140	1 330	1 590	975

起飞距离 - 短跑道起飞 - 1 999 kg/4 407 lb								
无人机总重：	1 999 kg/4 407 lb				襟翼：	进近位		
抬轮速度：	76 节				功率：	最大		
初始爬升速度：	82 节				跑道：	干燥，混凝土铺筑，水平		
气压高度 [ft]/[m]	距离 [m]	外界气温 - [℃]/[℉]						国际标准大气（15℃/59℉）
^	^	0 ℃/32 ℉	10 ℃/50 ℉	20 ℃/68 ℉	30 ℃/86 ℉	40 ℃/104 ℉	50 ℃/122 ℉	^
海平面	地面滑跑	480	510	550	590	660	770	525
^	起飞	710	750	800	870	970	1 130	775
1 000 ft/ 305 m	地面滑跑	510	550	590	630	720	830	554
^	起飞	750	810	860	930	1 060	1 230	817
2 000 ft/ 610 m	地面滑跑	550	590	630	680	780	910	587
^	起飞	810	860	920	1 000	1 150	1 340	863

图 4.2.4 起飞性能图

逆风：风速每增加 14 节（7.2 m/s），起飞距离缩短 10%。
顺风：风速每增加 3 节（1.5 m/s），起飞距离延长 10%。
湿跑道（混凝土道面）：起飞滑跑距离延长 15%。
软跑道：起飞滑跑距离延长 10%。
下坡跑道：坡度每增加 1%，起飞滑跑距离延长 9%。

在给定重量下，使用增升装置可以减小起飞所需速度，缩短起飞距离。而越高的海拔、温度、湿度，对应的都是越小的空气密度，因此空气密度越小，要获得相同的空气动力，就要达到更大的地速，这无疑会延长无人机的起飞距离。

该型固定翼无人机准备前往某海域执行岛礁地形测绘任务，已知起飞机场标高 25 ft，跑道为混凝土道面，长度为 1 000 ft，无坡度，跑道两端无净空道，目前机场气温为 35 ℃，无人机总重为 1 999 kg（4 407 lb），请评估起飞条件是否满足？

解答指导：

根据已知条件及起飞性能表，机场标高仅为 25 ft，可先参考"气压高度 - 海平面"对应的表格进行大致评估。由于起飞性能表没有给出气温 35 ℃ 对应的起飞距离，故需使用线性插值法对气温 35 ℃ 对应的起飞距离进行粗略计算。

当襟翼位于收上位时，气温 30 ℃ 对应的起飞距离为 980 ft，气温 40 ℃ 对应的起飞距离为 1 110 ft，使用线性插值法计算 35 ℃ 对应的起飞距离 L_{TO} 大约为

$$\frac{35\ ℃ - 30\ ℃}{40\ ℃ - 30\ ℃} = \frac{L_{TO} - 980\ \text{ft}}{1\ 110\ \text{ft} - 980\ \text{ft}} \rightarrow L_{TO} = 1\ 045\ \text{ft}$$

起飞距离 L_{TO} 大于跑道长度 1 000 ft，不满足起飞条件。

当襟翼位于进近位时，气温 30 ℃ 和 40 ℃ 对应的起飞距离均小于跑道长度 1 000 ft，因此，35 ℃ 对应的起飞距离一定满足起飞条件。

当襟翼位于进近位时，海平面 40 ℃ 对应的起飞距离为 970 ft，气压高度 1 000 ft、气温 40 ℃ 对应的起飞距离为 1 060 ft，现使用线性插值法计算气压高度 25 ft、气温 40 ℃ 对应的起飞距离 L_{TO} 大约为

$$\frac{25\ \text{ft} - 0\ \text{ft}}{1\ 000\ \text{ft} - 0\ \text{ft}} = \frac{L_{TO} - 970\ \text{ft}}{1\ 060\ \text{ft} - 970\ \text{ft}} \rightarrow L_{TO} = 972.25\ \text{ft}$$

起飞距离 L_{TO} 小于跑道长度 1 000 ft，因此 35 ℃ 时，一定满足起飞条件。

2. 配平调整

为保证无人机起飞时的俯仰操纵特性符合一般驾驶习惯，起飞前应根据无人机的重量和重心位置，以及选择的襟缝翼形态和起飞推力，调定俯仰配平值。无人机的重量和形态决定了起飞时速度的大小，而形态和空速又会影响无人机的俯仰气动特性。因此，俯仰配平值与起飞重量和襟缝翼位置有关。在给定的重量和形态下，俯仰配平值主要取决于重心的位置。飞行手册通常会提供用于查询配平值的性能图表，如果配备有先进的飞行管理计算机系统，只要输入无人机的零燃油重量、总重、襟缝翼位置、重心位置，就可以得出起飞俯仰配平值。如果推力对俯仰力矩的影响较大，全推力起飞和减推力起飞也会有不同的俯仰配平值。

■ 任务二：操纵前三点式无人机起飞

【注意事项】

（1）进入跑道前须确认无正在进近的其他航空器，避免跑道入侵。
（2）进入跑道后应使无人机对准跑道中心线。
（3）起飞前须确认跑道沿途无其他航空器、车辆等障碍物阻挡。

1. 起飞滑跑

平稳地将油门推至起飞功率，使用方向舵（脚蹬）保持滑跑方向。

【操纵原理与要领】

起飞滑跑时，无人机会受到推力、气动阻力、地面摩擦阻力、地面支持力。其中，地面支持力为重力与升力之差。起飞滑跑是一个不断加速的过程，因此，推力必须大于气动阻力与地面摩擦阻力之和，即无人机必须具有剩余推力：

$$\Delta P = P - (D + F) = P - [D + \mu(W - L)] = \frac{W}{g}a \quad (4.2.7)$$

式中　　ΔP——剩余推力；

　　　　P——推力；

　　　　D——气动阻力；

　　　　F——地面摩擦阻力；

　　　　μ——摩擦系数。

根据式（4.2.7），剩余推力越大，加速度就越大。

起飞时，应平稳地将油门推至起飞功率，不可猛推油门，否则可能导致发动机无法正常工作：对于燃气涡轮发动机，猛推油门会使涡轮前温度迅速上升，且极易造成喘振；对于活塞发动机，猛推油门会造成发动机过贫油燃烧，影响发动机功率；对于螺旋桨无人机，猛推油门还会导致无人机的急剧偏航。

当滑跑加速时，地面支持力会随着升力的增大而减小，因此地面摩擦阻力会越来越小，但是气动阻力会随着速度的增大而增大，所以高速滑跑时，无人机受到的阻力以气动阻力为主，总阻力是随着滑跑速度的增大而增大的。无论是喷气式发动机的推力，还是螺旋桨发动机的拉力，都会随空速的增大而减小。综上所述，当起飞滑跑时，无人机的加速度会随着总阻力的增大和推力/拉力的减小而减小。

在滑跑过程中，只能操纵方向舵修正滑跑方向，虽然施加不对称的刹车压力也能起到同样的作用，但是刹车的使用会延长无人机的起飞滑跑距离。

对于螺旋桨无人机，起飞时还须考虑螺旋桨副作用的影响，以右旋螺旋桨为例：

（1）螺旋桨的反作用力矩会使无人机向左倾斜，加大左侧机轮对地面的正压力，从而增大左侧的地面摩擦阻力，产生左偏力矩，因此滑跑过程中应适当地向右压杆。

（2）如果螺旋桨位于垂直尾翼前方，当滑流作用在垂尾上时，会产生左偏力矩。因此，在滑跑过程中应适当地向右蹬舵。

2. 抬轮离地

达到抬轮速度后，以推荐的抬轮速率使机头上仰。

【操纵原理与要领】

对于单发无人机，抬轮速度 V_R 不得小于起飞形态下的失速速度 V_{S1}，对于多发无人机，抬轮速度 V_R 不得小于 1.05 V_{MC}（V_{MC} 为关键发动机失效后的最小操纵速度）与 1.1 V_{S1} 之间较大的一个。当无人机达到抬轮速度 V_R 时，应平稳地向后带杆，以手册推荐的抬轮速率使机头上仰，其大小通常为每秒 2°～3°，一般 4～5 s 就可以达到离地姿态，需要注意的是，抬轮过程中不建议调整俯仰配平。如果抬轮过早或抬轮速率过大易造成擦尾；如果抬轮过晚或抬轮速率过小或离地姿态过低，则会造成起飞距离延长。手册通常会给出无人机在减震支柱压缩及伸出状态下的地面最大俯仰角，尤其是采用推进式螺旋桨或下反 V 形尾翼的无人机，抬轮时应格外注意（图 4.2.5）。

图 4.2.5 某型无人机的地面最大俯仰角

当全部机轮离地时,地面摩擦阻力瞬间消失,低头力矩瞬间减小。随着高度的上升,无人机会出现抬头的趋势,这是因为地面效应减弱会使机翼尾流的下洗增强,使水平尾翼的负迎角增大,负升力增加,从而增大抬头力矩,因此离地后应适当地向前迎杆,以防止机头过度上仰。

3. 初始爬升

(1)以合适的俯仰姿态离地,并通过俯仰控制将速度保持在推荐的空速。

(2)初始爬升时,保持无人机航向与起飞跑道航向一致。

【操纵原理与要领】

只要达到合适的俯仰姿态,离地后只需少量改变俯仰角,就可以很快加速到初始爬升速度。对于单发无人机,当高度上升到 15 m(50 ft)时,要保证其速度达到 $1.2 V_{S1}$。对于起落架可收放的无人机,如果证实了上升率为正,应收上起落架。起飞后应继续保持起飞功率,如果要越过障碍物,应通过俯仰控制使速度达到最大爬升角速度 V_X 并保持;如果不需要越障爬升,可将速度保持在推荐的爬升空速或最大爬升率速度 V_Y。当初始爬升时,须专注于直飞,保持无人机航向与起飞跑道航向一致。

■ 任务三:操纵后三点式无人机起飞

【操纵原理与要领】

起飞滑跑时,后三点式无人机会长时间处于大迎角状态,由于螺旋桨因素,大迎角滑跑时会存在偏航力矩(图 4.2.6)。螺旋桨进动性也是不能被忽略的,如果起飞前已正确配平,随着速度的增加,机头会在稳定力矩的作用下逐渐下俯;如果螺旋桨是向右旋转的,机头下俯会引起向左的偏航力矩。与前三点式无人机不同,后三点式无人机的滑跑方向不易保持。如果尾轮具有锁定功能,起飞前应将尾轮居中锁定,以增强滑跑过程中的方向稳定性。

图 4.2.6 后三点式无人机起飞示意

当无人机达到合适的起飞俯仰姿态时,应稍稍向后带杆阻止机头下俯,然后保持姿态,等待无人机自行离地。离地后,应稳住姿态,待无人机达到所需的爬升空速,再保持该速度带杆爬升。如果离地后急于拉升,无人机会过早地飞离地面效应区域,造成升力不足。

■ 任务四：在侧风条件下操纵无人机起飞

根据起飞跑道的风向与风速，选择正确的起飞方向，评估侧风大小是否超过起飞限制；若满足起飞条件，操纵固定翼无人机在有风条件下起飞。

【操纵原理与要领】

由于侧风会抬高上风侧机翼，并使机头向来流方向偏转，如果同时向上风侧压杆、向下风侧抵舵，即"上风杆，下风舵"，可以消除侧风的影响。

对于螺旋桨无人机，等强度且反向的侧风会产生不同程度的影响。下面以右旋螺旋桨为例进行说明。

螺旋桨的反作用力矩能抵消一部分因左侧风产生的右滚力矩，但却会与右侧风引起的左滚力矩叠加，因此修正右侧风需要更多地压杆。虽然螺旋桨副作用引起的左偏力矩会与左侧风引起的左偏力矩叠加，但是能抵消一部分因右侧风产生的右偏力矩，因此修正左侧风需要更多地蹬舵。

抬轮时，升力增大，地面支持力减小，使得地面摩擦力减小，因此侧风作用于无人机时，可能会克服地面摩擦力，使无人机侧移。为避免出现这一情况，抬轮时可向上风侧压一些坡度，利用升力的水平分力抵抗侧风，虽然这会使下风侧的主轮先离地，形成单侧主轮滑跑的情形，但是短时间的"独轮"滑跑是可以接受的。

■ 任务五：在短场地操纵无人机起飞

评估起降场环境是否满足起飞条件，若满足，根据无人机的起飞重量及起飞形态确定抬轮速度 V_R、最大爬升角速度 V_X、最大爬升率速度 V_Y（表 4.2.1），随后操纵固定翼无人机起飞。

表 4.2.1 某型固定翼无人机的正常操作空速

项目	襟翼	低于 1 900 kg（4 189 lb）	超过 1 900 kg（4 189 lb）
抬轮速度 V_R	收上位	最小 80 KIAS	最小 82 KIAS
	进近位	最小 76 KIAS	最小 78 KIAS
最大爬升角速度 V_X	收上位	最小 85 KIAS	最小 87 KIAS
	进近位	最小 82 KIAS	最小 84 KIAS
最大爬升率速度 V_Y	收上位	90 KIAS	92 KIAS
	进近位	85 KIAS	87 KIAS

【注意事项与操纵要领】

在短场地起飞应选择逆风、下坡跑道，起飞时应尽量发挥最大性能，以最大程度缩短起飞距离（图 4.2.7）。起飞滑跑前，首先要在刹车状态下将功率增加到最大，再松开刹车加速滑跑。当速度接近最大爬升角速度 V_X 时，平稳地抬轮离地，保持速度 V_X 建立稳定爬升。对于后三点式无人机，为获得最大加速度，起飞滑跑时应尽量保持阻力系数最小的迎角，当速度接近 V_X 时，平稳地向后带杆，保持速度 V_X 建立稳定爬升。

图 4.2.7 短场地起飞

无人机离地后,应继续保持最大功率,以速度 V_x 爬升至安全高度,如果速度偏大或偏小,可通过增大或减小俯仰角的方式达到速度 V_x。无人机越过安全高度后,可稍稍减小俯仰角,使速度增加到最大爬升率速度 V_y 并保持。如果要越障爬升,则只有在无人机完全越过障碍物之后,才能减小俯仰角加速。

■ 任务六:在软场地操纵无人机起飞

【注意事项与操纵要领】

软场地包括雪地、沙地、泥地、草地等,地面通常粗糙不平。起飞滑跑时,不平整的道面会引起颠簸和跳跃,溅起的泥沙、碎石会冲击无人机表面,因此在软场地起飞要尽早离地。

对于质地比较松软的道面,如果无人机在某一位置停留过久,机轮可能会下陷,所以起飞滑跑前要尽量使无人机保持滑动状态。机轮在软道面的滚动阻力较大,会造成起飞滑跑距离延长,因此在软道面起飞应尽量使用增升装置,并尽早抬轮增大迎角,尽快获得升力,以减小机轮对地面的正压力。由于软场地的质地不均,两点滑跑时飞行员需要分配更多的注意力来保持滑跑方向和俯仰姿态。

虽然以大迎角姿态滑跑可以尽早离地,但是离地时的空速较低,如果急于拉升会过早地失去地面效应,出现升力不足情况(图 4.2.8),因此离地后应略微松杆,减小爬升率,利用地面效应维持升力,待达到足够的空速后,再带杆爬升(图 4.2.9)。如果道面比较潮湿,离地后,可先利用气流吹干、吹除机轮上的水分、淤泥,再收回起落架。

图 4.2.8 在软场地起飞爬升过早的情形

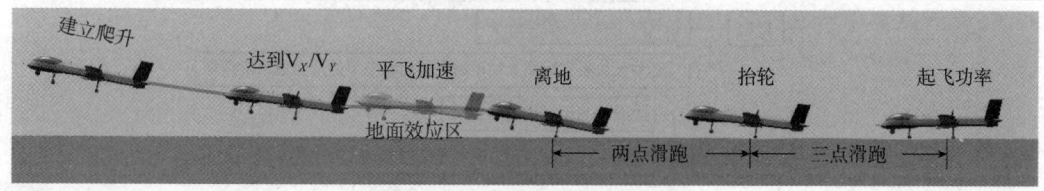

图 4.2.9 软场地起飞的正确方法

Part 4 任务小结

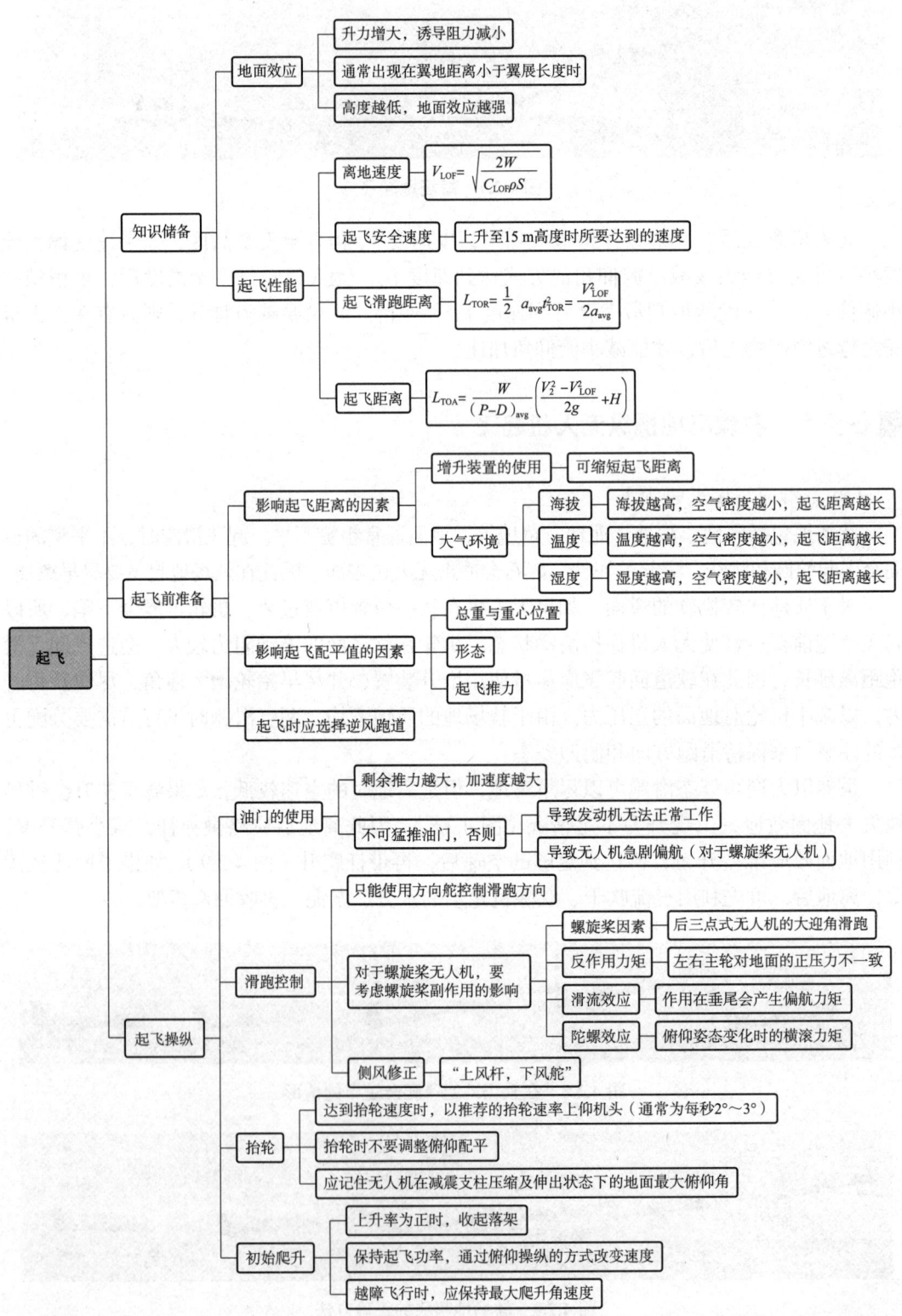

Part 5　任务拓展

在中国民用航空局《高风险货运固定翼无人机系统适航标准（试行）》中，提到了关键场地长度。对于多发无人机，关键场地长度是如下必要距离的总和，这些距离是为了完成：

（1）所有发动机正常工作，将无人机从静止起点加速到 V_{EF} 速度。

（2）假定关键发动机在达到 V_{EF} 速度时失效，无人机在一定距离内，要么能够继续完成起飞，要么在到达 V_{EF} 速度的地点起，经过相同的距离能够完全停止下来。

注：V_{EF} 是经校准的空速，起飞滑跑时，假定关键发动机在速度 V_{EF} 发生失效，要求在相同的距离上，无人机能够继续完成起飞，或者停止下来。

请思考并回答下列问题：

1. 经校准的空速 V_{EF} 与什么有关？

2. 为什么要设置 V_{EF} 速度？

3. 达到 V_{EF} 速度前，手可以离开油门杆吗？为什么？

Part 6　课后思考

思考并回答下列问题：

1. 起飞速度与什么有关？

2. 影响起飞距离的因素有哪些？

3. 哪些情况须中断起飞？

4. 抬轮速度与什么有关？

5. 哪些情况易导致起飞擦尾？

GL25 着陆

【学习目标】

1. 理解参考着陆进场速度、接地速度、着陆滑跑距离、着陆距离等定义。
2. 掌握固定翼无人机在各种环境下进近着陆的操纵方法。

【知识回顾】

1. 地面效应的产生。
2. 起落航线。
3. 风对起飞的影响、风的判断、风分量图的使用。

Part 1　任务描述

【典型工作任务】

按照某大型固定翼无人机的初始训练要求，为掌握该机型的基本操作程序，学员需要在飞行训练器完成本场起落航线飞行训练。本场训练的难点在于进近着陆，要全过程保持稳定进近，并在合适的接地点柔和接地，对飞行员的操纵技巧有很高的要求。

【任务条件】

1. 在有风条件下进近着陆：逆风、侧风。
2. 在不同的道面状况下着陆：混凝土铺筑的跑道（干燥或潮湿），草地、雪地、沙地、泥地等软场地。
3. 在短场地着陆。
4. 在五边有障碍物的情况下进近着陆。

Part 2　知识储备

一、概述

进入五边后，操纵无人机以正确的下降角（通常为3°）对准跑道的过程称为进近。无人机下降至跑道入口上方15 m（50 ft）后，便进入着陆阶段。着陆可以分为四步，即下降、拉平、接地、滑跑减速（图4.3.1）。无人机接近地面时，需要拉平减小下降率和空速，拉平时无人机会从进近姿态连续过渡至接地姿态。前三点式无人机通常以两点主轮接地；后三点式无人机既能以两点主轮接地，也能三点起落架同时接地。着陆滑跑时，无人机主要靠刹车和负拉力或反推力减速，有的无人机可使用阻力伞，滑跑方向主要由脚蹬控制。

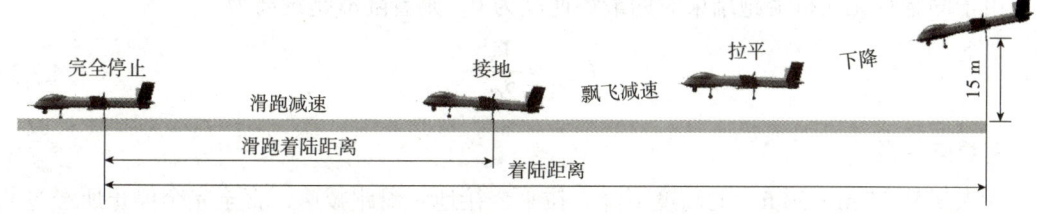

图 4.3.1 无人机着陆示意

■ 二、飞行航径矢量

飞行航径矢量（Flight Path Vector，FPV）是无人机相对于地面的速度矢量方向，FPV 动标可以在姿态球上指示无人机的水平轨迹和垂直轨迹。进近着陆时，可使用 FPV 动标瞄准下滑点，并判断下降角的大小。

■ 三、仪表着陆系统概述

仪表着陆系统（ILS）由地面引导系统和机载系统组成，主要用于目视条件不足时的精密进近。仪表进近前，首先要输入着陆跑道的仪表着陆系统频率，并调定着陆跑道的磁航向，随后打开进近指引功能，如果机载设备截获到航向信标和下滑信标发出的指引信号，姿态球上就会显示无人机与航向道和下滑道的偏差，如果同时打开飞行指引功能，只要保持俯仰、横滚跟随，就可以精确地操纵无人机进近。

■ 四、着陆性能

1. 参考着陆进场速度 V_{REF}

中国民航《高风险货运固定翼无人机系统适航标准（试行）》规定：参考着陆进场速度 V_{REF} 不得小于 V_{MC} 与 $1.3V_{S0}$（着陆形态下的失速速度）中较大的一个。

2. 接地速度

主轮接地瞬间的速度称为接地速度，其大小通常为 $1.15V_{S0}$ 左右，由于接地的瞬间升力与重力十分接近，可以近似地看作 $L=W$，有

$$V_{TD} = \sqrt{\frac{2W}{C_{LTD}\rho S}} \approx 1.15V_{S0} \quad (4.3.1)$$

3. 着陆滑跑距离

着陆滑跑距离是固定翼无人机从接地点滑跑减速至完全停止所经过的距离，可以把着陆滑跑近似地看作匀减速运动，则运动过程的平均加速度为

$$a_{avg} = \frac{g}{W}\left[P - D - \mu(W-L)\right]_{avg} \quad (4.3.2)$$

由于固定翼无人机滑跑结束时的最终速度为0,则着陆滑跑距离为

$$L_{\text{LDR}} = \frac{V_{\text{TD}}^2}{2a_{\text{avg}}} \tag{4.3.3}$$

4. 着陆距离

无人机从 15 m（50 ft）的高度下降、拉平、接地、滑跑减速,直至完全停止所经过的水平距离称为着陆距离,即

$$L_{\text{LD}} = L_{\text{LDA}} + L_{\text{LDR}} \tag{4.3.4}$$

式中 L_{LDA}——着陆空中段的水平距离。

从能量守恒的角度可以推导出近似值

$$(P-D)_{\text{avg}} L_{\text{LDA}} = E_H - E_{\text{TD}} = \left(\frac{WV_{\text{REF}}^2}{2g} + WH\right) - \frac{WV_{\text{TD}}^2}{2g} \tag{4.3.5}$$

$$L_{\text{LDA}} = \frac{W}{(D-P)_{\text{avg}}} \left(\frac{V_{\text{REF}}^2 - V_{\text{TD}}^2}{2g} + H\right) \tag{4.3.6}$$

■ 五、滑移率

在理想情况下,未刹车时机轮处于纯滚动状态,轮速等于地速,在施加一定刹车压力后,机轮会出现滑动,轮速会小于地速。滑移率 s 是表征机轮滑动程度的参数,其表达式为

$$s = \frac{v_{\text{GS}} - v_{\text{WHL}}}{v_{\text{GS}}} \times 100\% \tag{4.3.7}$$

式中 v_{GS}——地速;
v_{WHL}——轮速。

■ 六、风对进近着陆的影响

进近着陆时,顺风会减小下降角,增大接地速度,延长着陆距离,而逆风可以减小接地速度,缩短着陆距离,因此着陆应选择逆风跑道。由于逆风会使无人机的下降角增大,逆风进近时可根据风的强度选择小角度襟翼甚至不放襟翼,以更大的空速进近。

在侧风中进近着陆,下滑轨迹较难判断,接地前的姿态控制也较为复杂,与起飞滑跑相同,着陆滑跑时同样要考虑侧风作用于无人机时,产生的横航向力矩对姿态平衡和滑跑方向的影响。

■ 七、低空风切变

在水平或垂直方向上,风矢量在短距离内发生的变化称为风切变,风切变常出现在雷暴天气,或锋面天气。风切变会造成飞行状态突变,对进近着陆的无人机有较大威胁。常见的低空风切变主要有以下三种类型:

（1）水平风的垂直切变（水平风矢量沿垂直梯度发生变化）。
（2）水平风的水平切变（水平风矢量沿水平方向发生变化）。
（3）垂直风切变（风矢量在垂直方向上的变化）。

风切变有顺风风切变（图4.3.2）、逆风风切变、侧风风切变（图4.3.3）、上升气流、下击暴流等。其中，下击暴流在各类风切变中威胁最大，这是一种强下沉气流，这股气流会使无人机的迎角突然减小，升力急剧下降（图4.3.4）。下击暴流冲击地面后，会向四周扩散，进近着陆时，在靠近地面的高度遇到逆风风切变可能是遭遇下击暴流的信号，如果飞行员下意识地压低机头修正，无人机冲入下沉气流区域后，会急剧下坠并进入顺风区域，这是极难改出的。

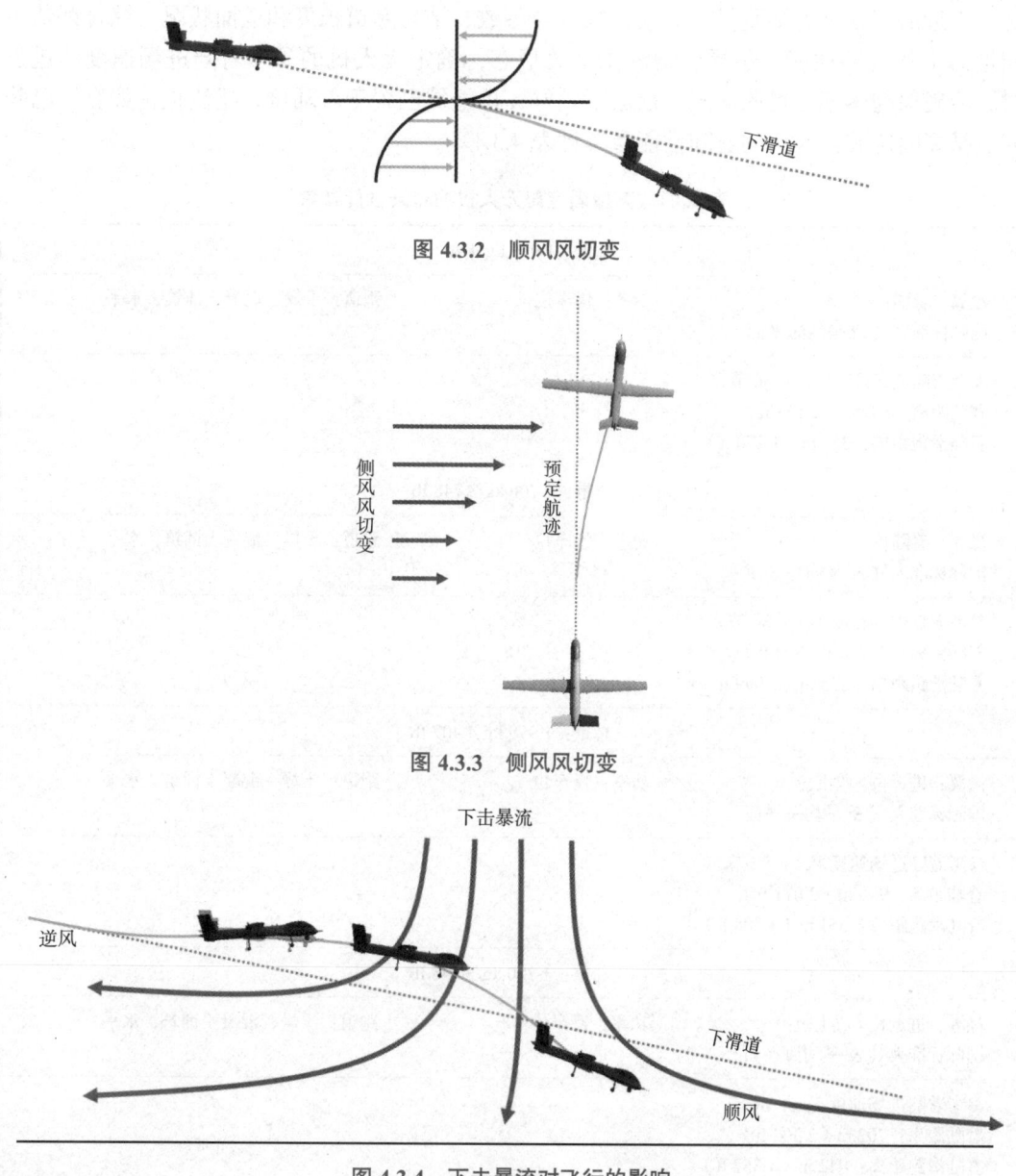

图4.3.2　顺风风切变

图4.3.3　侧风风切变

图4.3.4　下击暴流对飞行的影响

Part 3 任务实施

▍任务一：进近

【任务目标】

确定参考着陆进场速度及着陆性能参数，将无人机设为着陆形态并配平。保持参考着陆进场速度 V_{REF}，操纵无人机稳定进近。

1. 进近准备

进近前应根据着陆重量、海拔、气温等参数，结合跑道长度和道面状况，综合评估不同形态下的着陆性能，选择合适的襟缝翼形态，确定无人机的参考着陆进场速度。进近时，应确保起落架（可收放式）已放下锁好，襟缝翼已置于着陆位，扰流板（如有）已收回。某型固定翼无人机的着陆性能参考见表4.3.1。

表 4.3.1　某型固定翼无人机的着陆性能参考

总重：1 999 kg/4 407 lb			
襟翼：着陆位 国际标准大气 & 平均海平面	功率：慢车位		跑道：干燥，混凝土铺筑，水平
参考着陆进场速度 V_{REF}：86 节 着陆距离：647 m（2 123 ft） 着陆滑跑距离：387 m（1 270 ft）			
总重：1 700 kg/3 748 lb			
襟翼：着陆位 国际标准大气 & 平均海平面	功率：慢车位		跑道：干燥，混凝土铺筑，水平
参考着陆进场速度 V_{REF}：84 节 着陆距离：577 m（1 893 ft） 着陆滑跑距离：335 m（1 099 ft）			
总重：1 999 kg/4 407 lb			
襟翼：进近位 / 收上位 国际标准大气 & 平均海平面	功率：慢车位		跑道：干燥，混凝土铺筑，水平
参考着陆进场速度 V_{REF}：92 节 着陆距离：936 m（3 071 ft） 着陆滑跑距离：551 m（1 808 ft）			
总重：1 700 kg/3 748 lb			
襟翼：进近位 / 收上位 国际标准大气 & 平均海平面	功率：慢车位		跑道：干燥，混凝土铺筑，水平
参考着陆进场速度 V_{REF}：86 节 着陆距离：702 m（2 303 ft） 着陆滑跑距离：412 m（1 352 ft）			

逆风：风速每增加 14 节（7.2 m/s），着陆距离缩短 10%。
顺风：风速每增加 3 节（1.5 m/s），着陆距离延长 10%。
湿跑道（混凝土道面）：着陆滑跑距离延长 15%。
软跑道：着陆滑跑距离延长 10%。
下坡跑道：坡度每增加 1%，着陆滑跑距离延长 9%。

该型固定翼无人机准备在某沿海机场 22 号跑道着陆，已知着陆跑道磁航向 220，长度 800 m，下坡坡度 0.01，混凝土铺筑道面，跑道两端无净空道，目前着陆机场场压为 1 013 hPa，风向 220，风速 14 节，无人机总重为 1 999 kg（4 407 lb），请评估着陆条件是否满足？

解答指导：

根据已知条件及着陆性能表，机场场压为 1 013 hPa，可看作平均海平面高度进行大致评估。由于无人机总重为 1 999 kg（4 407 lb），须将襟翼置于着陆位，才可在 800 m 长的跑道着陆。在此条件下，着陆距离需要 647 m，着陆滑跑距离需要 387 m，下降及拉平的距离大约需要：

$$647 - 387 = 260 \, (m)$$

由于着陆跑道的下坡坡度为 0.01，着陆滑跑距离会延长 9%，大约为

$$387 + (387 \times 0.09) \approx 422 \, (m)$$

着陆距离大约需要：

$$260 + 422 = 682 \, (m)$$

由于风向与着陆跑道磁航向同为 220，无人机为逆风着陆，根据着陆性能参考，逆风 14 节时着陆距离会减小 10%，大约为：

$$682 + (682 \times 10\%) \approx 750 \, (m)$$

小于跑道长度 800 m，满足着陆条件。

2. 襟翼的使用

【操纵原理与要领】

放襟翼时，机翼的升阻特性会发生变化。通常襟翼放得越多，机翼的升力系数和阻力系数就越大，因此放襟翼可以减小维持升力所需的空速，并提高无人机的减速性能。进近着陆通常选择将襟翼完全放下，这不仅能减小进近着陆时的速度，也能在五边有障碍物时，以更大的下降角进近，通常襟翼放得越多，在保持速度不增加时所能达到的下降角越大。

放襟翼时，无人机的俯仰特性也会发生变化，因此在襟翼位置发生变化后，通常要调整俯仰配平，才能在稳定进近的姿态下保持杆中立。

3. 进近操纵

【操纵原理与要领】

进近时应保持速度 V_{REF}，并选择合适的下滑点。下滑点是下滑轨迹所在直线与着陆表面的交点，拉平时无人机通常会飘飞一段距离，因此下滑点总是位于接地点后方，其位置通常选择在跑道瞄准点标志后方的接地区内，位于跑道中心线上。下滑点是抽象的，但是

目视判断它的位置并不难，因为在进近过程中，周围的景物总是在视野中不断"移动"，但下滑点在视野中的位置是固定不变的，飞机越接近跑道，下滑点的位置就越清晰。选定下滑点后，可使用飞行航径矢量FPV的动标瞄准，以3°的标准下降角为例，FPV动标应始终位于俯仰刻度−3°的位置对准下滑点，如果地面站图传画面足够清晰，也可以参考目视进近坡度指示系统灯光，操纵无人机下降。

精密进近时，可借助仪表着陆系统、飞行指引系统、精密进近坡度指示器等，操纵无人机下降。如果无人机高于下滑道，应略微压低机头，增大下降角，并稍稍收油防止速度过大，接近下滑道时，提前补油带杆切入，继续保持速度V_{REF}，继续进近。如果无人机低于下滑道，应及时补油带杆，减小下降率，接近下滑道时，提前压低机头切入，并收油保持速度V_{REF}，继续进近。

为保持稳定进近，应将俯仰配平调整至最舒服的位置，通常要使无人机在杆中立时保持稳定，当高度低于15 m（50 ft）后，不应再调整配平。

■ 任务二：操纵前三点式无人机着陆

【任务目标】
越过跑道入口后，操纵无人机完成下降、拉平、接地、滑跑减速全过程。
【注意事项】
（1）如果目视条件、天气条件不满足，须中止着陆；
（2）如果无人机不稳定或偏差较大，须中止着陆；
（3）如果发生跑道入侵或管制要求，须中止着陆。

1. 拉平

【操纵原理与要领】
进入着陆阶段后，视线应从下滑点沿跑道中心线转移至远前方，以更好地观察下沉趋势。拉平是带杆和收油协调进行的动作，目的是减小下降率和空速，增大俯仰角，使无人机以两点主轮轻柔接地（图4.3.5）。拉平开始的时机主要取决于俯仰姿态、空速、下降率。拉平开始后，下降率正常是逐渐减小的，因此拉平轨迹是一条下降角逐渐趋于0°的曲线。当下降角减小时，重力在飞行矢量方向上的分力减小，因此速度减小。

关于拉平操纵，向后带杆是为了增大迎角，从而：
（1）增大升力，减小下降率。
（2）增大阻力，减小空速。
收油是为了尽可能减小接地速度，因此接地前通常要将油门收至慢车位。

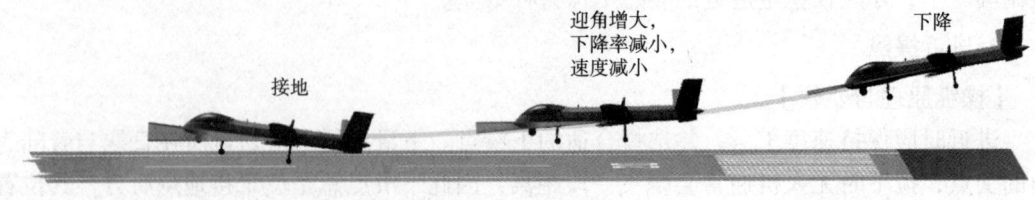

图4.3.5 着陆示意

拉平开始后，随着空速的减小，应持续带大迎角以维持升力并继续减小下降率。迎角增大时，会产生使无人机低头的稳定力矩，因此姿态一定要带住，否则无人机会快速下沉，造成重着陆。

拉平时，带杆和收油的节奏要根据无人机下沉的趋势不断调整。如果带杆较早或抬头较快或收油较慢，无人机可能会在一定高度上停止下沉，形成平飘甚至向上飘升（拉飘）。如果着陆时平飘，应稳住操纵杆，待无人机下沉时，再继续向后带杆，必要时可停止收油或稍稍补油，防止因升力不足而快速下沉；如果着陆时拉飘，飘升高度较小时，应稳杆等待无人机下沉，并控制好油门，防止减速较快，姿态较大时可略微松杆补油；如果飘升高度较大，应中止着陆；如果带杆较迟或抬头较慢或收油较快，无人机可能会以较大的下降率接地。

主轮接地前，下降率较小，地面效应较强，带杆幅度不宜过大，收油不宜过慢，避免平飘（图4.3.6）和拉飘（图4.3.7）。需要注意的是，无人机只能在接地带标志划定的区域接地，如果飘飞距离过长，超出了跑道接地带，应中断着陆。

图4.3.6 平飘

图4.3.7 拉飘

2. 接地

【操纵原理与要领】

如果拉平到位，无人机将会以较好的俯仰姿态轻柔接地。主轮接地后，不能立即松杆，而是要稳住操纵杆，充分利用气动阻力减速，随着升力的减小，前轮缓缓落下。如果机翼配备有扰流板，主轮接地时应立即展开，这不仅能消除升力，避免无人机飘离地面，也能增大阻力，辅助无人机减速。

较重的接地可能会导致弹跳，当着陆弹跳比较轻微时，可稳杆等待无人机再次接地；当着陆弹跳比较严重时，应果断加油门复飞。如果强行松杆下沉，则容易造成重着陆或二次弹跳。

3. 滑跑减速

【操纵原理与要领】

前轮接地后，可柔和地施加刹车压力，当机轮处于边滚边滑的状态时，刹车效果较好。如果配备了防滞系统，刹车踩下时滑移率通常会被控制在10%～20%，如果未配备防滞系统，则不可猛踩刹车，否则容易造成机轮抱死打滑。一旦机轮抱死，应立即释放部分刹车压力，直至机轮恢复抓地力。

除刹车外，根据动力装置的不同，还可以利用螺旋桨反桨产生的负拉力或发动机反推力减速，对于着陆速度较大的无人机，如果配备有阻力伞，接地后应抛伞减速。

高速滑跑时，方向的修正主要依靠方向舵，速度减小后，可启用前轮转弯控制方向。对两侧主轮施加不对称的刹车压力，也能对滑跑方向进行控制。

■ 任务三：操纵后三点式无人机着陆

【操纵原理与要领】

对于后三点式无人机，着陆时应尽量让三点起落架同时接地，因为以两点主轮接地时，只要接地稍重，地面对主轮的反作用力就会瞬间顶起机头，使迎角增大，升力增加，造成着陆弹跳。如果接地后没有稳住操纵杆，继续带大迎角，会使无人机再次离地。综上，以两点主轮接地要求拉平十分到位，且主轮接地后，应稳住操纵杆，充分利用气动阻力减速，随着空气动力的减小，尾轮会缓缓落下。尾轮接地后，应谨慎地施加刹车压力，如果刹车较猛，无人机会向前翻转倒立，这种情况俗称"拿大顶"。因此在刹车过程中，可带杆将尾轮压紧在地面，如果无人机配备有尾轮转向系统，也能使滑跑方向更容易控制。

■ 任务四：在有风条件下操纵无人机进近着陆

1. 大逆风着陆

【操纵原理与要领】

在大逆风下着陆，拉平时须把握好收油的节奏。由于地速较慢，如果下意识地晚收油或慢收油，仍以正常速率带杆抬头，则容易造成平飘或拉飘。大逆风会使无人机较快减速，如果急于收光油门，则容易造成无人机快速下沉。正确的做法是在带杆的同时，用油门控制无人机下沉，下降率越大，收油就要越缓，有时甚至要停止收油，直至带出着陆曲线。

2. 在侧风中进近着陆

【操纵原理与要领】

侧风进近时，可以使用航向法或侧滑法修正。

（1）航向法（图4.3.8）。使机头偏向来流，消除侧滑，同时保持水平的横向姿态。使用航向法修正，操纵较为容易，但是航向和航迹会形成夹角，即偏流角，如果没有打开飞行航径矢量（FPV）指示，下滑轨迹的预判会困难一些。如果带偏流角接地，起落架会承受较大的侧向力，因此着陆拉平时，应找准时机向下风侧蹬舵摆正机头，同时向上风侧压杆以保持水平的横向姿态，尽可能地在接地时消除偏流角。

图 4.3.8　航向法着陆示意

（2）侧滑法（图 4.3.9）。向上风侧压坡度，利用升力的水平分力抵抗侧风，同时向下风侧抵舵，以保持航向不变。使用侧滑法修正，气动效率较低，操纵较为困难，如果不能协调地操纵副翼和方向舵，容易造成不稳定进近。但是，使用侧滑法可以让机头指向着陆跑道，下滑轨迹的预判较为容易，且平时无需大幅操纵方向舵。

图 4.3.9　侧滑法着陆示意

为更好地保持滑跑方向，主轮接地后应尽快放下前轮。着陆滑跑时，应保持"上风杆，下风舵"以消除侧风的影响。

3. 风切变的探测和识别

【注意事项】

风切变需要用机载气象雷达进行探测，或通过以下特征进行识别：

（1）指示空速的突然变化。

（2）垂直速度的突然变化。
（3）俯仰姿态的突然变化。
（4）航向的突然变化。
（5）FPV 动标跳跃等。

进近着陆时，如果风切变警告被触发，最安全的做法是复飞避让。

■ 任务五：操纵无人机在短场地着陆

【操纵原理与要领】

在短场地着陆应选择逆风、上坡跑道，并使用最大襟翼。着陆时应尽量缩短飘飞时间，减小接地速度，以最大程度缩短着陆距离。如果五边有障碍物，应提前放下起落架，并将襟翼放至最大，以获得足够的阻力，这样无人机就可以在不增速的情况下，以更大的下降角进近，从而顺利地越过障碍物，如图 4.3.10 所示。

进近时，速度不应大于 V_{REF} 或 $1.3V_{S0}$，否则飘飞距离可能会延长，接地速度可能会偏大。着陆时，可以提前收油，但不能过早，避免减速较快，造成重着陆，接地速度应尽量接近最小可控空速。高速滑跑时气动减速效果较好，接地后应继续保持正迎角姿态，以获得较大的气动阻力。前轮接地后，柔和地施加刹车压力，使机轮处于最佳刹车滑移状态，以获得最佳刹车效果，缩短着陆滑跑距离。

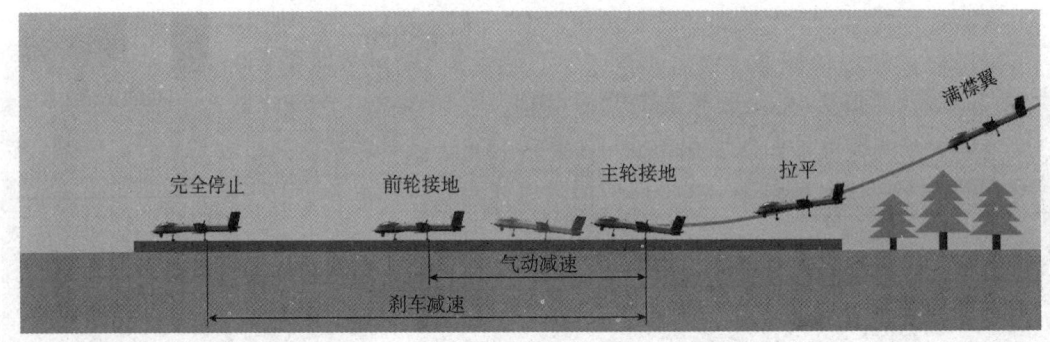

图 4.3.10 短场地着陆

■ 任务六：操纵无人机在软场地着陆

【操纵原理与要领】

在软场地着陆，首先要做的就是尽量减小接地时的速度和下降率，确保轻接地。为获得最小接地速度，应使用最大襟翼。当无人机距地面只有 1～2 ft 时，应减小下降率，尽可能久地飘飞减速。

在主轮接地后，应尽量保持大迎角姿态滑跑，以产生更多的升力克服重力，减小机轮对软道面的正压力。前轮接地后，要尽量减少刹车的使用，防止重心前移造成前轮压力过大。软道面通常会产生较大的阻力，非必要可完全不使用刹车。软场地着陆的过程如图 4.3.11 所示。

图 4.3.11　软场地着陆

■ **任务七：操纵无人机在积水或积雪跑道着陆**

【操纵原理与要领】

无人机在湿滑的道面低速滑行时，轮胎能及时排开道面的积水，让胎面和道面直接接触，形成抓地力。但高速滑跑时，机轮的轮速较快，道面的积水无法被轮胎及时排净，所以胎面和道面之间会形成一层薄薄的水膜，降低轮胎与跑道之间的摩擦系数，影响刹车性能。在湿滑的跑道上着陆时，如果施加正常大小的刹车压力，机轮很容易抱死打滑，为保证刹车效果，应适当地减小刹车压力，但是这无疑会延长着陆滑跑的距离。因此，为了预留足够的滑跑距离，在积水跑道着陆时，接地点应准确，飘飞距离不能过长。在跑道湿滑的情况下，应"扎实"接地，利用轮胎的冲击力排开道面的积水。

在积雪跑道着陆时，同样需要考虑"水膜"对轮胎抓地力的影响，因此，无人机在积雪道面接地要扎实、准确，刹车压力也要适当减小。与在积水跑道着陆相比，在积雪跑道着陆所需的滑跑距离更短，这是因为积雪对机轮的阻力可以在一定程度上弥补刹车性能的不足。如果跑道结冰，应禁止一切起降活动，因为结冰的道面非常光滑，会使刹车和地面转向失去作用。

■ **任务八：操纵无人机在不放襟翼的状态下着陆**

【操纵原理与要领】

如果襟翼卡阻无法放出，机翼无法获得更大的升力系数和阻力系数，无人机的进近速度就会更大，减速性能也会减弱，因而需要更长的着陆距离。在同样的着陆重量下，襟翼在收上位时，V_{REF} 更大（表 4.3.2）。

表 4.3.2　某型固定翼无人机的进近速度

项目	襟翼	低于 1 900 kg（4 189 lb）	超过 1 900 kg（4 189 lb）
参考着陆进近速度	收上位	86 KIAS	92 KIAS
	进近位	最小 84 KIAS	最小 88 KIAS

当襟翼全收时，机翼具有更大的升阻比，无人机在此状态下要以更小的下降角进近着陆。当无人机进入拉平阶段时，操纵量不宜过大，否则很容易导致平飘或拉飘。

在大风或乱流天气，可有意地在襟翼全收的状态下进近着陆，因为速度更大时，操纵性更好，这对复杂风场下的飞行是有利的。

Part 4 任务小结

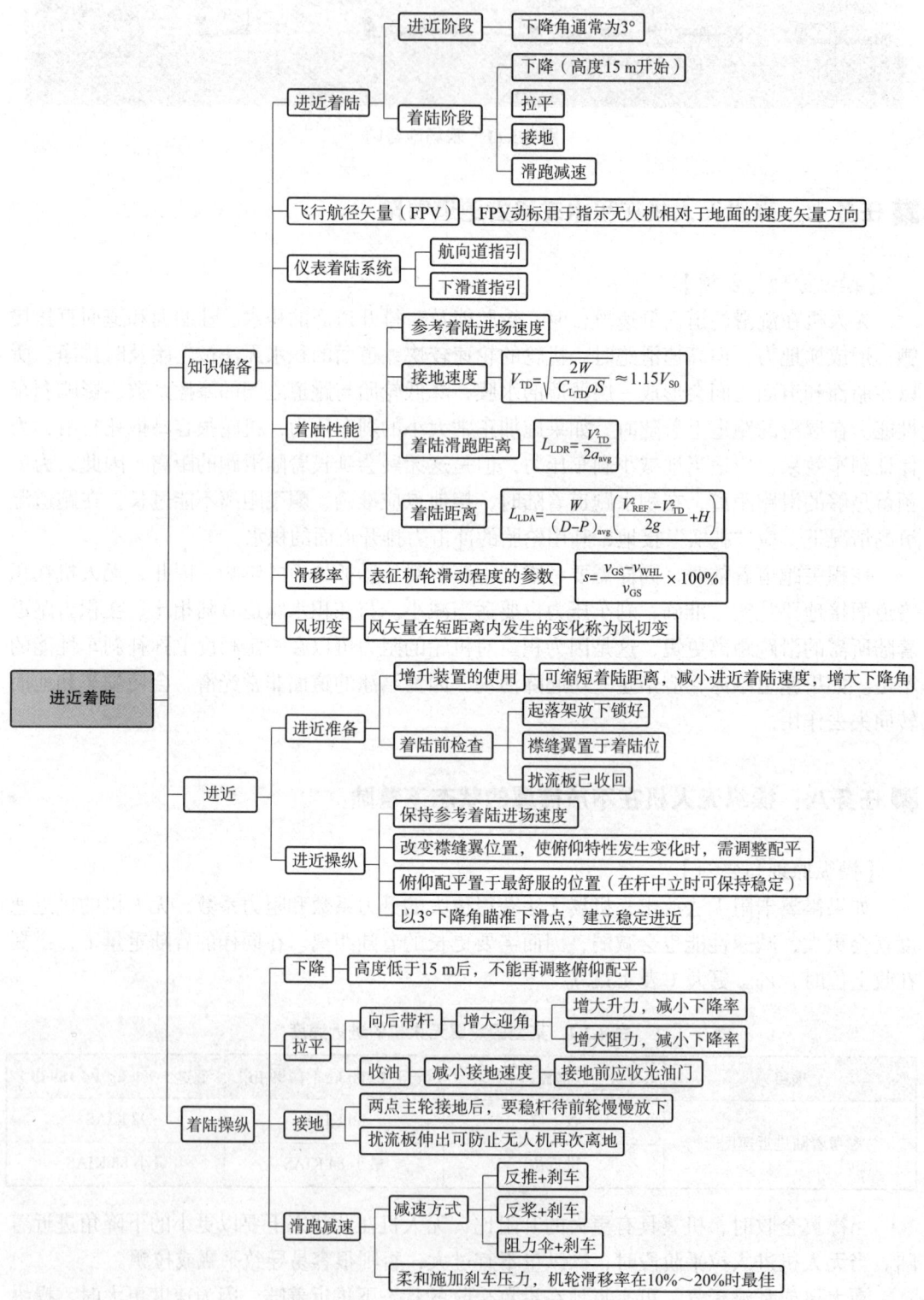

Part 5　任务拓展

进近着陆时，如果不具备着陆条件，应果断采取复飞措施。如果决定复飞，首先要将功率增加到最大，以获得足够的加速度。如果无人机在地面效应区中断着陆，切记不要过早过快地拉升，否则无人机会因为失去地面效应而升力不足。从下降转为上升的过程中，要让无人机具有一定的加速度。建立安全爬升后，应收回起落架，按照手册规定的襟翼操作速度分段收回襟翼。具体的复飞步骤应按照飞行手册中的标准程序执行，以下是某型无人机的复飞程序：

复飞
1. 功率　　　　　　　　　最大
2. 襟翼　　　　　　　　　进近位
3. 空速
1 900 kg（4 189 lb）以下　最小 90 kn
1 900 kg（4 189 lb）以上　最小 92 kn
建立正爬升率
4. 起落架　　　　　　　　收上位
5. 襟翼　　　　　　　　　收上位
建立安全爬升
6. 左/右辅助燃油泵　　　　关闭

请思考并回答下列问题：
在哪些情况下需要复飞？

Part 6　课后思考

思考并回答下列问题：
1. 襟翼的大小对下降角有什么影响？

2. 拉平的时机取决于什么？

3. 影响着陆距离的因素有哪些？

4. 着陆时平飘或拉飘该如何处置？

5. 大逆风着陆时该如何控制油门？

6. 简述侧风进近着陆的修正方法。

7. 进近着陆时如果发生跑道入侵，该如何处置？

8. 在软场地着陆的操纵要领有哪些？

9. 在短场地着陆的操纵要领有哪些？

10. 在积水跑道着陆的操纵要领有哪些？

GL26　固定翼无人机的迫降

🛸【学习目标】

1. 掌握无动力迫降的操纵方法与要领。
2. 掌握起落架故障着陆的操纵方法与要领。

🛸【知识回顾】

1. 零拉力下降时的作用力。
2. 下降性能：滑翔比的概念。
3. 前三点式无人机着陆的操纵方法。

Part 1　任务描述

【典型工作任务】

按照某大型固定翼无人机的训练大纲要求，学员须在飞行训练器中完成以下迫降科目训练：

1. 以 10 000 ft 以上高度飞往指定空域，随机设置全部发动机失效，进行无动力迫降练习。
2. 载入 12 海里进近，任意设置起落架故障，进行起落架故障着陆练习。

Part 2　任务实施

■ 任务一　无动力迫降

【应急处置】

如果无人机彻底失去动力，首先要确保起落架和襟翼处于收上位，对于螺旋桨无人机，还要尽快使螺旋桨顺桨，或调至最大桨距（定距螺旋桨除外），从而减小迎风面积，避免较大的阻力。某型固定翼无人机在紧急情况下的空速见表 4.4.1。

表 4.4.1　某型无人机特情处置表

项目		850 kg（1 874 lb）	1 000 kg（2 205 lb）	1 150 kg（2 535 lb）
起飞后发动机故障（襟翼起飞位）		59 KIAS	66 KIAS	72 KIAS
空速获得最佳滑行角度（襟翼收上位）		60 KIAS	68 KIAS	73 KIAS
发动机关闭时紧急着陆	襟翼收上位	60 KIAS	68 KIAS	73 KIAS
	襟翼起飞位	59 KIAS	66 KIAS	72 KIAS
	襟翼着陆位	58 KIAS	63 KIAS	71 KIAS

【滑翔性能】

无动力下滑时,无人机经过的水平距离与下降高度之比称为滑翔比。在静风条件下,滑翔比刚好等于升阻比,如果保持最大升阻比下滑,就可以获得最大滑翔距离。飞行手册通常会给出各种形态下的最佳滑翔速度,如果无人机彻底失去动力,保持该速度下滑几乎可以使无人机处于有利迎角,从而获得更远的滑翔距离。Cessna 172 飞机最佳滑翔性能如图 4.4.1 所示。

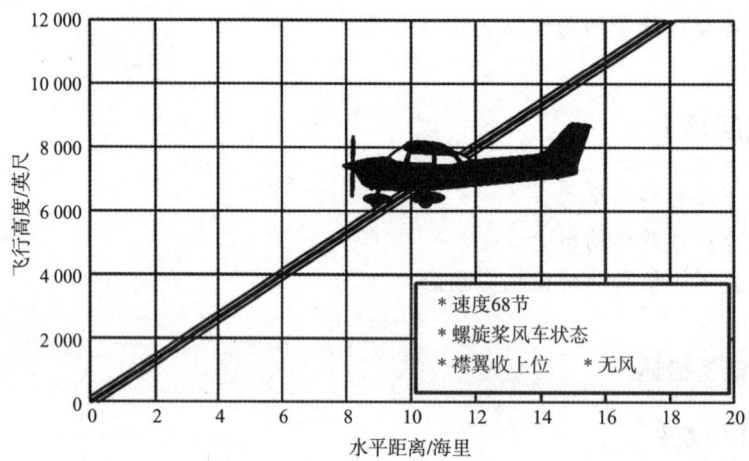

图 4.4.1　Cessna 172 飞机最佳滑翔性能

【操纵原理与要领】

无动力下滑时,一般通过控制俯仰姿态来改变无人机的飞行速度,但是要注意操纵幅度不能太大,否则会造成不必要的能量损耗。如果无人机在全部发动机失效后还具有较大的速度,应带杆使无人机爬升一些高度,这不仅能为发动机的重新起动争取时间,也能扩大迫降场的选择范围。

在选定合适的迫降场后,应柔和操纵无人机对准迫降场,在转向机动时,坡度不能太大,滚转角速度也不能过快。如果无人机的高度较低,应优先选择机头前方的迫降场。对准迫降场后,应规划好能量的消耗并预估下滑轨迹,择机放出襟翼。起落架的收放与否应根据迫降场的场面状况来决定,如果迫降场地较为松软或是在水中迫降,则不建议放下起落架。

无动力迫降时,起落架和襟翼放出的时机十分关键。如果过早地放出起落架和襟翼,无人机的升阻比会减小,飞行阻力和下滑角会增大,无人机可能无法到达迫降场,因此,起落架和襟翼可以晚一些放出。无人机略高于下滑轨迹是有裕度进行修正的,高度偏大时可以用 S 形转弯修正法或侧滑法修正。采用 S 形转弯修正法时,飞行方向会不断改变,能量的消耗也不容易把握;采用侧滑法修正时,机头可以始终对准迫降场,能量消耗比较容易控制,下降角更加容易修正。

▌任务二　起落架故障着陆

【应急处置】

如果单个或多个起落架无法正常放下,应首先尝试在空中排除故障,如果按照手册的应急处置程序依旧无法放下起落架，可以尝试以下方法：

（1）如果气流平稳，可以让无人机俯冲加速，然后在接近最大限速 V_{NE} 时，迅速拉升，利用大过载甩出机轮。

（2）左右交替进行大幅度偏航，利用交变惯性甩下起落架。

【操纵原理与要领】

如果在尝试过上述方法后依旧无法放出故障起落架，可按照以下方法进行迫降。

1. 单侧主起落架无法放下

现假设左侧主起落架无法放下。当无人机以右侧主轮接地时，地面的反作用力会对无人机的重心形成向左的滚转力矩，如图 4.4.2 所示，如果接地较重，无人机会瞬间向左倾斜，造成左侧翼尖触地。因此，在单侧主起落架无法放下时，接地要柔和、平稳，且接地时可以向主轮放下一侧压一些坡度。单侧主轮接地后，为保持机翼的水平，应向有主轮支撑的一侧压杆。随着速度的减小，副翼的舵偏角应逐渐增大，以尽可能延长故障起落架一侧机翼的留空时间。如果单侧主起落架无法放下，着陆前应耗光故障起落架一侧机翼的燃油，这不仅能降低该侧机翼与地面摩擦引燃油箱的风险，还能减小该侧机翼的质量，延长该侧机翼的留空时间。

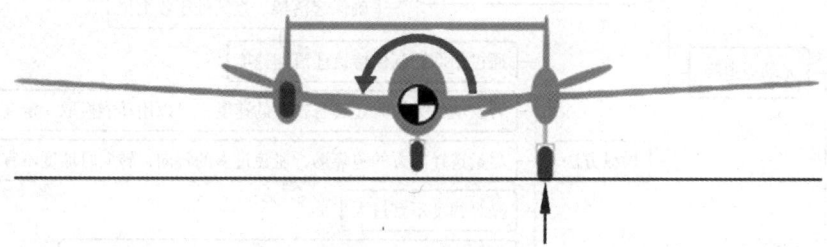

图 4.4.2 单侧主起落架无法放下着陆

为更好地控制滑跑方向，单侧主轮接地后，应尽早放下前轮。滑跑过程中不宜使用刹车，因为单侧主轮受到的摩擦力会对无人机的重心形成偏航力矩，如图 4.4.3 所示，增加方向控制的难度。

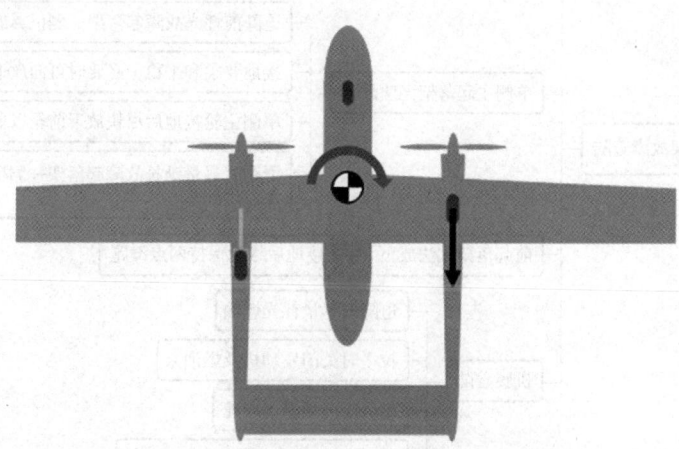

图 4.4.3 单侧主轮摩擦力带来的偏转力矩

2. 前起落架无法放下

如果前起落架无法放下，着陆时要以两点主轮柔和接地，主轮接地后无人机只能依靠气动阻力减速。两点滑跑时，应带杆保持大迎角姿态，尽可能地延长机头的留空时间，以便让机头以更小的速度触地，减轻冲击。因此，当升降舵向上偏转到底后，应保持最大舵偏角直至机头触地。

3. 机腹着陆

如果全部起落架都失效在收上位，或者只有单个起落架可以正常放下，无人机的回收只能以机腹着陆的方式进行。以机腹着陆前应尽量耗光燃油，以降低机腹擦地引燃油箱的风险。拉平时，应关闭发动机和燃油泵，为了减小机腹触地时的冲击，要尽可能久地飘飞减速，让无人机以更小的速度和下降率接地。机腹触地后，为避免造成更大的损失，应使用方向舵操纵无人机，尽量避开障碍物，直至无人机停止滑动。

Part 3　任务小结

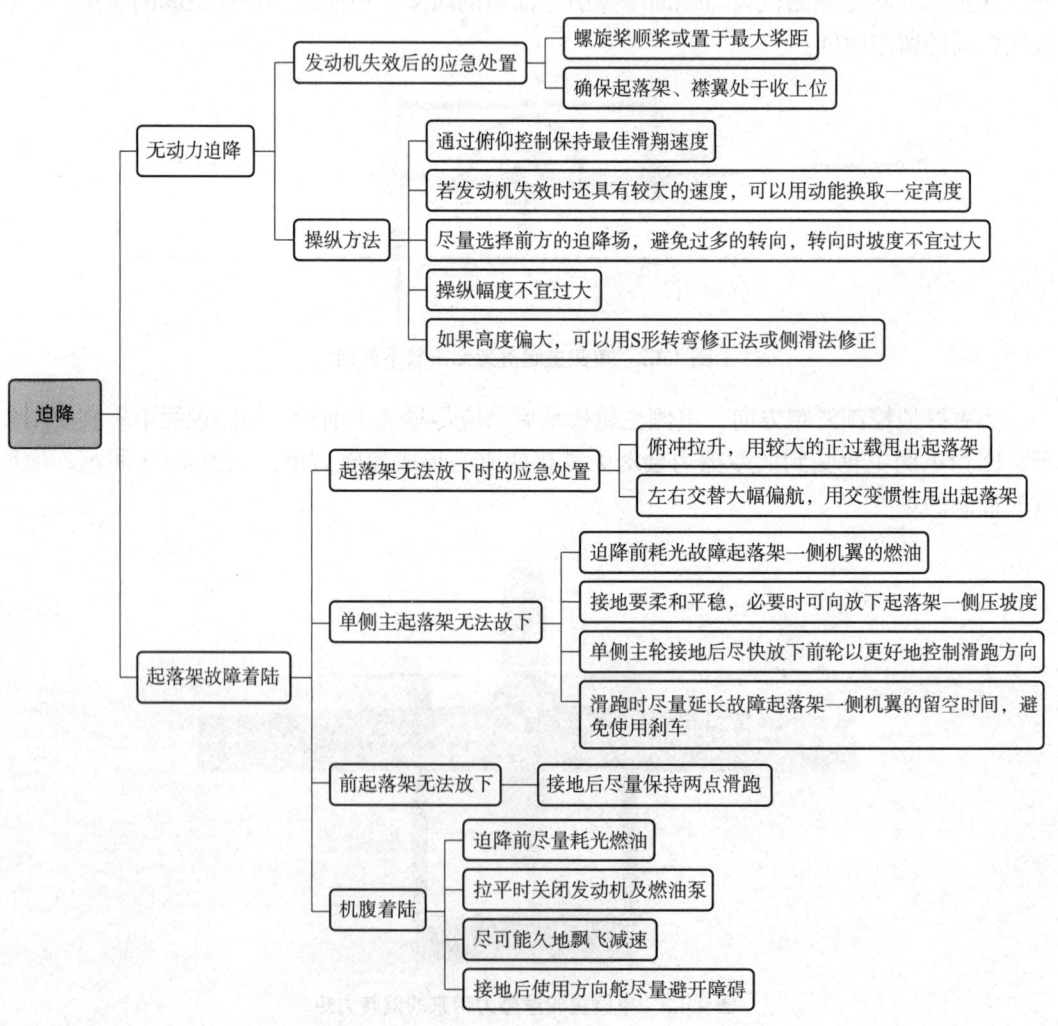

Part 4 任务拓展

【背景概要】

2024年6月19日，中国航空器拥有者及驾驶员协会（中国AOPA）邀请了中国民航大学、中国民航管理干部学院、深圳联合飞机科技有限公司、国网电力空间技术有限公司、深圳市道通智能航空技术股份有限公司，以及标准化技术委员会的六位专家，对深圳市天鹰装备科技有限公司提交的《中型无人驾驶航空器降落伞系统技术规范》和《整机降落伞系统技术规范》团体标准进行了审查和研讨。

注：中型无人驾驶航空器是指空机质量大于15 kg，最大起飞质量大于25 kg，且不超过150 kg的无人驾驶航空器。

【降落伞系统的组成】

降落伞系统主要由降落伞组件、吊带系统、弹射系统和激活系统等组成。

（1）降落伞组件主要由引导装置（通常为引导伞）、主伞、伞绳、收口装置、组提带和伞衣套（伞包）等组成。

（2）吊带系统主要由若干吊挂带、连接件、落地分离组件等组成，用于连接降落伞和无人驾驶航空器，其中落地分离组件便于无人驾驶航空器开伞落地后，降落伞和无人驾驶航空器分离。

（3）弹射系统主要由射伞装置和伞舱等组成。

（4）激活系统主要由电子控制单元（ECU）和飞控系统等其中一种或多种组成。

【一般技术要求】

（1）降落伞系统应能减少无人驾驶航空器坠落的冲击动能，以及降低地面人员的风险。

（2）降落伞系统在无人驾驶航空器正常运行期间，不得对无人驾驶航空器的性能产生不利影响。

（3）降落伞组件、降落伞吊挂带、降落伞机身连接结构和所有相关部件，应在降落伞的整个开伞过程和下降过程中，能承受设计极限载荷条件。

（4）降落伞系统的所有部件都应有保护，以防止由于正常运行、风化、腐蚀、磨损、温度、振动和老化而导致在使用寿命内的性能或强度的下降。

（5）应制订措施防止伞舱和相关结构受到污染，以确保降落伞系统处于完好状态。

（6）用于安装降落伞系统的紧固件不应因无人驾驶航空器正常运行而松动或脱落。

（7）在降落伞开伞期间，降落伞系统的构造应能防止无人驾驶航空器可能产生的碎片对降落伞的影响。

（8）制造商应在降落伞手册中明确降落伞系统的使用寿命和可使用的次数。每次使用后，应对该降落伞系统进行重新评估，确定使用寿命。在重新叠装降落伞时，应在降落伞手册中记录该降落伞系统的使用情况，以及更新降落伞系统的剩余开伞次数。

（9）制造商应对降落伞系统进行溯源登记，应保存的关键信息包括但不限于生产日期、产品修订和任何质量保证（QA）检测信息，做到有据可查。

（10）降落伞/无人驾驶航空器制造商应协商在降落伞手册/飞行手册中规定降落伞系统在飞行前和飞行后的检查程序。

Part 5　课后思考

思考并回答下列问题：
1. 迫降场的选择须考虑哪些因素？

2. 无动力迫降时，应如何进行"能量管理"？

3. 起落架无法放下时，迫降存在哪些风险？

GL27　失速与尾旋

【学习目标】

1. 能够识别无人机的失速，理解失速的机理及失速速度的定义。
2. 理解失速改出的操纵原理。
3. 熟悉无功率失速、带功率失速的改出步骤。
4. 能够识别无人机的尾旋。
5. 理解尾旋的机理。
6. 理解尾旋改出的操纵原理。

【知识回顾】

1. 迎角的概念。
2. 附面层。
3. 逆压梯度。
4. 升力系数与阻力系数。

Part 1　任务描述

【典型工作任务】

按照某大型固定翼无人机的训练大纲要求，起飞后须爬升到 5 000 ft 以上高度飞往指定空域，展开失速与尾旋的改出训练：

（1）无功率失速的改出训练。
（2）带功率失速的改出训练。
（3）尾旋的改出训练。

Part 2　知识储备

一、失速概述

在中小迎角范围内，机翼的升力系数会随着迎角的增大而增大，但是当机翼的迎角增大到一定程度时，上翼面边界层的逆压梯度会使空气的正向流动受到较大的阻碍。空气的黏性会使边界层形成速度梯度，其中底层的空气会在逆压梯度的作用下首先停止流动，随后受阻的来流会向上绕行，脱离机翼表面，形成分离点。分离的气流会受到上下方气流的摩擦，形成涡流。其中，上方是向后的相对气流，下方是在逆压梯度作用下向前的回流。如果继续增大迎角，分离点会进一步前移，涡流区会进一步扩大，这会造成升力系数迅速减小，阻力系数急剧增大（主要是压差阻力，如图 4.5.1 所示），无人机将难以保持正常的飞行状态，这种状态就是失速。因此，迎角过大是导致无人机失速的根本原因。当无人机升力系数达到最大时，对应的迎角通常被定为失速临界迎角。

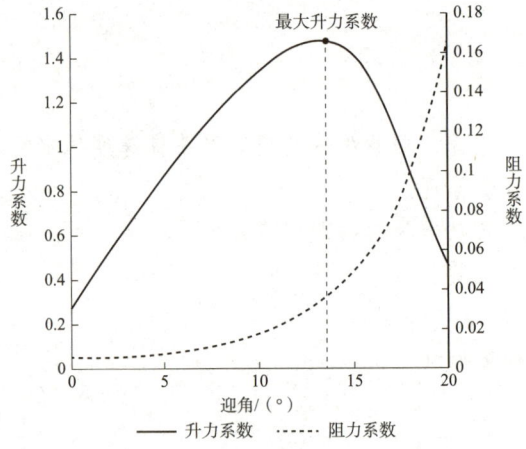

图 4.5.1　升力系数与阻力系数

■ 二、失速速度

无人机保持一定过载逐渐减速时，所需迎角会逐渐增大，当无人机达到失速临界迎角时，其速度称为失速速度。失速速度 V_S 可表示为

$$V_S = \sqrt{\frac{2L}{C_{L_{max}} \rho S}} \quad (4.5.1)$$

升力的大小与无人机的重力和载荷因数 n_y 有关，即 $L = Wn_y$，所以失速速度可进一步表示为

$$V_S = \sqrt{\frac{2Wn_y}{C_{L_{max}} \rho S}} \quad (4.5.2)$$

无人机处于低速大迎角状态或做大机动动作时，最容易失速。当低速飞行时，使用增升装置可以提高最大升力系数，减小失速速度。如果无人机安装有自动式前缘襟（缝）翼，则做大机动动作时，为避免失速，前缘襟（缝）翼的位置会随着迎角的变化而变化。

根据形态的不同，无人机的失速速度可以分为以下几种：
（1）无人机在给定形态下的失速速度 V_S。
（2）无人机在着陆形态下的失速速度 V_{S0}。
（3）无人机在起飞形态下的失速速度 V_{S1}。

■ 三、失速识别

1. 失速的现象
失速时，边界层分离形成的不稳定气流会使机身抖动和摇晃，影响各控制面的操纵效能，使操纵性降低。如果进一步增大迎角，升力骤减，空速急剧下降，机翼会出现强烈的气动抖振。

对于后掠翼无人机，翼尖通常会先失速，这会使机翼的压力中心前移，造成机头上仰，从而使失速进一步恶化。如果副翼位于机翼外侧，翼尖先失速还会导致副翼失效。因此，后掠翼的翼尖前缘相对于翼根前缘通常是向下扭转的，这样设计可以在一定程度上延迟翼尖失速的发生。

2. 失速的指示与告警

某型无人机的控制界面如图 4.5.2 所示。顶部的 AOA（Angle of Attack）是无人机的迎角指示。其中，方框内的数字代表迎角值，三角形箭头的上下摆动可以反映迎角的变化情况。当箭头指在弧形指示带绿区时，表明无人机的迎角处于正常范围；当箭头摆动到弧形指示带黄区时，表明无人机的迎角已接近失速临界迎角；当箭头摆动到弧形指示带红区时，表明无人机的迎角已超过失速临界迎角。

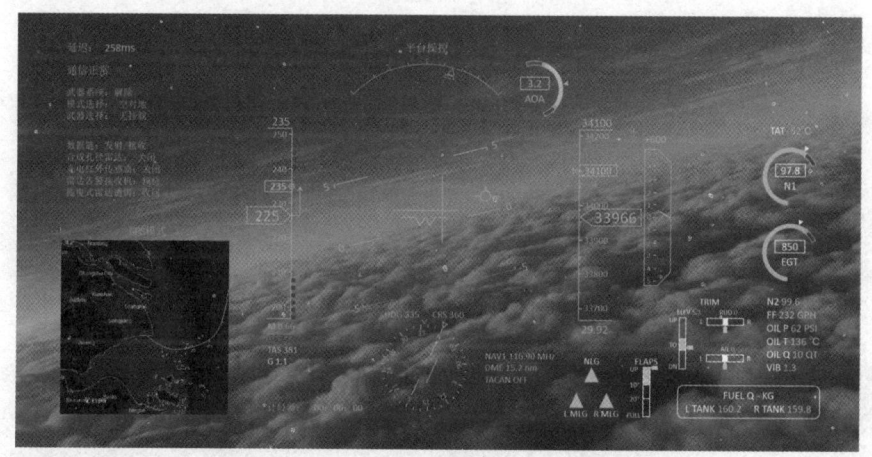

图 4.5.2　某型无人机的控制界面

无人机的迎角接近失速临界迎角时，失速告警系统会发出音响警告，点亮告警灯，显示失速告警信息如图 4.5.3 所示，提醒驾驶员执行改出动作。

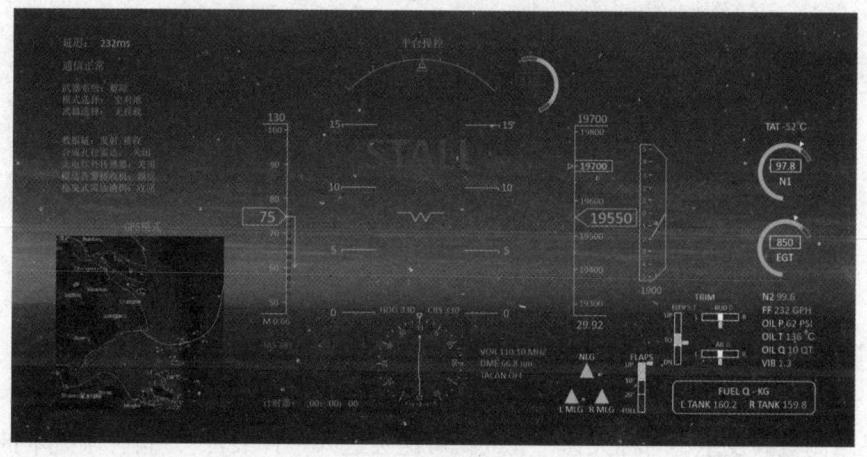

图 4.5.3　失速的指示与告警

四、失速改出的一般操纵

失速多发生在俯仰角较大的时候,但俯仰角的大小并不是判断失速的依据,无论无人机处于什么样的姿态,只要超过失速临界迎角,就会进入失速状态。如果出现了失速的特征,应及时向前推杆以恢复正常迎角,同时推油门加速,尽快让无人机恢复升力,以避免更多的高度损失,如图 4.5.4 所示。无人机恢复正常的迎角和空速后,便可带杆拉回正常的飞行姿态,但是带杆要柔和,杆量不能过大,否则很容易导致二次失速,如图 4.5.5 所示。

图 4.5.4　正确的失速改出方式

图 4.5.5　不正确的失速改出方式

五、尾旋

如果两侧机翼发生不对称失速,无人机可能会进入一种滚转、偏航、俯仰同时发生且沿小半径螺旋轨迹急剧下降的自主运动,这种运动称为尾旋,如图 4.5.6 所示。

图 4.5.6 尾旋

1. 尾旋的机理

如果无人机在失速状态下受到扰动,两侧机翼的失速程度可能会变得不一致,形成滚转力矩。滚转角加速度出现时,下沉一侧机翼的迎角变大,失速程度加重,升力进一步下降,上升一侧机翼的迎角变小,失速程度减轻,升力有所恢复,导致无人机的滚转速度不降反增,形成自转。无人机在自主滚转的同时不断地向滚转侧做偏航运动,这是因为下沉一侧机翼的迎角更大,阻力系数比上升一侧机翼大很多,因此,产生较大的偏航力矩,如图 4.5.7 所示。

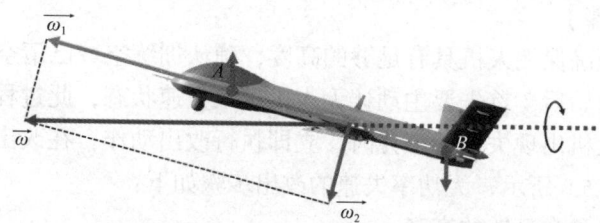

图 4.5.7 惯性俯仰力矩的形成

滚转和偏航同时发生会形成惯性俯仰力矩。以右滚转、右偏航为例,根据角速度的右手螺旋定则,可以确定无人机向右滚转的角速度矢量 $\vec{\omega}_1$,以及向右偏航的角速度矢量 $\vec{\omega}_2$。其中,弯曲的四根手指指向旋转方向,竖直的大拇指指向角速度矢量方向。根据平行四边形法则,可以得到滚转角速度矢量与偏航角速度矢量的矢量和 $\vec{\omega}$,当无人机向右偏滚时,会绕 $\vec{\omega}_2$ 旋转。假设无人机的质量分布在纵轴的 A、B 两点,无人机绕 $\vec{\omega}_1$ 旋转时,A、B 两点会产生惯性离心力,形成使机头上仰的惯性力矩,这个力矩会试图增大无人机的迎角。

滚转、偏航、俯仰同时发生会使无人机沿螺旋线运动。无人机失速后,总升力减小,而且机翼的升力会为无人机的螺旋运动提供向心力,所以,无人机的运动轨迹会因为升力不足而变得陡峭。最后,无人机会自主绕纵轴、横轴、立轴快速旋转,同时沿着陡峭的小半径螺旋轨迹急剧下降,形成尾旋。

在尾旋运动的过程中,如果各轴的惯性旋转力矩与气动阻尼力矩达到动态平衡的状态,无人机会处于稳定尾旋;反之则处于不稳定尾旋,如"落叶飘"机动。

2. 尾旋的分类

按照尾旋运动时机腹的朝向,可以将尾旋分为正飞尾旋和倒飞尾旋;按照尾旋运动时无人机俯仰角的大小,可以将尾旋分为平尾旋、缓尾旋和陡尾旋;按照尾旋运动时螺旋轨迹的方向,可以将尾旋分为左尾旋和右尾旋;按照尾旋运动时参数的变化规律,可以将尾旋分为稳定尾旋和不稳定尾旋。

3. 尾旋改出的要求

不同型号的无人机有着不同的气动布局和结构分布,因此它们的尾旋特性各不相同,进入尾旋后的改出方法和改出难度也不同。要从尾旋状态改出并恢复到可控的飞行状态,首先要施加操纵力打破惯性旋转力矩与气动阻尼力矩的动态平衡,制止机体的自旋,随后完成失速的改出。

Part 3　任务实施

■ 任务一　无功率失速改出训练

【任务目标】

进近时,功率较小,空速较低(大约 $1.3V_{S0}$),若操纵不当可能会造成失速。因此,要进行无功率失速改出训练,掌握进近时意外失速的改出方法。

【训练的一般步骤】

训练开始前,须确保无人机具有足够的高度,确认训练空域已清空,否则不能进行失速改出训练。训练开始后,首先要主动让无人机进入失速状态,此过程可以提高学员识别失速的能力,当无人机出现失速的征兆时,立即执行改出动作,在改出的过程中要尽量减少高度损失。如图 4.5.8 所示,无功率失速的改出步骤如下:

(1)确保无人机具有足够的高度。

(2)执行机动前检查和空域清查,确认无人机状态完好,确认训练空域没有其他航空器。

(3)保持平飞,降低发动机功率,减速至正常进近速度并保持。

(4)减速过程中按照襟翼操作速度分段放下襟翼,放下起落架,建立着陆形态。

(5)保持正常进近速度下滑,模拟无人机进近。

(6)收光油门向后带杆,使无人机达到一个足以发生失速的大迎角姿态并保持。

(7)当无人机出现失速的特征后,立刻推杆并增大油门,尽可能以最小的高度损失完成改出。

(8)无人机恢复正常空速后,停止下降,建立正爬升率,收起落架。

(9)加速至最大爬升率速度 V_Y 并保持。

（10）达到预定高度后恢复正常平飞状态，训练结束。

图 4.5.8　无功率失速改出训练

任务二　带功率失速改出训练

【任务目标】

进行带功率失速的改出训练，掌握爬升期间意外失速的处置方法（图 4.5.9）。

【训练的一般步骤】

（1）确保无人机具有足够的高度。
（2）执行机动前检查和空域清查，确认无人机状态完好，确认训练空域没有其他航空器。
（3）保持平飞，减小发动机功率，减速至正常爬升速度并保持。
（4）减速过程中按照襟翼操作速度分段放下襟翼，建立爬升形态。
（5）达到爬升速度后，以起飞功率保持该速度爬升。
（6）向后带杆，使无人机达到一个足以发生失速的大迎角姿态，并保持该姿态。
（7）当无人机出现失速的特征后，立刻推杆并增大油门，尽可能以最小的高度损失完成改出。
（8）无人机恢复正常空速后，建立正爬升率，加速至最大爬升率速度 V_Y 并保持。
（9）达到预定高度后恢复正常平飞状态，训练结束。

图 4.5.9　带功率失速改出训练

任务三　尾旋改出训练

【任务目标】

操纵无人机达到一个足以发生失速的大迎角姿态并朝任意方向蹬满舵，有意进入尾旋，并进行尾旋改出训练，掌握尾旋改出的一般步骤。

【操纵原理与注意事项】

无人机进入尾旋后，首先要将发动机的功率减小到慢车状态。如果发动机功率较大，无人机的自旋速度可能会加快，严重时还有可能发展成难以改出的平尾旋。方向舵在平尾旋状态下几乎不能产生操纵力，这对尾旋的改出是极为不利的。

油门收光后，应向反尾旋方向蹬满舵，这不仅能制止无人机的偏航运动，还能形成内侧滑。对于采用后掠翼，或下反翼设计的无人机，内侧滑对尾旋的改出是比较有利的，原因如下。

（1）后掠翼：内侧滑增大了下沉一侧机翼的有效速度分量（垂直于机翼前缘），减轻了下沉一侧机翼的失速程度。

（2）下反翼：内侧滑减小了下沉一侧机翼的迎角，减轻了下沉一侧机翼的失速程度。

在尾旋改出的过程中，副翼和升降舵通常要保持在中立位，因为副翼和升降舵的偏转容易使尾旋进一步恶化，增加尾旋改出的难度。如果无人机具有较强的稳定性，当尾旋的程度较轻时，也可以采用三中立法改出尾旋，即将副翼、升降舵、方向舵全部保持在中立位，利用稳定力矩来减弱无人机的惯性转矩，使其停止自旋。

无人机停止自旋后，应立即改出失速。在无人机完全脱离失速状态前，要尽量将方向舵和副翼保持在中立位，防止无人机再次进入尾旋。

尾旋通常是失速恶化导致的结果，所以在无人机出现失速的特征时，应立即改出。改出时，应尽量保持机翼的水平，谨慎地操纵副翼和方向舵，避免无人机进入尾旋。

Part 4　任务小结

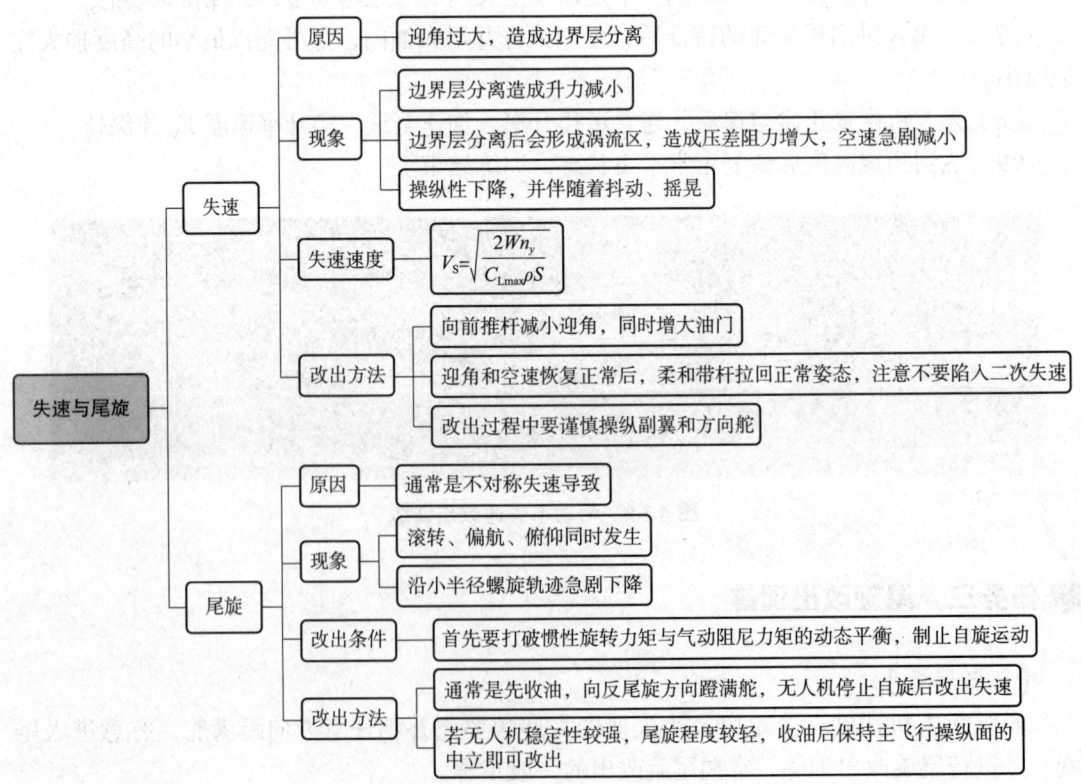

Part 5　任务拓展

在研制试飞过程中，为提高失速、尾旋试飞科目的试飞安全，会加装反尾旋伞系统。反尾旋伞系统主要由反尾旋伞、弹射系统、控制装置和结构连接组件等组成。

反尾旋伞包括引导伞和主伞，当开伞控制指令发出后，引导伞会被弹射系统抛出，弹射方式可以是弹簧弹射、火药弹射、火箭牵引等。引导伞展开后，可以将主伞从伞包中拉出。改出尾旋后，反尾旋伞应能被可靠地抛放，以避免妨碍后续的正常飞行。

反尾旋伞的改出效果与主伞面积和伞绳长度有关，通常主伞面积越大，改出效果越好，且中等伞绳长度的尾旋改出效果最佳。

Part 6　课后思考

思考并回答下列问题：

1. 如果在失速时大幅地操纵副翼和方向舵容易造成什么后果？

2. 如果失速后陷入自滚转，应如何改出？

3. 为什么平尾旋难以改出？应如何避免平尾旋？

237

GL28　单发失效

🛸【学习目标】

1. 清楚单发失效对飞行操纵的影响。
2. 理解关键发动机的定义。
3. 理解单发失效操纵原理。

🛸【知识回顾】

1. 无人机的平衡与配平。
2. 无人机的纵向操纵、横向操纵、方向操纵。

Part 1　任务描述

【典型工作任务】

按照某双发大型固定翼无人机的训练大纲要求，起飞后须爬升到 5 000 ft 以上高度飞往指定空域展开单发飞行训练：

（1）将左发收至慢车模拟左发失效，完成教员指定的飞行动作。
（2）将右发收至慢车模拟右发失效，完成教员指定的飞行动作。

Part 2　知识储备

与单发无人机相比，多发无人机拥有更好的性能和更大的载重，但是在学习多发飞行之前，首先要了解部分发动机失效对飞行操纵和飞行性能的影响。

■ 一、单发失效对飞行操纵的影响

以双发喷气式无人机为例，单发失效首先会造成两侧推力不对称。由于两台发动机的推力作用线都没有通过无人机重心，每侧发动机都会产生对重心的偏航力矩。当两侧的发动机同时运转时，它们的偏航力矩会相互抵消，但是当单侧发动机失效后，无人机会向失效的发动机一侧迅速偏航。与此同时，失效的发动机还会带来较大的阻力，使偏航力矩进一步增大。单发失效还会导致无人机的滚转，这是因为偏航过程中前行的机翼相对气流速度更大，升力更大，使两侧机翼出现升力差。侧滑时产生的横向稳定力矩也会使无人机向失效的发动机一侧倾斜。

■ 二、关键发动机

对于双发螺旋桨无人机，单发失效后不仅要考虑不对称拉力的影响，还要考虑螺旋桨

副作用的影响。首先，滑流的加速效应会使机翼产生附加升力，如果单侧发动机失效，该侧机翼的总升力就会减小，无人机就会向发动机失效一侧滚转。如果双发螺旋桨的旋转方向相同，则左发失效和右发失效会对操纵和性能产生不同的影响，失效后影响最不利的那台发动机称为关键发动机。假设双发螺旋桨均向右旋转。

（1）反作用力矩。如果左发失效，则右发螺旋桨的反作用力矩会加重无人机的滚转；如果右发失效，则左发螺旋桨的反作用力矩会减轻无人机的滚转，如图4.6.1、图4.6.2所示。

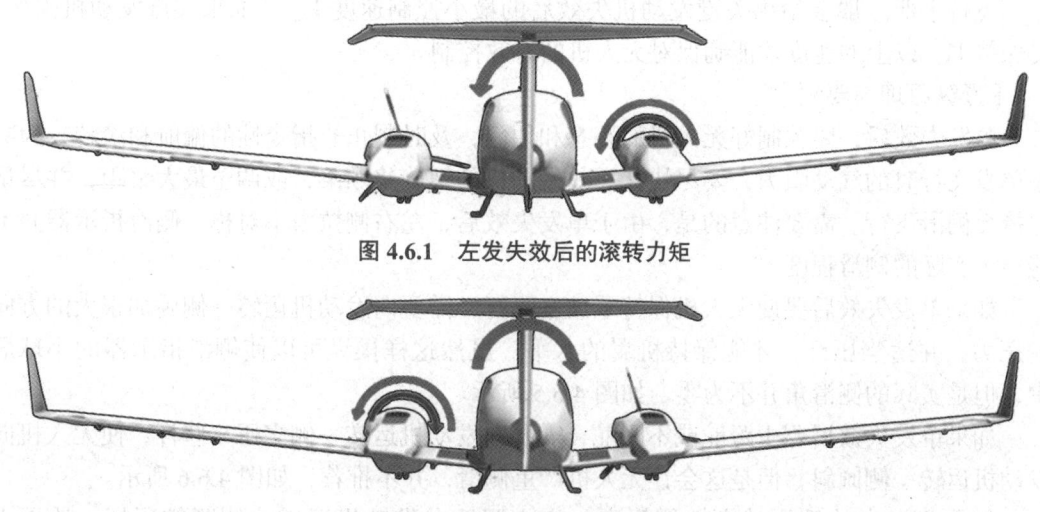

图4.6.1　左发失效后的滚转力矩

图4.6.2　右发失效后的滚转力矩

（2）螺旋桨因素。当无人机处于正迎角时，桨盘的右半部分会产生更大的拉力，因此右发的拉力臂更长，左发的拉力臂更短，如果左发失效，不利的偏航力矩会更大，如图4.6.3所示。

（3）螺旋桨滑流。由于滑流的侧洗，左发失效后，右发螺旋桨的滑流并不会作用在垂尾上；而右发失效后，左发螺旋桨的滑流会作用在垂尾上，产生左偏力矩，减轻无人机的偏航。因此，左发失效后，不利偏航更为严重，如图4.6.4所示。

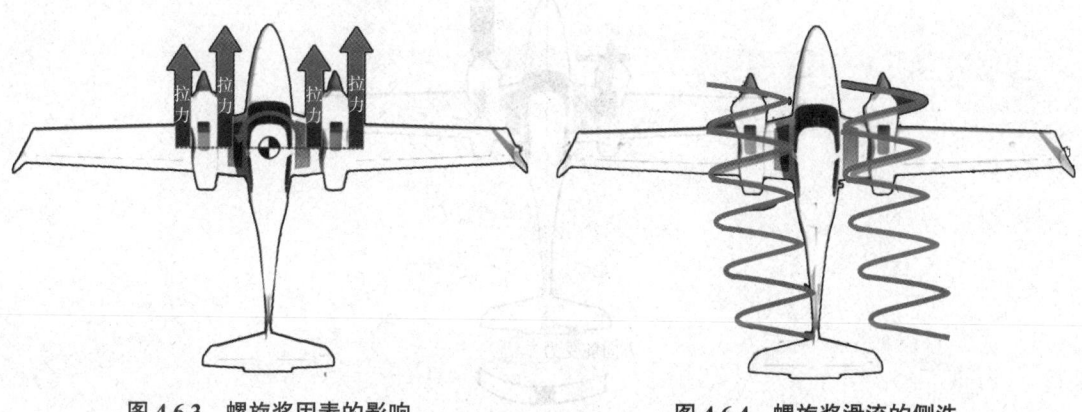

图4.6.3　螺旋桨因素的影响　　　　　图4.6.4　螺旋桨滑流的侧洗

综上所述，对于两侧螺旋桨均向右旋转的无人机，左发失效会对无人机的操纵和性能产生更大的影响，因此左发为关键发动机；如果两侧螺旋桨均向左旋转，那么关键发动机就是右发。如果两侧螺旋桨的旋转方向相反，那么其单发飞行特性不会有太大的差别。

Part 3 任务实施

■ 任务 单发失效后的操纵

【任务提示】

飞行手册一般会给出关键发动机失效后的最小控制速度 V_{MC}。如果关键发动机失效，要保持 V_{MC} 以上的速度才能确保对无人机的有效控制。

【操纵原理与要领】

单发失效后，要控制好无人机的姿态和油门，及时制止非指令性的偏航和滚转。为减小单发飞行时的气动阻力，要尽快让失效发动机的螺旋桨顺桨，或调至最大桨距，并尽量保持无侧滑飞行。需要注意的是，由于单发失效后，左右侧拉力不对称，侧滑指示器并不能指示实际的侧滑程度。

如果单发失效后要使无人机保持零坡度飞行，需要向发动机运转一侧施加很大的方向舵压力，并适当压杆，才能保持机翼的水平。虽然这样操纵可以使侧滑指示器的小球居中，但是实际的侧滑角并不为零，如图 4.6.5 所示。

如果单发失效后要少蹬舵或不蹬舵，需要向发动机运转一侧多压一些杆，使无人机向发动机运转一侧倾斜，但是这会让无人机严重侧滑，并不推荐，如图 4.6.6 所示。

如果单发失效后要减少性能损失，应协调地向发动机运转一侧蹬舵压杆，让无人机向发动机运转一侧稍稍倾斜，虽然这会使侧滑指示器的小球向无人机倾斜一侧偏移 $1/3 \sim 1/2$，但是实际的侧滑角并不大，甚至无侧滑，如图 4.6.7 所示。

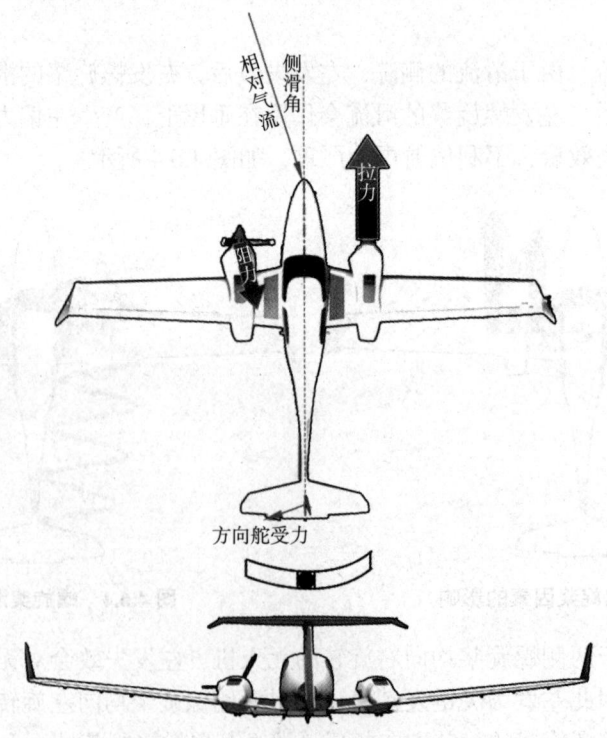

图 4.6.5 单发失效后保持零坡度飞行

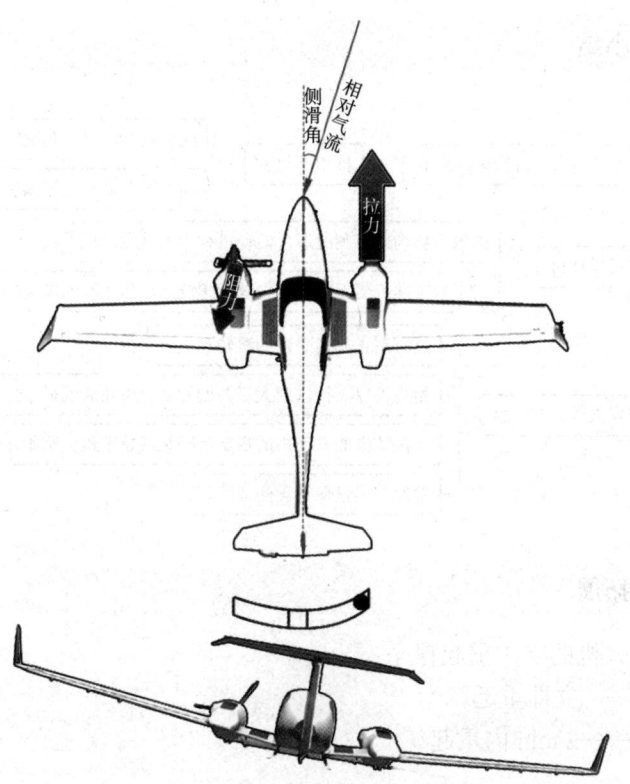

图 4.6.6　单发失效后只压杆修正的情形

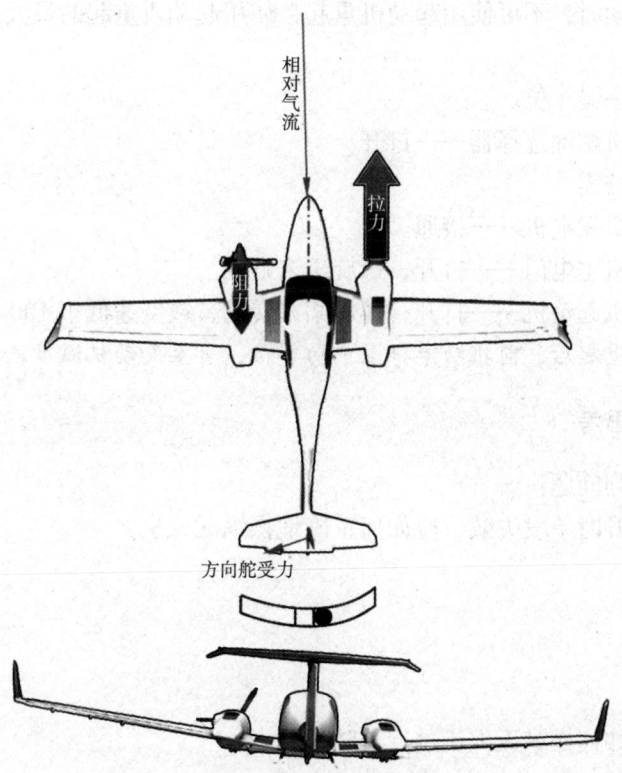

图 4.6.7　单发失效后协调地蹬舵压杆修正

Part 4　任务小结

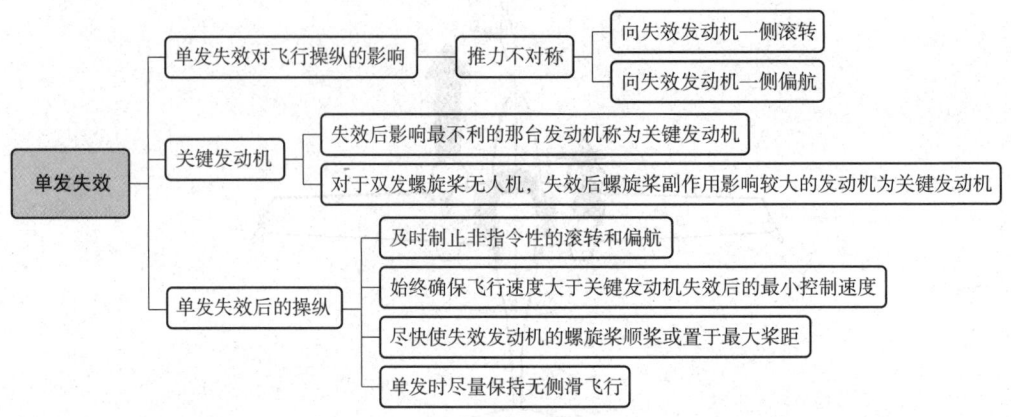

Part 5　任务拓展

以下为某型无人机的空中重起程序：
海拔 18 000 ft——立即重起
海拔 10 000 ft——2 min 内重起
注意：
（1）若发动机空停超过 2 min，不可再尝试空中重起。
（2）螺旋桨转动时，不可使用起动机重起，使用起动机重起的最大速度为 100 节。
程序：
（1）功率杆——慢车位。
（2）失效发动机燃油选择器——打开。
（3）气源——按需。
（4）失效发动机发电机——接通。
（5）失效发动机主电门——打开，螺旋桨未顺桨。
（6）失效发动机起动机——打开，螺旋桨未转动，或空速低于 100 节。
注意：发动机重起后，前推功率杆至中功率位，直至发动机温度达到绿区。

Part 6　课后思考

思考并回答下列问题：
1. 如果起飞爬升时单发失效，应如何正确地操纵无人机？

2. 单发失效后如何操纵无人机进近着陆？

模块五 05 具有固定翼特性的无人机

学习目标

通过本模块的学习，了解倾转旋翼无人机、复合翼无人机在正常情况下的起降方法和注意事项。

典型工作任务

垂直起飞、进近及垂直降落等。

学习成果

完成阶段考核、达到模拟机上机标准。

本模块重难点

1. 起飞、着陆的操纵方法。
2. 在有风条件下起降。
3. 无动力迫降。
4. 起落架故障着陆。
5. 失速与尾旋的改出。
6. 单发失效后的操纵。

完成标准

通过教员测试，学生能够理解本课内容。

学生完成问题的回答至少取得90分，并且学生应回顾每个不正确答案，以确保完全掌握所学知识。

GL29　倾转旋翼无人机的飞行与操纵原理

【学习目标】

1. 理解倾转旋翼无人机的平衡与控制原理。
2. 了解倾转旋翼无人机的操纵方法。

Part 1　任务描述

【典型工作任务】

某倾转旋翼无人机须进行调机转场飞行，由于起始地和目的地均只有直升机停机坪，起飞和着陆均只能采用垂直起降的方式。

Part 2　知识储备

一、倾转旋翼无人机概述

倾转旋翼无人机集直升机与固定翼的特点于一身，同时具有垂直/短距起降、空中悬停及长距离高速巡航的能力，是无人机发展的一种主要趋势。倾转旋翼无人机的主要组成部分包括机身、机翼、尾翼、倾转短舱及旋翼。其中，并列式双旋翼的设计是最典型和常见的，如图 5.1.1、图 5.1.2 所示，本节将做主要介绍。

图 5.1.1　贝尔 V-247 倾转旋翼无人机

图 5.1.2　镧影 R6000 倾转旋翼无人机

倾转旋翼无人机通常有三种不同的飞行模式，即垂直起降模式、固定翼模式和过渡模式（图 5.1.3）。

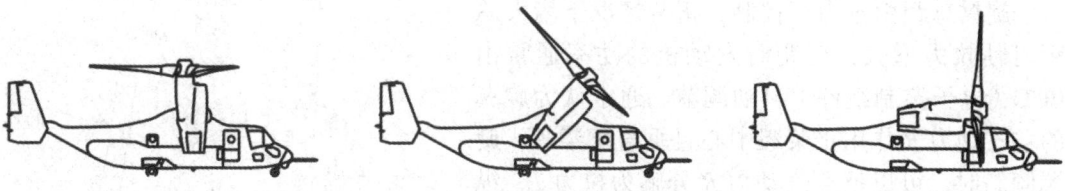

图 5.1.3　倾转旋翼无人机的三种飞行模式

（1）垂直起降模式。桨轴近乎或完全与机体立轴平行，此时旋翼的空气动力几乎完全用于克服无人机的重力，该模式用于无人机的垂直起降或悬停。在垂直起降模式下，无人机的运动和姿态一般通过倾斜旋翼和改变旋翼总距来控制。

（2）过渡模式。当倾转短舱向前倾斜达到某一角度时，无人机会进入过渡模式。随着倾转短舱前倾角的增大，旋翼的空气动力会逐渐变为以牵引力为主，随着空速的增加，升力会越来越多地由机翼提供。在过渡模式下，不能再控制旋翼倾斜，无人机的姿态完全转由舵面控制。

（3）固定翼模式。桨轴近乎或完全与机体纵轴平行，此时旋翼的空气动力几乎完全作为牵引力，升力则转由固定机翼提供，该模式用于无人机的高速巡航。

■ 二、旋翼简介

1. 旋翼的结构

倾转旋翼无人机通常采用无周期变距的复合材料刚性桨叶，旋翼的结构形式多为万向铰式。该类旋翼通过轴向铰（变距铰）连接桨叶与桨毂，因而总距是可变的，由于没有水平铰（挥舞铰）和垂直铰（摆振铰），桨叶与桨毂可看作一个整体，桨毂由万向铰支撑，使得旋翼可以向任意方向倾斜，产生纵向力和侧向力（图 5.1.4）。

图 5.1.4　倾转旋翼无人机的万向铰式旋翼

倾斜器（图 5.1.5）是旋翼操纵系统的主要部件，用于控制旋翼的总距及倾斜方向，包括一个不旋转环和一个共同活动的旋转环，不旋转环由控制拉杆作动，旋转环与各桨叶的变距拉杆连接。各控制拉杆的等量伸缩运动会使倾斜器沿旋翼轴上下滑动，通过变距拉杆推拉各桨叶的变距摇臂，改变旋翼总距。各控制拉杆的差动伸缩运动会使倾斜器倾斜，

245

带动桨毂绕万向铰转动。

2. 旋翼产生的力及力矩

旋翼总距由拉力杆控制，正常情况下增大总距可使拉力增大，变距时发动机的功率通常由ECU（电子控制组件）自动调节。通常认为旋翼的空气动力 R 作用于桨毂中心且垂直于桨盘，旋翼倾斜时，可以把空气动力 R 分解为拉力 T、纵向力 H、侧向力 S，其中拉力 T 平行于桨轴，纵向力 H 垂直于桨轴、平行于机体对称面，侧向力 S 垂直于桨轴和机体对称面。旋翼在产生拉力的同时也会产生反作用扭矩，而两侧旋翼的转速相同、转向相反，恰好可以相互抵消反扭矩，从顶部往下看，左侧旋翼通常为顺时针旋转，右侧旋翼通常为逆时针旋转（图5.1.6）。

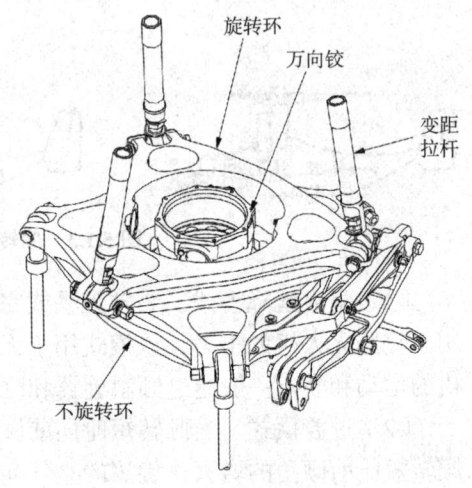

图 5.1.5 倾斜器构造

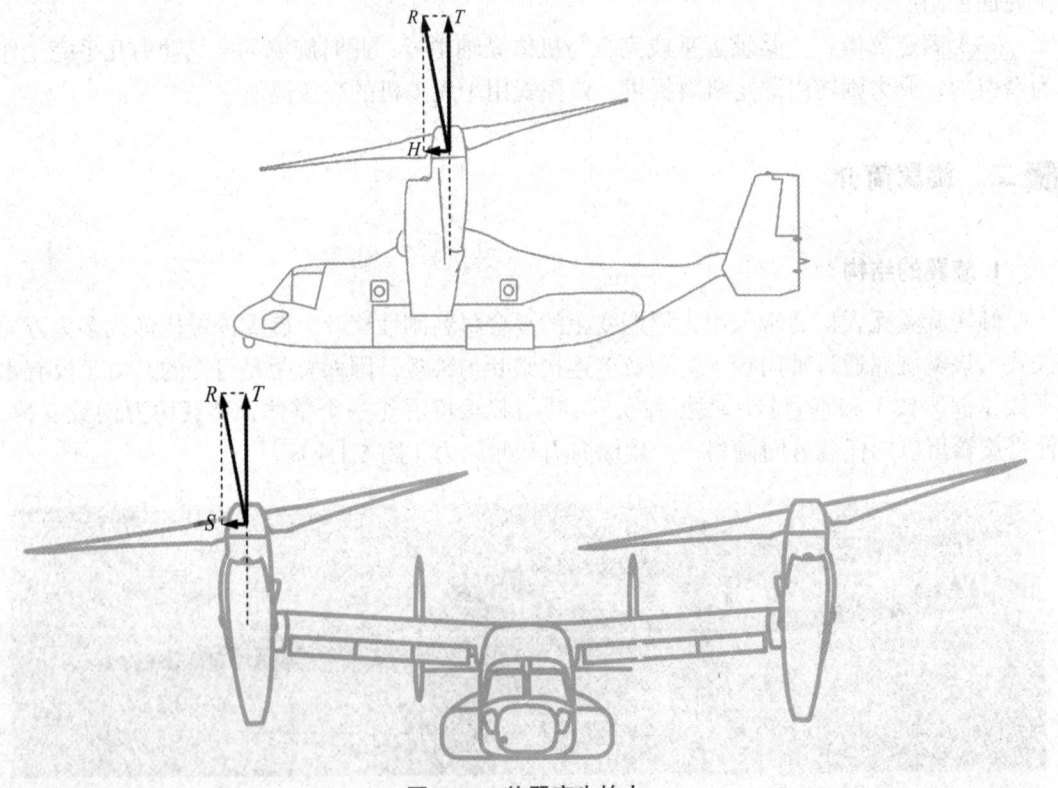

图 5.1.6 旋翼产生的力

■ 三、倾转旋翼无人机的飞行原理

倾转旋翼无人机以固定翼模式飞行时，其飞行原理与常规的固定翼无人机类似，本单

元不再赘述,下述内容仅介绍倾转旋翼无人机在垂直起降模式及过渡模式下的飞行原理。

1. 悬停时的平衡与控制

悬停是垂直起降模式下最常见的飞行状态,在起飞增速前悬停可以检查无人机的重心和平衡,以及发动机、旋翼的工作状态。悬停时,无人机的姿态及空间位置基本保持不变,机体所受合外力及合外力矩几乎为零。

(1)悬停时的横航向平衡。如果左右旋翼的空气动力对机体纵轴的合力矩为零,则无人机将处于横向平衡状态;如果左右旋翼的空气动力对机体立轴的合力矩为零,则无人机将处于方向平衡状态。

(2)横滚控制。由于旋翼桨毂远高于无人机重心,左右倾斜旋翼可以在桨毂处产生侧向力,形成对重心的横滚力矩。为符合飞行操纵习惯,在垂直起降模式下的横向控制也通过左右压杆来完成。向左压杆,两侧旋翼会同时向左倾斜,产生左滚力矩;向右压杆,两侧旋翼会同时向右倾斜,产生右滚力矩。横滚操纵时杆位移越大,旋翼的左右倾斜量越大,产生的横向操纵力矩越大(图5.1.7)。

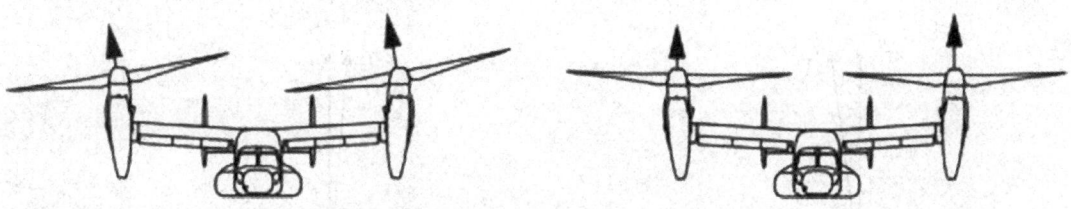

图 5.1.7 倾转旋翼无人机横滚时的旋翼拉力

此外,差动总距控制也能使无人机左右横滚。向左压杆,左侧旋翼总距减小,右侧旋翼总距增大,无人机会向左横滚;向右压杆,右侧旋翼总距减小,左侧旋翼总距增大,无人机会向右横滚。

(3)偏航控制(图5.1.8)。左右蹬舵会使两侧旋翼分别向前后倾斜,产生一对方向相反的非共点纵向力,这对力会形成力偶,使无人机左右偏航。蹬左舵时,左侧旋翼会向后倾斜,产生的纵向力向后,右侧旋翼会向前倾斜,产生的纵向力向前,这对力会使无人机向左偏航。反过来,蹬右舵会使右侧旋翼向后倾斜,左侧旋翼向前倾斜,无人机会向右偏航。

(4)悬停时的纵向平衡。为简化条件,现假设全机重心位于机体对称面内,左右旋翼的空气动力关于机体对称面对称。为作出左右旋翼空气动力的合力,可将这两个力的作用点连线,该连线与机体对称面的交点可作为它们合力的作用点。旋翼气动合力也可分解为合拉力和合纵向力,如果它们对重心的合力矩为零,无人机将处于纵向平衡状态。

(5)俯仰控制(图5.1.9)。前后倾斜旋翼可以在桨毂处产生纵向力,形成对重心的俯仰力矩。为符合飞行操纵习惯,在垂直起降模式下的纵向控制也通过推拉操纵杆来完成,向前推杆,两侧旋翼会同时向前倾斜,产生低头力矩,向后拉杆,两侧旋翼会同时向后倾斜,产生抬头力矩。俯仰操纵时杆位移越大,旋翼的前后倾斜量越大,产生的纵向操纵力矩越大。

(6)悬停时重心位置对俯仰姿态的影响(图5.1.10)。当旋翼气动合力 R_T 的作用线正好穿过重心时,不会产生任何改变姿态的力矩。但如果 R_T 作用于重心之前,就会产生低头力矩，为保持纵向平衡，须后拉操纵杆使旋翼向后倾斜，利用向后的纵向力 H_T 提供抬头力矩。由于悬停时机体所受合外力为零，为平衡旋翼后倾产生的纵向力，要使机头下俯一定角度，利用重力在纵轴上向前的分力抵消旋翼的纵向力。如果旋翼气动合力作用于重心之后，会产生抬头力矩，为保持纵向平衡须前推操纵杆，同时要使机头上仰一定角度以确保外力平衡。

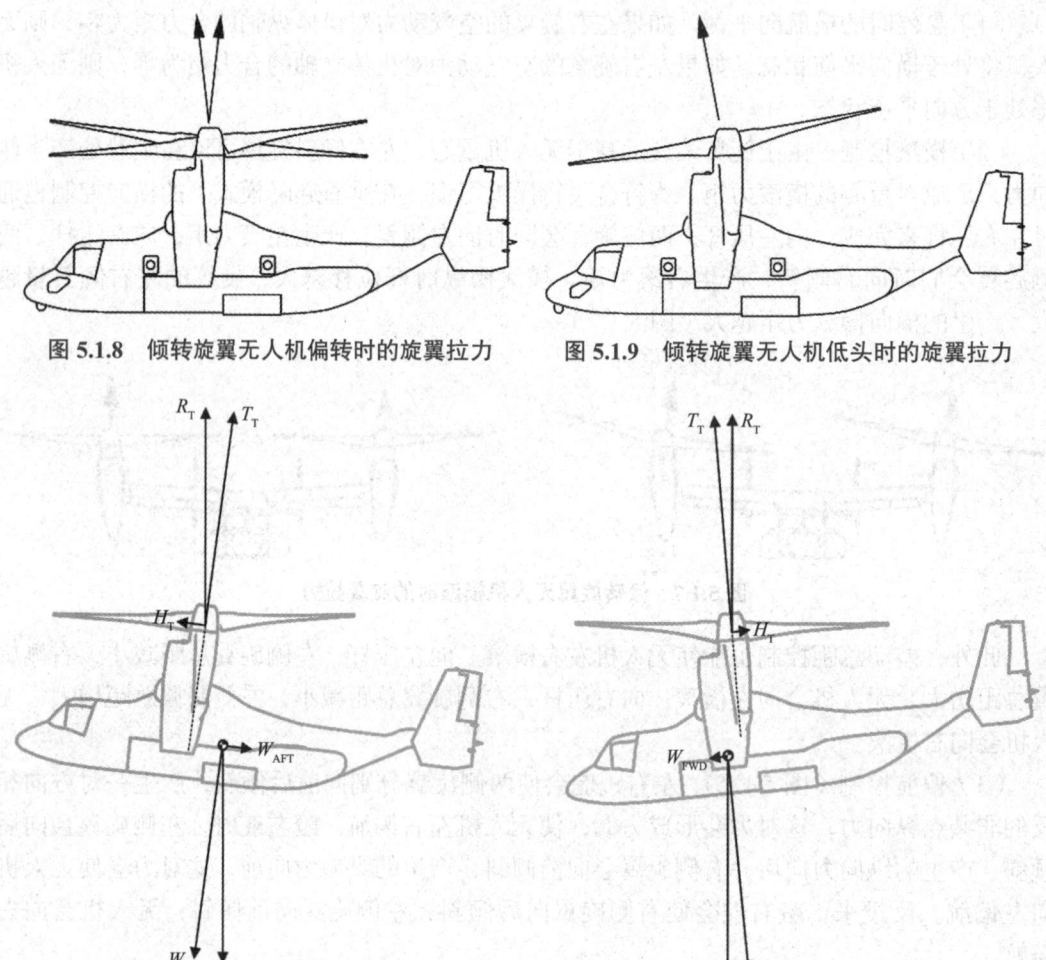

图 5.1.8　倾转旋翼无人机偏转时的旋翼拉力　　图 5.1.9　倾转旋翼无人机低头时的旋翼拉力

图 5.1.10　悬停时重心位置对俯仰姿态的影响

2. 飞行特性

（1）悬停时的地面效应。空气被旋翼排出时会产生向下的速度增量，即诱导速度。当贴近地面悬停时（通常为翼地距离小于旋翼直径的高度），地面的阻挡会使下洗气流诱导速度减小，从而使旋翼下方的静压增大。诱导速度减小会使旋翼的诱导旋转阻力减小，进而使悬停所需功率减小，旋翼下方静压增大会带来额外的空气动力，产生类似气垫的效果，这就是旋翼的地面效应。翼地距离越小，地面效应就越明显，当翼地距离大于旋翼直径时，地面效应会消失。

（2）垂直起降模式下的旋翼所需功率。旋翼产生的升力越大，诱导旋转阻力就越大，因此载重越大，所需功率也越大。悬停时，旋翼排出气流的速度完全为诱导速度，而前飞时气流向斜后方排出，可分解为诱导速度和前飞相对速度。当前飞速度增大时，如果旋翼拉力保持不变（气流动量变化保持不变），诱导速度会减小，因此，诱导旋转阻力会随着前飞速度的增大而减小。

在垂直起降模式下，所需功率主要与翼型旋转阻力、废阻旋转阻力、诱导旋转阻力有关。前飞时，所需功率主要取决于诱导旋转阻力，这是因为空速增大时，翼型旋转阻力与废阻旋转阻力的增大较为缓慢，而诱导旋转阻力会急剧减小。因此在大载重下可采用滑跑起飞的方式减小离地时的需用功率。

（3）旋翼的涡环（图5.1.11）。由于旋翼上下的压力差，在其桨尖处会形成涡流，在垂直下降时，这些涡流会被旋翼反复吸入和排出，从而沿桨尖运动轨迹形成环状，即涡环。随着下降率的增大，旋翼周围向上的相对气流与旋翼排出的气流会具有更大的相对速度，使涡环逐渐向旋翼的中心区扩大。

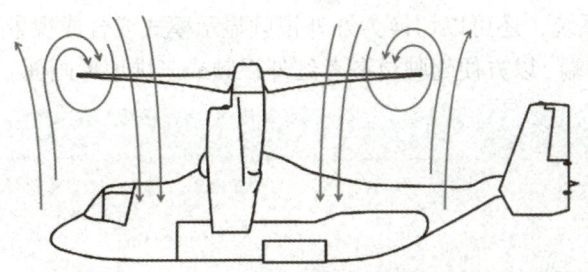
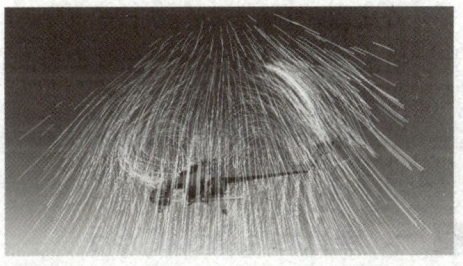

图 5.1.11　旋翼涡环示意

无人机陷入涡环后，会出现剧烈的抖动和摇晃，操纵性会变差，严重时还会出现带功率下沉，甚至失控，即使增大总距也无法改出。因此，要尽可能地避免垂直/小空速下降，在剩余功率不足时，不要勉强进行悬停作业或垂直上升。

如果要进行垂直/小空速下降，应保持较低的下降率，如果发动机没有足够的剩余功率，应随时准备向前推杆，以便在涡环出现时能够及时前飞逃逸。如果陷入涡环后难以改出，在高度足够时应及时减小总距，利用相对气流"吹除"涡环，随后前推操纵杆前飞改出。

四、飞行仪表与指示

某型倾转旋翼无人机的主飞行显示界面如图5.1.12、图5.1.13所示，其遵循基本的"T"形仪表布局，即中间姿态球（包含小飞机和飞行航迹矢量）、左边指示空速、右边气压高度、下方航向及磁罗盘，另外，在指示空速上方显示有短舱角度（角度不可超出绿区范围），下方显示有旋翼转速百分比，在气压高度右侧显示有垂直速度，下方显示有无线电高度。

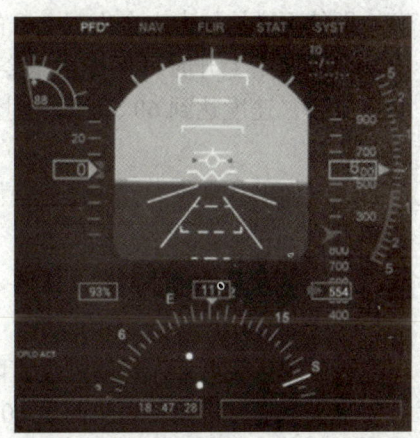

图 5.1.12　某型倾转旋翼无人机主飞行显示界面（一）

249

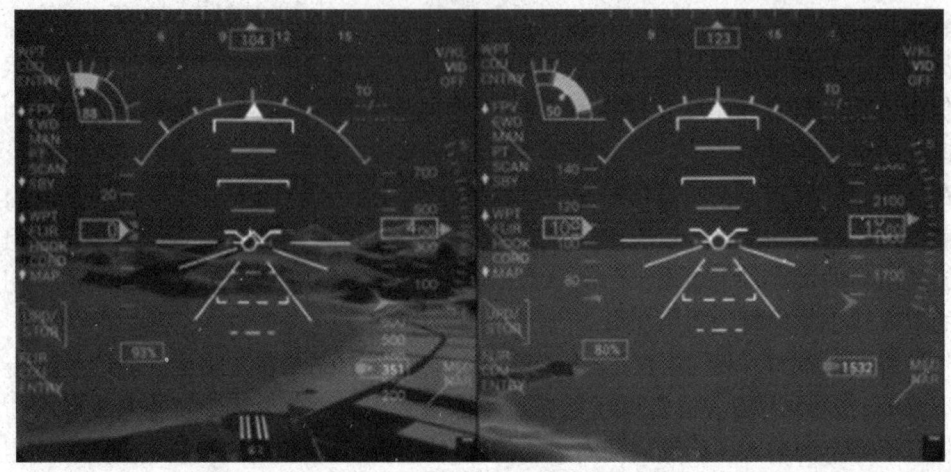

图 5.1.13　某型倾转旋翼无人机主飞行显示界面（二）

若选装有前视红外探头或合成视景系统，还可以切换为红外视频显示模式或合成视景显示模式，这样航向指示就会跳至界面顶端，以方便驾驶员参考红外视频或三维地形画面。

Part 3　任务实施

■ 一、垂直起飞及过渡飞行

某型倾转旋翼无人机的起飞操作如下：

（1）在无风或微风条件下，重心位于中部时，通常将倾转短舱设置为 88°。

（2）平缓地前推拉力杆，离地后可进一步微调短舱角度以获得期望的俯仰姿态，随后上升至 20 ft 的高度进行悬停检查，确认动力装置及相关参数未超限。

（3）完成悬停检查后，略微压低机头、增大拉力，并操作倾转短舱以大约每秒 1° 的速率向前倾斜（通常倾转至 75°），即可向前加速，速度达到 20 节后，旋翼效率会显著提高，即使不增加拉力也会出现上升的趋势。

（4）初始上升时可保持水平姿态或使机头稍稍上仰，通过控制拉力获得期望的速度和上升率，速度达到 60 节后，飞控舵面会变得有效，继续前倾短舱可顺利过渡到固定翼模式。

（5）如果载重较大，使短舱前倾可进行短距滑跑起飞，但角度不得小于 60°。

■ 二、进近及垂直降落

某型倾转旋翼无人机的进近着陆操纵如下：

（1）下降时将倾转短舱调至 60°，保持速度 110 节完成着陆检查单。

（2）将倾转短舱调整至 90°，在高度下降至 300 ft 前，减速至 80～85 节。

（3）改平姿态，操作短舱以 90° 或更大的角度减速。

（4）减速时升力逐渐转为由旋翼提供，须不断增大拉力。

（5）在 20 ft 的高度进行悬停检查。
（6）柔和地减小拉力，以安全的下降率降落至机坪。

Part 4　任务小结

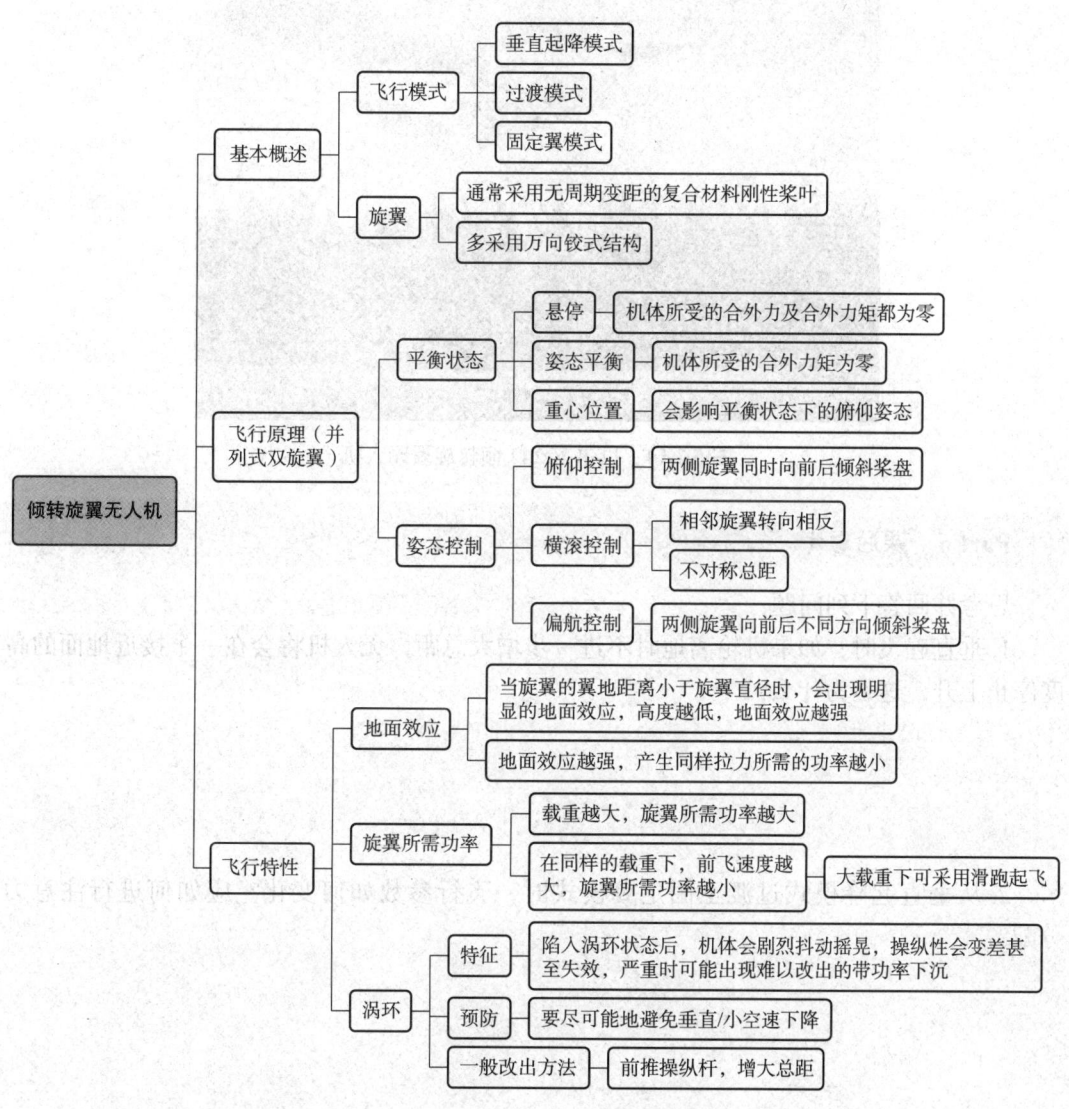

Part 5　任务拓展

贝尔 V-247 倾转旋翼无人机（图 5.1.14）性能参数如下：
长距离巡航速度——240 节；
最大连续功率巡航速度——300 节；
长时巡航速度——180 节；
最大巡航高度——25 000 ft；
舱内任务载荷——2 000 lb；

外挂点载荷——9 000 lb。

图 5.1.14　贝尔 V-247 倾转旋翼无人机

Part 6　课后思考

思考并回答下列问题：

1. 垂直起飞时，如果机轮离地时不进一步增大总距，无人机将会在一个接近地面的高度停止上升，这是为什么？

2. 从垂直起降模式过渡至固定翼模式时，飞行参数如何变化？应如何进行注意力分配？

3. 如果由于燃油消耗发生重心前后移动，垂直降落前，如何控制无人机的悬停？

4. 接近着陆点时，如果机身出现强烈晃动，应如何处理？

GL30　复合翼垂直起降无人机的飞行原理

🛸【学习目标】

1. 理解复合翼垂直起降无人机的平衡与控制原理。
2. 了解复合翼垂直起降无人机的操纵方法。

Part 1　任务描述

【典型工作任务】
按照某型复合翼垂直起降无人机的训练大纲要求，学员须完成水平 8 字飞行动作。

Part 2　知识储备

■ 一、复合翼无人机概述

复合翼布局可看作是在固定翼的基础上安装用于垂直起降的旋翼，通常采用固定翼融合四旋翼的布局形式，是实现固定翼垂直起降的一种可行方案。在构造上，机翼、尾翼与机身的连接与固定翼无异，螺旋桨通常安装在机头或机身后部，旋翼通常安装在机臂上，机臂与机身或机翼连接固定。旋翼通常采用定距桨叶，其拉力大小取决于转速。在驱动方式上，复合翼无人机有全电动垂直起降（Electric Vertical Take-off and Landing，EVTOL）和混合动力垂直起降（Hybrid VTOL）两种方案，Hybrid VTOL 又有油电混合及氢电混合两种动力形式，其中螺旋桨由发动机驱动，旋翼由电机驱动。

复合翼无人机通常有三种飞行模式，即多旋翼模式、过渡模式、固定翼模式。多旋翼模式用于垂直起降和悬停，在该模式下仅有旋翼工作；在过渡模式下，旋翼和螺旋桨同时工作，速度越大，旋翼转速越小；在固定翼模式下，所有旋翼都停止工作，无人机仅由螺旋桨驱动。本单元仅介绍多旋翼模式下的飞行原理。

■ 二、复合翼无人机的平衡

现将四个旋翼的桨毂中心按对角两两连线，假设无人机的重心位于这两条对角线的交点。当所有旋翼的转速相同时，产生的拉力也相同，四个旋翼对纵轴、横轴的合力矩为零，无人机处于横、纵向平衡状态。由于每个旋翼与相邻旋翼的旋转方向相反，与对角旋翼的旋转方向相同，如果四个旋翼的转速相同，则它们产生的反扭力矩就会相互抵消，无人机处于方向平衡状态（图 5.2.1）。

图 5.2.1　某型复合翼垂直起降无人机

■ 三、复合翼无人机的飞行控制

现将四个旋翼进行编号，如图 5.2.2 所示。如果要让无人机低头，应同步减小前侧 1 号、2 号旋翼的转速并同步增大后侧 3 号、4 号旋翼的转速，使前侧拉力小于后侧。反之，如果要让无人机抬头，应同步减小后侧 3 号、4 号旋翼的转速，并同步增大前侧 1 号、2 号旋翼的转速。同样的，如果要让无人机向左倾斜，应同步减小左侧 2 号、3 号旋翼的转速并同步增大右侧 1 号、4 号旋翼的转速；如果要让无人机向右倾斜，应同步减小右侧 1 号、4 号旋翼的转速并同步增大左侧 2 号、3 号旋翼的转速。当俯仰或横滚时，每两个转速同步变化的旋翼都是相邻的，因此它们的反扭矩会相互抵消，不会产生偏航力矩。在水平姿态下做垂直运动时，四个旋翼的转速是同步变化的，垂直下降时，下降率不宜过大，否则会导致旋翼的涡环状态。

图 5.2.2　某型复合翼垂直起降无人机飞行控制示意

打破多旋翼的反扭矩平衡可以做偏航运动。从顶部看，假设 1 号、3 号旋翼为逆时针旋转，2 号、4 号旋翼为顺时针旋转，那么 1 号、3 号旋翼产生的就是顺时针方向的反扭力矩，2 号、4 号旋翼产生的就是逆时针方向的反扭力矩。如果要让无人机左偏，应同步减小 1 号、3 号旋翼的转速并同步增大 2 号、4 号旋翼的转速；如果要让无人机右偏，应同步减小 2 号、4 号旋翼的转速并同步增大 1 号、3 号旋翼的转速。做偏航运动时，旋翼拉力对纵轴、横轴的合力矩都为零，因此不会造成横滚、俯仰运动。

如果要由悬停过渡到前飞，应下压机头并保持一定的角度，利用拉力水平向前的分力加速，机头下俯的角度越大，向前的分力越大，保持高度所需的拉力也越大。

Part 3　任务实施

【任务目标】

如图 5.2.3 所示，能够在多旋翼模式下完成水平 8 字飞行，整个过程要求匀速，航向与航迹的夹角不能过大，高度不能发生大幅变化，位置不能偏出规定范围，掌握对摇杆和油门的精细控制。

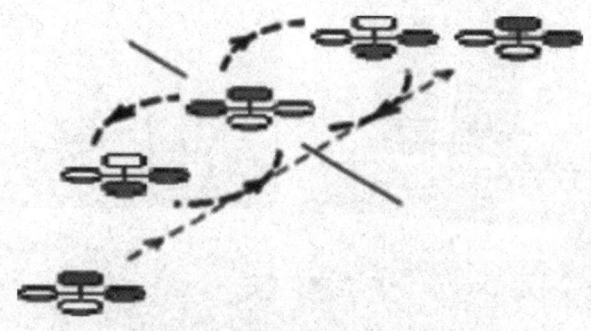

图 5.2.3　水平 8 字飞行示意

请结合本单元所学知识，回答下列问题：

1. 做水平 8 字飞行时如何保持高度？
2. 简述协调转弯的操纵方法。

Part 4　任务小结

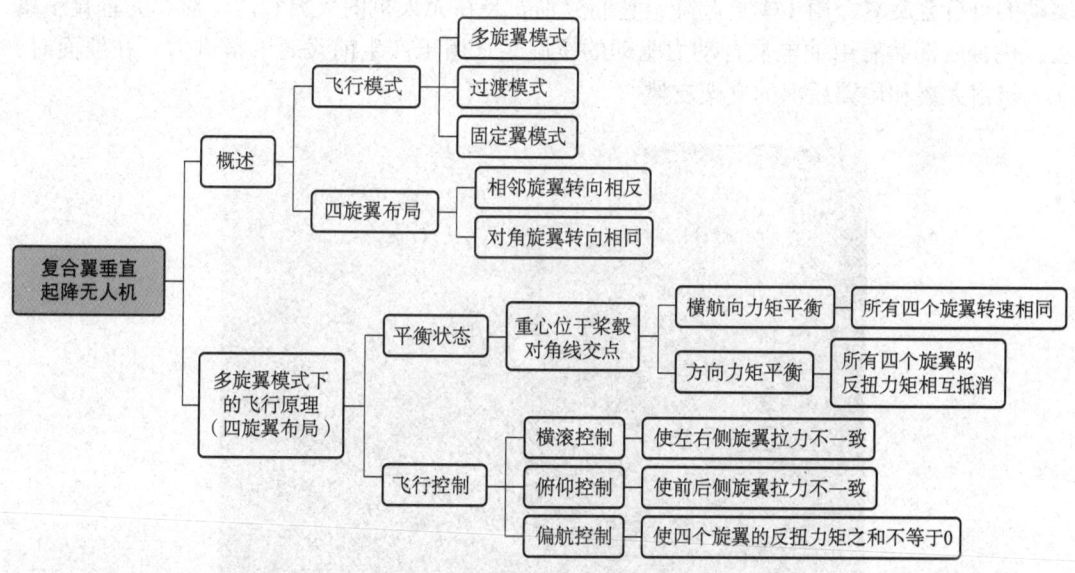

Part 5　任务拓展

除倾转旋翼无人机和复合翼无人机外，垂直起降固定翼无人机还衍生出了多种形式，如倾转涵道无人机、尾座式垂直起降无人机、折叠翼式垂直起降无人机。

中航工业"云影-25T"尾座式垂直起降无人机如图5.2.4所示，其可以由单人组装、放飞、操作、回收，净重量约为22 kg。该无人机的机身两侧装有固定机翼，尾部装有由活塞发动机驱动的涵道螺旋桨，涵道后部的导流片可偏转，能够产生控制无人机所需的操纵力矩。在地面时，无人机靠涵道底部的支架支撑。

图5.2.4 中航工业"云影-25T"尾座式垂直起降无人机

中航工业"旋戈-36"尾座式垂直起降无人机如图5.2.5所示，净重量约为36 kg，是一种低空、长航时、多用途垂直起降无人机，具有全自主平台。该无人机装有4个由电机驱动的可折叠旋翼，用于垂直起降，它们分别安装在无人机的大翼和两个对称的垂直尾翼上，机身后部装有由油电混合动力驱动的螺旋桨，用于产生前飞时的推进力。在地面时，无人机由大翼和尾翼后部的支架支撑。

图5.2.5 中航工业"旋戈-36"尾座式垂直起降无人机

请思考并回答下列问题：

"云影-25T"无人机和"旋戈-36"无人机从起飞到着陆应如何操纵？过渡飞行时所受的力和力矩是怎样的？应如何操纵？

Part 6　课后思考

思考并回答下列问题：

1. 如何在多旋翼模式下进行方向控制？

2. 如何在多旋翼模式下保持匀速水平飞行？

3. 如果重心位置发生变化，无人机悬停时各旋翼的工作是怎样的？

4. 如果单个旋翼失效，应如何操纵无人机安全落地？

参 考 文 献

[1] 杨俊，杨军利，叶露.飞行原理［M］.2 版.成都：西南交通大学出版社，2012.
[2] 朱一锟.飞行原理［M］.北京：北京航空航天大学出版社，2019.
[3] 王思源，姜舟，许云飞.无人机结构与系统［M］.成都：西南交通大学出版社，2022.
[4] 巴维尔·普鲁因斯基，弗拉基米尔·安东诺夫，维亚切斯拉夫·金肯，等.苏-27 研制历程——历史的起点［M］.王永庆，李志，译.北京：航空工业出版社，2017.
[5] 江驹，王新华，甄子洋，等.舰载机起飞着舰引导与控制［M］.北京：科学出版社，2019.